Die Implementierung der Kyoto-Mechanismen
und die Analyse der Verhandlungsstrategien
der Vertragsstaaten der Klimarahmenkonvention

Europäische Hochschulschriften

Publications Universitaires Européennes

European University Studies

Reihe V

Volks- und Betriebswirtschaft

Série V Series V

Sciences économiques, gestion d'entreprise

Economics and Management

Bd./Vol. 2726

PETER LANG

Frankfurt am Main · Berlin · Bern · Bruxelles · New York · Oxford · Wien

Ralf Henrichs

Die Implemtentierung der Kyoto-Mechanismen und die Analyse der Verhandlungsstrategien der Vertragsstaaten der Klimarahmenkonvention

PETER LANG
Europäischer Verlag der Wissenschaften

Die Deutsche Bibliothek - CIP-Einheitsaufnahme

Henrichs, Ralf:

Die Implementierung der Kyoto-Mechanismen und die Analyse der Verhandlungsstrategien der Vertragsstaaten der Klimarahmenkonvention / Ralf Henrichs. - Frankfurt am Main ; Berlin ; Bern ; Bruxelles ; New York ; Oxford ; Wien : Lang, 2001
(Europäische Hochschulschriften : Reihe 5, Volks- und Betriebswirtschaft ; Bd. 2726)
Zugl.: Münster (Westfalen) Univ., Diss., 2000
ISBN 3-631-37661-8

Gedruckt auf alterungsbeständigem,
säurefreiem Papier.

D 6
ISSN 0531-7339
ISBN 3-631-37661-8

Printed in Germany 1 2 4 5 6 7

Meiner Mutter

Inhaltsverzeichnis

Zweiter Teil

Umweltpolitische Instrumente

Tabellenverzeichnis

Abbildungsverzeichnis

Abkürzungsverzeichnis

a	:	Jahr
AIJ	:	Activities Implemented Jointly
BaU	:	Business as Usual
BDI	:	Bundesverband Deutscher Industrie
BIP	:	Bruttoinlandsprodukt
BSP	:	Bruttosozialprodukt
BV	:	Bundesverband
BWS	:	Bruttowertschöpfung
C	:	in der Regel: Kohlenstoff, aber auch: Celsius
CAA	:	Clean Air Amendment Act
CBOT	:	Chicagoer Board of Trade
CDM	:	Clean Development Mechanismus
CH_4	:	Methan
CoP	:	Conferences of Parties
CO_2	:	Kohlendioxid
DIW	:	Deutsches Institut für Wirtschaftsforschung
€	:	Euro
EPA	:	Environmental Protection Agency
ER	:	Emissionsrechte gemäß dem Kyoto-Protokoll
FCCC	:	Framework of Climate Change Convention
FCKW	:	Fluorchlorkohlenwasserstoff
FÖS	:	Förderverein für eine ökologische Steuerreform
GSK	:	Grenzschadenskosten
Gt	:	Gigatonnen, 1 Milliarde Tonnen
GUS	:	Gemeinschaft unabhänigiger Staaten
GVK	:	Grenzvermeidungskosten
GWP	:	greenhouse warming potential
IPCC	:	Intergovernmental Panel on Climate Change
JI	:	Joint Implementation
km	:	Kilometer
KP	:	Kyoto-Protokoll
kt	:	Kilotonnen
lbs.	:	libras
mBtu	:	million British terminal units
Mha	:	Millionen Hektar
NAFTA	:	North American Free Trade Agreement
NO_x	:	Stickoxide
NRO	:	Nicht-Regierungsorganisation
N_2O	:	Distickstoffoxid, „Lachgas“
OECD	:	Organization for Economic Cooperation and Development

OPEC	:	Organization of the petroleum exporting countries
PV	:	Photovoltaik
RoW	:	Rest of the World
RWI	:	Rheinisch-Westfälische Institut für Wirtschaftsforschung
SKE	:	Steinkohleeinheit
SO_2	:	Schwefeldioxid
t	:	Tonne
THG	:	Treibhausgas
TJ	:	Terajoule, 1 Billion Joule
UNEP	:	United Nation Environmental Program
VCI	:	Verband der chemischen Industrie
VDEW	:	Verband Deutscher Elektrizitätswerke
VIK	:	Verband Industrieller Kraftwerke
VKU	:	Verein der Kraftwerksunion

Symbolverzeichnis

A	:	endogenes Wachstum
B	:	Ertrag
C	:	Kosten
E	:	Emissionsmenge
g	:	erwarteter Schaden pro Emissionseinheit
K	:	Luftschadstoffbestand
Q	:	Holzeinschlag
R	:	Emissionsreduktion
s	:	Abgabensatz
t	:	Zeit
T	:	Endzeitpunkt
U	:	Nutzen
W	:	Wohlfahrt
β	:	negative Auswirkungen durch Emissionsreduktionen
χ	:	Transaktions- und Informationskosten
ε	:	endogene Kosten von Emissionsreduktionsmaßnahmen

Vorwort

Die vorliegende Arbeit entstand in meiner Tätigkeit als Mitarbeiter am Institut für Volkswirtschaftstheorie der Westfälischen Wilhelms-Universität in Münster. Im Mai 2000 wurde die Arbeit von der Wirtschaftswissenschaftlichen Fakultät der Westfälischen Wilhelms-Universität in Münster als Dissertation angenommen. Die Abhandlung ist im April 2000 abgeschlossen worden und berücksichtigt die entsprechende Literatur.

Danken möchte ich zunächst meinem Doktorvater Prof. Dr. Wolfgang Ströbele für die Betreuung der Arbeit, der neben seiner Unterstützung und vielerlei Hilfestellungen es verstanden hat, mir für die Erstellung meiner Dissertation großen wissenschaftlichen Freiraum zu lassen. Herrn Prof. Dr. Holger Bonus danke ich für die zügige, sachkundige Erstellung des Zweitgutachtens. Die menschlichen und forschungsfreundliche Atmosphäre am Institut hat viel zum Gelingen der Arbeit beigetragen hat.

Außerdem bedanke ich mich für die finanzielle Unterstützung seines Forschungsprojektes durch die Stiftung der Deutschen Forschungsgemeinschaft (DFG).

Münster, im November 2000 Ralf Henrichs

Erster Teil

Der Treibhauseffekt

1 NATURWISSENSCHAFTLICHE GRUNDLAGEN

1.1 Die Treibhausgase

Die Kyoto-Mechanismen (Joint Implementation, Clean Development Instrument und handelbare Emissionsrechte) sind ökonomische Instrumente, die bei Verhandlungen der Staatengemeinschaft zur Verhinderung einer möglichen weltweiten Zunahme des Treibhauseffektes[1] eine entscheidende Rolle spielen. Der natürliche Treibhauseffekt entsteht, indem die auf die Erde einfallende Sonneneinstrahlung in der Atmosphäre oder auf der Erdoberfläche absorbiert wird.[2] Ohne diesen Effekt würde die Erde nur auf -19° C statt auf +15° C erwärmt werden[3] und das Klima des Mondes annehmen.[4]

---

[1] Im weiteren Verlauf der Arbeit ist stets der anthropogene Treibhauseffekt, sind die anthropogenen Treibhausgasemissionen etc. gemeint, wenn von „dem Treibhauseffekt“, „den Treibhausgasemissionen“ die Rede ist. Die Begriffe „Treibhauseffekt“, „globale Klimaerwärmung“ und „weltweite Klimaveränderung“ werden synonym verwendet.

[2] Der naturwissenschaftliche Kenntnisstand bezüglich des natürlichen und anthropogenen Treibhauseffektes wird in einer Vielzahl von Quellen umfangreich diskutiert. Vgl. u.a. Cline (1992) S. 11ff., Loske (1996) S. 35ff., Klocke (1995) S. 19ff. und IPCC (1996a) S. 51ff..

[3] Vgl. IPCC (1996a) S. 57.

[4] Vgl. Solow (1992) S. 7. Allerdings gibt es in diesem politisch so brisanten Wissenschaftsbereich praktisch keine These, die ohne Kritik geblieben ist. In dieser – ökonomischen – Arbeit kann keine klimatologische Diskussion geführt werden. Es werden vielmehr die IPCC-Berichte als Grundlage genommen. Das Intergovernmental Panel on Climate Change (IPCC),

Seit der industriellen Revolution hat sich der Anteil verschiedener klimarelevanter Spurengase in der Atmosphäre aufgrund menschlicher Eingriffe in die Natur verändert. Obgleich diese Gase in absoluten Zahlen nur einen sehr geringen Anteil am Aufbau der Atmosphäre haben,[5] ist ihr Einfluß auf das Erdklima ungleich höher.[6] Zu den fünf wichtigsten Treibhausgasen (THG) gehören Kohlendioxid (CO_2),[7] Methan (CH_4), Fluorchlorkohlenwasserstoff (FCKW), bodennahes Ozon (O_3) und Distickstoffoxid (N_2O, „Lachgas"). Bis auf FCKW sind dies auch natürliche Treibhausgase. Da der höchste Anteil der Treibhausgasemissionen auf CO_2 entfällt (vergleiche Abbildung 1), die Emissionen dieses Gases noch nicht in internationalen Protokollen geregelt ist (wie dies aufgrund des „Montrealer Protokolls zum Schutz der Ozonschicht" für voll- und teilhalogenierte FCKW gilt) und sich die CO_2-Emissionen leichter messen lassen als die Emissionen anderer Treibhausgase, werden häufig lediglich die CO_2-Emissionen betrachtet.

1988 auf Vorschlag der UN-Vollversammlung eingesetzt, ist ein Gremium führender Wissenschaftler auf dem Gebiet einer möglichen Klimaänderung unterschiedlichster Disziplinen. Die vom IPCC herausgegebenen Berichte liegen jeder seriösen Diskussion zu Grunde.

5 Die Atmosphäre besteht zu über 99% aus Stickstoff und Sauerstoff (vgl. Loske (1996) S. 40).

6 Die Gegenposition nimmt u.a. Thieme (1999) S. 12 ein, der erklärt, daß „wenn die Erdatmosphäre unter sonst unveränderten Bedingungen keine ... Spurengase enthielte, .. es am Boden dieser Atmosphäre ebenso warm (wäre) wie es mit diesen Spurengasen ist. ... Eine Erwärmungswirkung im Lebensraum der Menschheit durch höhere Spurengasanteile kann und muß deshalb ausgeschlossen werden." Der Einfluß dieser Kritiker der IPCC-Berichte ist nicht zu unterschätzen. Gelbspan (1997) beschreibt den Einfluß der US-amerikanischen Mineralölindustrie auf einige Forschungseinrichtungen in den USA. Da gleichzeitig einige US-Politiker ihren Wahlkampf mit Spenden aus der Mineralölindustrie finanzieren, sind diese gerne bereit, Studien, die die Richtigkeit der IPCC-Berichte vehement bestreiten, aufzunehmen und zu fordern, politische Maßnahmen zur Reduktion der Treibhausgasemissionen bis zur vollständigen wissenschaftlichen Gewißheit zurückzustellen.

7 Werden in der angelsächsischen Literatur die „C-Emissions" betrachtet, ist in Kontinentaleuropa häufig von den „CO_2-Emissionen" die Rede. In dem hier zu behandelnden Zusammenhang können die beiden Termini - wenn keine Mengenangaben betrachtet werden - synonym behandelt werden. 1t C-Emissionen entspricht 44/12 t CO_2-Emissionen (vgl. Henrichs / Kuckshinrichs (1994) S. 7).

Abbildung 1: Anteil der Treibhausgase am anthropogenen Treibhauseffekt

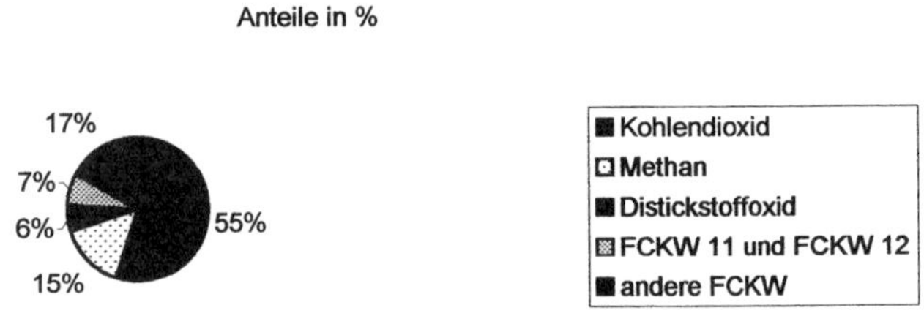

Quelle: Loske (1996) S. 42.

Um die relativen Auswirkungen verschiedener Klimagase vergleichen zu können, wird das greenhouse warming potential (GWP) der Treibhausgase ermittelt, wodurch die Klimawirksamkeit eines THG innerhalb eines bestimmten Zeitintervalls bezogen auf CO_2 ausgedrückt wird.[8] Berechnet wird das GWP mit Hilfe der Formel: $GWP(x) = \frac{\int_0^T a_x[x(t)]dt}{\int_0^T a_r[r(t)]dt}$, wobei a_x das Klimapotential des THG x bei einem Anstieg in der Konzentration der Atmosphäre um eine Einheit ist und $x(t)$ die natürliche Abbaurate dieses Treibhausgases beschreibt. Dies gilt entsprechend für das Referenzgas r (in der Regel CO_2) im Nenner.[9] Allerdings unterscheidet sich das GWP eines THG je nach untersuchtem Zeithorizont (T). Bei Gasen mit kürzeren Lebenszeiten als CO_2 sinkt das GWP bei steigendem Zeithorizont,[10] bei

[8] Vgl. Loske (1996) S. 46.

[9] Vgl. Torvanger et al. (1996) S. 35.

[10] Für Methan ist das GWP_{20} (Treibhauspotential über einen Zeitraum von 20 Jahren): 62, GWP_{100} 24,5 und GWP_{500} 7,5. Das bedeutet z.B. für GWP_{20}, daß die Emissionen von 62 kg CO_2 dieselbe Klimarelevanz wie die Emission von 1 kg CH_4 haben (vgl. Loske (1996) S. 47).

Gasen mit einer geringeren Abbaurate steigt das GWP bei zunehmendem Zeithorizont.[11]

1.2 Globale Folgen des Treibhauseffektes

Obwohl verschiedene Forschungsteams die weltweit leistungsstärksten Computer zur Analyse der Auswirkungen des weiteren unbeschränkten Einsatzes von fossiler Energie auf das Weltklima einsetzen, bestehen noch gewaltige Unsicherheiten bezüglich des Treibhauseffektes. Das IPCC (Intergovermental Panel on Climate Change) geht in seiner neuesten Schätzung von einem Temperaturanstieg von 1°C bis 3,5°C bis zum Jahr 2100 in Vergleich zu 1990 aus, wenn keine Verhaltensänderungen eintreten.[12]

Folgende Auswirkungen können nach IPCC erwartet werden, wenn keine politischen Maßnahmen zur Verringerung der Treibhausgasemissionen getroffen werden:

- Die Erwärmung wird nicht gleichmäßig verteilt sein. Im Winter dürften die Temperaturen stärker ansteigen als im Sommer,[13] die Kontinente werden sich stärker erwärmen als die Ozeane.[14] Eine weltweit durchschnittliche Temperaturerhöhung von 1-3,5°C über die nächsten 100 Jahre wäre äquivalent zu einer Verschiebung der Klimazonen in Richtung der Pole von 150-550 km.[15]

---

[11] N_20 hat ein GWP_{20} von 290, GWP_{100} 320 und GWP_{500} 180; FCKW11 ein GWP_{20} von 5000, GWP_{100} 4000 und GWP_{500} 1400 sowie FCKW12 ein GWP_{20} von 7900, GWP_{100} 8500 und GWP_{500} 4200 (vgl. Loske (1996) S. 47).

[12] Vgl. IPCC (1996a) S. 289. Zwischen 1996 und 1999 sind vom IPCC neue Zahlen erschienen, die in dieser Arbeit aber nicht berücksichtigt werden. Denn für die politische Diskussion bilden weiterhin die "Second Assessment Reports" der drei Arbeitsgruppen des IPCC die Grundlagen. Eine neuere Studie von ähnlichem Umfang und Bedeutung ist bislang vom IPCC noch nicht erfolgt. Im übrigen sind die Zahlen zwar seither leicht modifiziert worden, aber für eine ökonomische Arbeit hat sich dabei nicht qualitativ neues ergeben.

[13] Vgl. IPCC (1996a) S. 305.

[14] Vgl. IPCC (1996a) S. 301.

[15] Vgl. IPCC (1996b) S. 6.

- Die Verschiebung der Klimazonen könnte für viele Tier- und Pflanzenarten zu schnell sein. Wälder können z.B. nur eine Erwärmung von maximal 1°C pro hundert Jahre verkraften.[16] Mit den Wäldern verschwänden auch die tierischen Waldbewohner.
- Durch die Wärmeausdehnung des Wassers und ein Abschmelzen der Gletscher könnte der Meeresspiegel bis zum Jahre 2100 um 20-86 cm ansteigen.[17] Auch ohne Berücksichtigung des Bevölkerungswachstums stiege die Bevölkerungszahl, die unter Flutschäden leidet, von 46 auf 92 Millionen.[18]

Ob schon Auswirkungen auf das Klima zu beobachten sind, läßt sich nicht eindeutig beantworten. Der Meeresspiegel ist in den letzten 100 Jahren um 10-25 cm und die Temperatur um 0,3-0,6°C angestiegen.[19] Dieser Temperaturanstieg liegt in der natürlichen Schwankungsbreite des Klimas, stimmt aber auch mit dem unteren Schätzwert der Rechenergebnisse des IPCC überein. Dies vor allem dann, wenn auch die Emissionen der Sulfataerosole berücksichtigt werden, die zu einer kurzfristigen Abkühlung des Klimas führen.[20]

1.3 Emissionsquellen

Der Energiesektor ist für über 50% des Treibhauseffektes verantwortlich (vergleiche Tabelle 1). Da einerseits 80% der im Energiebereich anfallenden Treibhausgase auf CO_2 entfallen und andererseits der Energiebereich einen Anteil von 75% an den CO_2-Emissionen hat,[21] kann von einer starken Interdependenz von

[16] Vgl. IPCC (1996b) S. 5.
[17] Vgl. IPCC (1996a) S. 364.
[18] Vgl. IPCC (1996b) S. 9.
[19] Vgl. IPCC (1996a) S. 4.
[20] Vgl. Graßl (1995) S. 43
[21] Vgl. Burniaux et al. (1992). Das bedeutet, daß von den 15% im Bereich Sonstiges 3% auf CO_2 entfallen.

CO_2-Emissionen und Energieverbrauch gesprochen werden. Die Bedeutung sowohl des Energiesektors als auch der CO_2-Emissionen für den Treibhauseffekt wird in der Zukunft eher noch zunehmen, da die Bedeutung des Bereichs „Chemische Produkte“ aufgrund des im Montrealer Protokoll beschlossenen Ausstiegs aus der FCKW-Produktion sinken wird.

Tabelle 1: Ursachen des zusätzlichen Treibhauseffekts

Verursachergruppen	**Anteile (gerundet)**	**Aufteilung der Spurengase (gerundet)**	**Ursachen**
Energie (einschließlich Verkehr)	50%	40% CO_2 10% CH_4 und O_3	Nutzung fossiler Energieträger
Chemische Produkte	20%	FCKW, Halone etc.	direkte Emissionen
Vernichtung der Tropenwälder	15%	10% CO_2 5% weitere Spurengase	Verbrennung und Vernichtung von Tropenwäldern
Sonstiges (insb. Landwirtschaft)	15%	15% CH_4, N_2O, CO_2	Rinderhaltung, Düngung. Mülldeponien, Zementherstellung etc.

Quelle: Rentz (1995) S.26.

Zu den CO_2-haltigen Energieträgern gehören die fossilen Energieträger Öl, Gas und Kohle. Diese emittieren allerdings bei der Verbrennung unterschiedliche Mengen an CO_2, wobei Kohle den höchsten, Erdgas den geringsten CO_2-Faktor hat.[22] Die CO_2-Bilanz von Holz, das vor allem in den ärmeren Gebieten von Afrika einen bedeutenden Anteil an der Energiegewinnung hat, ist nicht eindeutig.[23] Zu den CO_2-freien Energieträgern gehören die regenerativen Energieträger wie Wind, Sonne und Wasserkraft sowie die Kernenergie.

Abbildung 2 stellt die vier Möglichkeiten dar, mit denen die CO_2-Emissionen im Energiebereich verringert werden können:

- Energieeinsparung über Verhaltensänderungen, z.B. indem kurze Strecken zu Fuß oder mit dem Fahrrad anstatt per Pkw zurückgelegt werden,
- Substitution von kohlenstoffreiche durch C-arme bzw. C-freie Energieträger,
- Effizientere Verwendung von Energie in der Regel mit einem höheren Kapitaleinsatz, z.B. durch Kraftwerke mit einem höheren Wirkungsgrad oder Nutzung von Energiesparlampen,
- Deponierung von CO_2 in der Tiefsee oder Verpressung von CO_2 in entleerte Erdgasfelder.

---

22 Vgl. Borsch / Wagner (1992) S.136 mit der Angabe der CO_2-Faktoren verschiedener Energieträger.

23 Ohne Wiederaufforstung muß von einem C-Faktor ausgegangen werden, der noch oberhalb dem von Braunkohle liegt. Erfolgt die Holzgewinnung unter dem Gesichtspunkt der Nachhaltigkeit, d.h. wächst soviel Holz nach wie geerntet wird, ist die CO_2-Bilanz des Energieträgers Holz ausgeglichen, d.h. es kann von einem C-freien Energieträger gesprochen werden. Zur Zeit erfolgt die Holznutzung vor allem in weiten Teilen Afrikas nicht nachhaltig.

Abbildung 2: CO_2-Emissionsreduktionsmöglichkeiten im Energiebereich

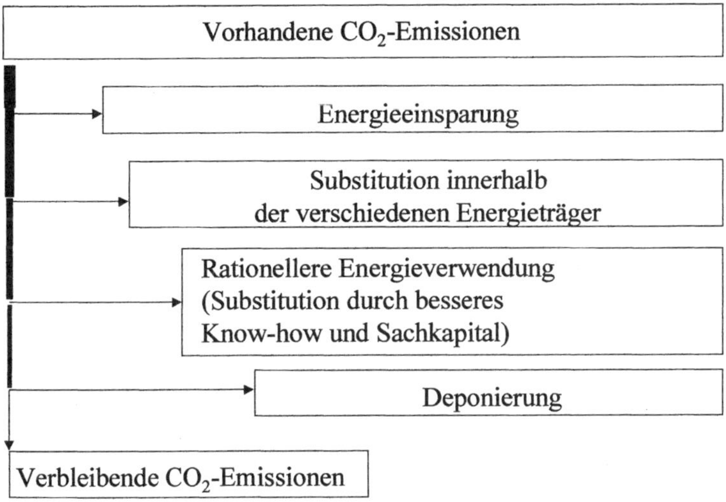

Quelle: in Anlehnung an Henrichs / Kuckshinrichs (1994) S. 15.

1.4 Zusammenfassung

Im weiteren Verlauf der Arbeit wird von der grundsätzlichen Richtigkeit folgender Annahmen ausgegangen:

1. Die im IPCC-Bericht dargelegten Befürchtungen, daß ohne politische Gegenmaßnahmen („business-as-usual“) die anthropogenen Emissionen von Treibhausgasen zu einer Veränderung des Erdklimas führen, sind zumindest tendenziell korrekt.
2. Die Veränderung des weltweiten Klimas würde - ebenfalls entsprechend dem IPCC-Bericht - zu positiven wie auch negativen Auswirkungen führen, wobei

die negativen Auswirkungen derart überwiegen, daß politische Gegenmaßnahmen notwendig sind.

3. Als wichtigste Optionen zur Reduktion der Treibhausgasemissionen (insbesondere CO_2) werden Emissionsreduktionsmöglichkeiten im Energiebereich sowie die Speicherung von CO_2 durch Wiederaufforstungs- und Waldschutzmaßnahmen angesehen.

2 POLITISCHE GRUNDLAGEN

2.1 Besonderheiten der Treibhausgase

Bei den Treibhausgasen handelt es sich um globale Schadstoffe.[24] Einmal emittiert, gelangen sie in die Atmosphäre und verstärken dort den natürlichen Treibhauseffekt. Da die wichtigste anthropogene Emissionsquelle der THG die Verbrennung fossiler Energieträger ist (vergleiche Tabelle 1), wird im zweiten Abschnitt dieses zweiten Kapitels ein kurzer Überblick über den Markt der fossilen Energieträger gegeben und damit die Regionen benannt, die verantwortlich für eine globale Erwärmung wären. Im dritten Kapitel folgt eine Analyse der Bedeutung der Vernichtung der Tropenwälder für die weltweite Klimaveränderung. Die - schwerer zu bestimmenden - Gewinner und Verlierer einer Klimaveränderung werden im vierten Abschnitt beschrieben. Der fünfte Abschnitt fasst die Ergebnisse der bisherigen internationalen Verhandlungen zum Schutze des Klimas zusammen.

2.2 Markt der fossilen Energieträger

Bei einer kurzen Übersicht über den Markt der fossilen Energieträger Erdöl, Erdgas und Kohle können sowohl unkonventionelles Erdöl als auch unkonventionelles Erdgas aus der Betrachtung ausgeschlossen werden, da 1993 lediglich 4-5% der Erdölfördermenge aus unkonventionellem Erdöl[25] und ca. 3% der Erdgasfördermenge aus unkonventionellem Erdgas stammten.[26] Im weiterem Verlauf

---

[24] Da die Treibhausgase nicht direkt negativ auf Mensch, Tier oder Pflanzen wirken, entstehen keine regionalen Belastungszonen. Das bedeutet, dass eine Analyse von „hot spot"-Problemen (wie z.B. bei NO_x üblich) entfällt.

[25] Vgl. Bundesanstalt für Geowissenschaften und Rohstoffe (1995) S. 225. Unter unkonventionellen Erdöl wird vor allem Schweröl, Ölschiefer und Ölsand verstanden. Vor allem Ölschiefer und Ölsand sind gegenwärtig nicht wirtschaftlich bzw. umweltverträglich ausbeutbar. Mit 480 Mrd. t SKE entspricht das Gesamtpotential an unkonventionellem Erdöl etwa dem Gesamtpotential an konventionellem Erdöl (469,4 Mrd. t SKE) (vgl. Bundesanstalt für Geowissenschaften und Rohstoffe (1995) S. XIV und XXVI und eigene Berechnungen).

[26] Vgl. Bundesanstalt für Geowissenschaften und Rohstoffe (1995) S. 184ff. und eigene Berechnungen. Zum unkonventionellen Erdgas zählen Vorkommen von Erdgas in Kohleflözen, dichten Speichergesteinen, Gashydraten und Aquifern. Lediglich Flözgas in den USA wird

dieses Abschnitts wird die Welt in 7 Regionen unterteilt: Westeuropa, Osteuropa, NAFTA (Kanada, USA und Mexiko), Lateinamerika, Australien/Ozeanien, Afrika und Asien.

2.2.1 Förderung fossiler Energieträger

Den größten Anteil an der Förderung fossiler Energieträger hat Erdöl (45%) vor Kohle (30%) und Erdgas (25%) (vergleiche Tabelle 2). Die Weltrohöl- sowie die Weltkohleförderung sind seit 1989 relativ konstant geblieben,[27] während die Fördermenge von Erdgas kontinuierlich angestiegen ist.[28]

Tabelle 2: Fördermenge fossiler Energieträger in Mio. t Steinkohleeinheiten (SKE)

Regionen	Erdöl	Erdgas	Kohle	Gesamt
Westeuropa	362	272	237	**871**
Osteuropa	603	946	488	**2 037**
NAFTA	991	813	773	**2 577**
Lateinamerika	362	81	39	**482**
Australien / Ozeanien	47	35	183	**265**
Afrika	507	97	161	**765**
Asien	1 827	320	1 185	**3 332**
Welt	4 699	2 564	3 066	**10 329**

Quelle: Bundesanstalt für Geowissenschaften und Rohstoffe (1995) S. 17, S. 214-6 und S. 297 sowie eigene Berechnungen.

gegenwärtig kommerziell gefördert, in den drei anderen Fällen existieren weltweit lediglich Pilotprojekte (vgl. Bundesanstalt für Geowissenschaften und Rohstoffe (1995) S. XXVI).

[27] Vgl. Bundesanstalt für Geowissenschaften und Rohstoffe (1995) S. 11 und S. 303.

[28] Vgl. Bundesanstalt für Geowissenschaften und Rohstoffe (1995) S. 185.

Das bedeutendste Erdölfördergebiet ist mit 1.381 Mio. t Steinkohleeinheiten (SKE) der Nahe Osten, die drei wichtigsten Erdölförderländer waren 1993 Saudi-Arabien (12,9% Anteil an der weltweiten Erdölfördermenge), USA (12,7%) und Russland (10,8%).[29] An der weltweiten Erdgasfördermenge hat Russland einen Anteil von 28,4% und die USA von 24,0%.[30] Bei Kohle entfallen 27,2% der weltweiten Förderung auf China und 23,2% auf die USA.[31]

2.2.2 Verbrauch und Handel fossiler Energieträger

Der internationale Kohlehandel hatte 1993 mit 328 Mio. t SKE einen Anteil von 11% an der weltweiten Kohleförderung.[32] Die wichtigsten Importregionen sind Westeuropa sowie Südostasien, die wichtigsten Exportländer Australien (39% Anteil an den weltweiten Kohleexporten, vor allem nach Asien), USA (17%, vor allem nach Europa), Südafrika (14%, vor allem nach Europa, aber auch in den pazifischen Raum) und Kanada (9%, vor allem nach Japan).

Der internationale Erdgashandel hatte 1993 mit 555 Mio. t SKE einen Anteil von ca. 22% an der weltweiten Erdgasförderung. Da der größte Teil dieses Handels jedoch innerhalb der hier abgebildeten Regionen stattfindet, entspricht der regionale Verbrauch von Erdgas ungefähr der jeweiligen Erdgasförderung[33] und wird an dieser Stelle vernachlässigt.

---

[29] Vgl. Bundesanstalt für Geowissenschaften und Rohstoffe (1995) S. 15.

[30] Vgl. Bundesanstalt für Geowissenschaften und Rohstoffe (1995) S. 183.

[31] Vgl. Bundesanstalt für Geowissenschaften und Rohstoffe (1995) S. 313. Deutschland ist das Land mit dem weltweit höchsten Anteil an der Braunkohleförderung (20%), dem Energieträger mit dem höchsten CO_2-Faktor unter allen fossilen Energieträgern. Aufgrund der geringen Fördermenge an Steinkohle (2%), ist Deutschland allerdings insgesamt nur auf Platz 8 unter allen Kohleförderländern (vgl. Bundesanstalt für Geowissenschaften und Rohstoffe (1995) S. 301).

[32] Vgl. Bundesanstalt für Geowissenschaften und Rohstoffe (1995) S. 311.

[33] Die wichtigsten Exportländer von Erdgas waren 1993 Russland (37% Anteil am gesamten Welterdgashandel, zum größten Teil nach Westeuropa und innerhalb der ehemaligen UdSSR) sowie Kanada (13%, fast ausschließlich in die USA). Die wichtigsten Importländer waren Ukraine (16%, vor allem aus Russland), Deutschland (13%, vor allem aus den Niederlanden und aus Russland) sowie USA (13%, fast ausschließlich aus Kanada) (Vgl. Bundesanstalt für Geowissenschaften und Rohstoffe (1995) S. 194ff.).

Im Gegensatz zu Kohle und Erdgas stimmen bei Erdöl die wichtigsten Förderregionen nicht mit den bedeutendsten Verbrauchsregionen überein. Der Erdölhandel hatte 1993 mit 2.554 Mio. t SKE einen Anteil von 54% an den Welterdölförderung.[34] Die USA, als weltweit größter Erdölverbraucher, hatten 1993 einen Anteil am weltweiten Erdölverbrauch von 25%, mit großen Abstand folgten GUS mit 9% und Japan mit 8% (vergleiche Tabelle 3).[35]

Tabelle 3: Erdölverbrauch in Mio. t SKE

Regionen	Erdöl
Westeuropa	972
Osteuropa	500
NAFTA	1 403
Lateinamerika	269
Australien / Ozeanien	57
Afrika	149
Asien	1 335
Welt	4 685

Quelle: Bundesanstalt für Geowissenschaften und Rohstoffe (1995) S. 40 und eigene Berechnungen

2.2.3 Vorräte fossiler Energieträger

In dem hier zu behandelnden Rahmen ist weniger der gegenwärtige als der zukünftige Energiemarkt von Bedeutung. Länder, die sich aufgrund ihrer Ressourcenausstattung unter den gegenwärtigen weltwirtschaftlichen Rahmenbedingungen hohe Renten versprechen, würden bei einer weltweiten Klimaschutzpolitik

[34] Vgl. Bundesanstalt für Geowissenschaften und Rohstoffe (1995) S. 38 und eigene Berechnungen.

[35] Vgl. Bundesanstalt für Geowissenschaften und Rohstoffe (1995) S. 115 und eigene Berechnungen.

wahrscheinlich Exportverluste hinnehmen müssen.[36] Es ist offensichtlich, dass diese Staaten einer Klimaschutzpolitik eher skeptisch gegenüberstehen würden.

In diesem Abschnitt sollen nur die sicher gewinnbaren Energievorräte (Energiereserven)[37] und nicht die geschätzten, zusätzlich gewinnbaren Energieressourcen[38] untersucht werden, da für die heutige (Energie-)Politik vor allem der inländische Bestand an Energiereserven als der an Energieressourcen von Bedeutung ist.[39]

Tabelle 4 zeigt, dass mit 60% die meisten Vorräte an fossilen Energieträgern auf Kohle entfallen. Unter einer Klimaschutzpolitik erscheint jedoch vor allem eine Verringerung der Kohlenutzung angesagt. Gegen einen vollständigen Ausstieg aus der Verbrennung von Kohle dürften sich aber vor allem die Staaten sperren, die über die größten Kohlevorräte verfügen: USA (195 Mrd. t SKE), China (76 Mrd. t SKE) und Australien (58 Mrd. t SKE),[40] da damit ein großer Teil ihrer Bodenreserven wertlos werden würde. Ebenfalls gute Gründe gegen eine Klimaschutzpolitik zu votieren, haben die Staaten des Mittleren Osten, da sie

[36] Dies wäre allerdings nicht zwingend. Wenn die Kartellstärke der OPEC aufgrund ihrer Ressourcenausstattung vor allem im Erdöl- und Erdgasbereich wieder zunimmt, könnte sie übereinkommen „zum Schutz des Klimas" weniger Erdöl und Erdgas zu exportieren, aber zu höheren Preisen (eine Art Exportsteuer) (vgl. Blank (1994) S. 206).

[37] Unter Energiereserven werden alle Energievorräte verstanden, „die geologisch und geographisch eindeutig identifiziert sind und sich unter den derzeitigen oder in naher Zukunft zu erwartenden Bedingungen technisch und wirtschaftlich abbauen lassen" (vgl. Gerwin (1980) S. 59). Das bedeutet, dass, wenn der Preis für ein Barrel Öl steigt (sinkt), die Energiereserven zunehmen (abnehmen), da mehr (weniger) Vorräte vorhanden sind, die sich nun wirtschaftlich abbauen lassen. Auch durch technischen Fortschritt, d.h. geringere Förderungskosten, kann die Menge der Energiereserven steigen.

[38] Energieressourcen schließen alle Reserven - auch die extrem unwirtschaftlich ausbeutbaren - ein und zusätzlich alle „vermuteten und aufgrund geologischer Vergleiche erwarteten Vorräte, für die es aber nur zum Teil Nachweise gibt" (vgl. Gerwin (1980) S. 59).

[39] Allerdings gibt es bedeutende Unterschiede zwischen der Verteilung der Energiereserven und -ressourcen. Die wichtigsten: Osteuropa (Reserven: 6%, Ressourcen: 24%), Nordamerika (9% zu 20%), Mittlerer Osten (66% zu 24%) bei Erdöl, Mittlerer Osten (31% zu 14%) und Süd/Ostasien (6% zu 20%) bei Erdgas und West- und Osteuropa (17% zu 62%), Asien (24% zu 12%), Afrika (11% zu 2%) und Nordamerika (36% zu 15%) bei Kohle (vgl. Bundesanstalt für Geowissenschaften und Rohstoffe (1995) verschiedene Seiten und eigene Berechnungen).

[40] Vgl. Bundesanstalt für Geowissenschaften und Rohstoffe (1995) S. 313.

über 67% aller Welterdölvorräte verfügen.[41] Wenn Erdgas aufgrund seines relativ niedrigen CO_2-Faktors Erdöl und vor allem Kohle substituieren sollte, könnten hiervon vor allem die GUS profitieren, die mit einem Anteil von 40% über einen großen Teil der Welterdgasreserven verfügt. Wenn der Vertriebsweg des Erdgases vom Nahen Osten zu Westeuropa ausgebaut werden könnte (z.B. mittels Pipelines über sowjetische Nachfolgestaaten oder Türkei), könnte auch der Mittlere Osten seine geringeren Öleinnahmen über höhere Gaseinnahmen kompensieren.[42]

Tabelle 4: Vorräte fossiler Energieträger in Mrd. t SKE

Regionen	**Erdöl**	**Erdgas**	**Kohle**	**Gesamt**
Westeuropa	3	9	45	**57**
Osteuropa	12	68	54	**134**
NAFTA	16	10	202	**228**
Lateinamerika	15	6	9	**30**
Australien / Ozeanien	< 0,5	4	58	**62**
Afrika	13	12	60	**85**
Asien	144	64	137	**345**
Welt	203	173	565	**941**

Quelle: Bundesanstalt für Geowissenschaften und Rohstoffe (1995) S. 22f., S. 163, S. 297 und eigene Berechnungen.

2.3 Schutz der Wälder[43]

Weltweit bedecken die Wälder ein Viertel bis ein Drittel der Bodenfläche der Erde. 43% aller Wälder befinden sich in den zwischen 25° nördlicher und 25° südlicher Breite gelegenen Tropen.[44] Tropische Wälder unterscheiden sich in Re-

[41] Vgl. Bundesanstalt für Geowissenschaften und Rohstoffe (1995) S. 23.
[42] Vgl. Bundesanstalt für Geowissenschaften und Rohstoffe (1995) S. 163.
[43] Dieser Abschnitt wurde vorab veröffentlicht in Henrichs / Wacker (1999).
[44] Vgl. IPCC (1996a) S. 113.

genwälder, Savannen und Gebirgswälder.[45] Die Funktion der Tropenwälder liegt vor allem in der Sicherung der Artenvielfalt (Genpool),[46] der Regelung sowohl des regionalen als auch des globalen Klimas, im Grundwasserschutz, im Schutz vor Bodenerosion sowie in seiner Eigenschaft als ein dauerhafter Lebensraum für Naturvölker. Ländliche Gemeinschaften benötigen Waldprodukte für Brennholz, Ernährung und zur Gewinnung von Heilmitteln. Zusätzlich ist Tropenholz ein wichtiger Rohstoff zur Produktion für Bauten, Möbel oder zur Herstellung von Papier.[47]

2.3.1 Reduzierung der Tropenwälder

Von 1980-90 ist der Bestand an Tropenwäldern um 15,4 Millionen Hektar pro Jahr (Mha/a) reduziert worden.[48] Diese Schätzung ist aber mit sehr großen Unsicherheiten behaftet und dürfte eher zu niedrig liegen.[49] Seit Beginn des menschlichen Raubbaus hat Afrika mindestens 50%, Amerika und Asien jeweils 40% seiner tropischen Regenwälder verloren.[50]

Die Hauptursachen für die Abholzung der tropischen Wälder sind:

- Bevölkerungswachstum, landwirtschaftliche Umwidmung und Umsiedlung: Die Anzahl der Geburten pro Frau betrug 1996 in den zehn Staaten mit der

[45] 20% der Bodenfläche der Erde (2,970 Millionen Hektar von 14,850 Millionen Hektar) sind von Tropenwäldern bedeckt (vgl. Kahn (1995) S. 332).

[46] Wälder, besonders die tropischen Regenwälder, beherbergen zwei Drittel der weltweit existierenden Arten (vgl. IPCC (1996a) S. 26) und mehr als 90% der Insektenarten (vgl. Robinson (1992) S. 14).

[47] Vgl. Kahn (1995) S. 334. Die Diskussion, ob es sinnvoll ist, Tropenholz für Konsumzwecke zu nutzen, kann an dieser Stelle nicht geführt werden. Dafür spricht u.a., dass der Waldbesitzer einen stärkeren Anreiz hat, den Wald zu pflegen, wenn er mit dem Verkauf des Holzes einen Gewinn erzielen kann. Dagegen spricht z.B., dass dadurch der Besitzer einen Anreiz erhält, den Wald unter ökonomischen Aspekten zu betrachten, so dass Primärwälder zugunsten von biologisch weniger wertvollen Plantagen verschwinden.

[48] Vgl. IPCC (1996a) S. 777.

[49] In einigen Ländern mit tropischem Regenwald, wie z.B. Brasilien, differieren Schätzungen für die Jahre 1980-85 um einen Faktor von fünf (vgl. Kahn (1995) S. 339).

[50] Vgl. IPCC (1996a) S. 113. Damit vollziehen diese Regionen jedoch nur die Entwicklung in den Industriestaaten nach. So war in den heutigen USA eine Fläche von 170 Millionen Hek-

größten Verlustfläche tropischer Wälder zwischen 1,8 und 6,4%.[51] Der Anteil der landwirtschaftlichen Umwidmung wird in den 1980er Jahren für 35% der Abholzung in Lateinamerika, für 70% in Afrika und für 46% in Südasien verantwortlich gemacht. Vor allem Indonesien betreibt eine Umsiedlungspolitik vom dicht bevölkerten Java ins dünn besiedelte Kalimantan.

- Viehwirtschaft: Die spezifische Form der Viehwirtschaft in weniger entwickelten Regionen der Erde ist vielfach mit Brandrodung für die Gewinnung von Farmland oder der langsamen Degradierung geschlossener Waldgebiete verbunden.
- Brennholz und Holzkohle: Erfolgt die Gewinnung von Brennholz unter nachhaltiger Bewirtschaftung, kann von einem CO_2-freien Energieträger gesprochen werden. Wird mehr Holz konsumiert als wieder nachwächst, wie es derzeit in vielen Entwicklungsländern der Fall ist, wird mehr des Treibhausgases CO_2 emittiert als es bei der Nutzung fossiler Brennstoffe der Fall ist.
- Nutzung für Holzprodukte: Zum Beispiel beliefen sich die Holzproduktexporte von Kambodscha 1991 laut Food and Agriculture Organization of the United Nations (1993) auf 43% des gesamten kambodschanischen Außenhandels. Bei Kongo betrug der entsprechende Wert 16% und bei Indonesien 12%.[52]
- Plantagen: In Indien konnte trotz der hohen Bevölkerungsdichte und des Bevölkerungswachstums die Waldfläche in der letzten Dekade auf 64 Mha (d.h. 19% der indischen Landfläche) stabilisiert werden.[53] Allerdings bedeutet dies nicht, dass in Indien keine Primärwälder mehr vernichtet wurden, sondern

tar bewaldet, als die ersten Europäer ins Land strömten. Heute beträgt die bewaldete Fläche in den USA nur noch 10 Millionen Hektar (vgl. Robinson (1992) S. 14).

[51] Die Fruchtbarkeitsrate (Geburten pro Frau) betrug 1996 in Brasilien 2,3, Ecuador 3,2, Elfenbeinküste 5,3, Indonesien 2,7, Kolumbien 2,3, Demokratische Republik Kongo 6,4, Mexiko 2,9, Nigeria 6,1, Sudan 4,7 und Thailand 1,8 (vgl. Kahn (1995) S. 336 und von Baratta (1998) S. 27ff.).

[52] Angaben nach IPCC (1996a) S. 492.

[53] Vgl. IPCC (1996a) S. 506 und S. 780.

dass die Verluste von Primärwäldern durch weniger artenreiche Plantagen „ausgeglichen" worden sind.

- Luftverschmutzung: Lokale und regionale Luftverschmutzung führt auch in den tropischen Ländern zu einer Verringerung des Waldbestandes. Globale Klimaveränderung kann zu Dürre in einem und Überschwemmungen in einem anderen Waldgebiet führen.[54]

2.3.2 Waldbewirtschaftung

Kohlenstoff mittels Waldbewirtschaftung zu binden ist prinzipiell auf drei Arten möglich:[55] (1) Reduktion der Abholzungsrate, Schutz der Wälder vor anderen anthropogenen Störungen (Naturschutzmanagement); (2) Management für zusätzliche Kohlenstoffsenken durch eine Ausweitung der Waldgebiete auch mittels Plantagen und/oder der Kohlenstoffbindungsdichte in bestehenden Wäldern (Lagermanagement); (3) Zunahme der Transfers des in der Waldbiomasse gebundenen Kohlenstoffs in Produkte wie Biotreibstoffe und langlebige Holzprodukte, die fossile Brennstoffe ersetzen können (Substitutionsmanagement). Das Ausmaß des Waldmanagements variiert jedoch von Region zu Region: Gegenwärtig werden ca. 20% der Wälder mittlerer Breite, 17% höherer Breite, aber weniger als 4% geringerer Breite bewirtschaftet.[56]

Internationale Bemühungen zur Reduktion der Abholzungsrate, wie der „Tropische Waldaktionsplan", waren kaum erfolgreich.[57] Dies lag an einer unvollständigen Strategie, die eher an den Symptomen als an den eigentlichen Ursachen an-

---

[54] Ob der „El-Nino"-Effekt im Jahre 1997/98 schon als Vorbote einer globalen Klimaveränderung anzusehen ist, ist strittig. Zumindest hatten die hohen Waldverluste in Südostasien, vor allem in Indonesien, während dieser Zeit aufgrund von Brandrodungen eine anthropogene Ursache, selbst wenn „El-Nino" als ausschließlich natürliches Phänomen verstanden wird. Aufgrund der langanhaltenden Dürre während der „El-Nino"-Periode hatten diese Brandrodungen verheerende Auswirkungen.

[55] Vgl. IPCC (1996a) S. 780ff.

[56] Vgl. IPCC (1996a) S. 776.

[57] Vgl. IPCC (1996a) S. 780.

setzte. Hauptgründe der Tropenwaldrodung sind die Abwesenheit umfassender Landwirtschaftspolitiken, die Bedürfnisse der ressourcenarmen Farmer nach Land für landwirtschaftliche Produkte und die steigende Nachfrage nach Brennholz aufgrund einer wachsenden Bevölkerung. Daher müssen Programme zur Reduktion der Abholzungsrate begleitet werden durch Maßnahmen, die die landwirtschaftliche Produktivität ansteigen lassen, Anreize zur Senkung des Bevölkerungswachstums geben sowie sonstige sozioökonomische und politischen Themen berücksichtigen.

Lagermanagement soll zu einem Anstieg der Menge des in der Vegetation und im Boden vorhandenen Kohlenstoffs führen. Ein Anstieg kann erreicht werden durch Schutz der Sekundärwälder und anderer degradierter Wälder, wo die Kohlenstoffdichte nicht ihren maximalen Wert erreicht hat und Kohlenstoff durch natürliche oder künstliche Regenerierung und Bodenanreicherung gebunden werden kann. Andere Optionen sind die Errichtung von Plantagen auf nicht-bewaldetem Land sowie die Förderung und der Schutz natürlicher oder unterstützender Regenerierung in Sekundärwäldern. Dieser Prozess bedarf jedoch einer Zeitperiode von Jahrzehnten bis Jahrhunderten, abhängig von der gegenwärtigen Altersklasse des Waldes, der erreichbaren maximalen Kohlenstoffdichte, dem Waldtyp, der Artselektion und der Breitenzone.

Eine weitere Form des Lagermanagement ist die Anpflanzung von Plantagen. Allerdings ist die Errichtung von Plantagen oft sozial und politisch nicht erwünscht, besonders aufgrund weltweiter Besorgnis um den Erhalt der Biodiversität. Die Bedeutung der Plantagen könnte vor allem in der Minderung des Bedarfs an zukünftigen Waldprodukten aus Primärwäldern liegen. Das in den tropischen Ländern als Plantage eingerichtete Gebiet im Jahr 1990 umfasste 44 Mha, wovon

Indien allein einen Anteil von 40% hatte.[58] Allerdings werden vor allem in Indien schnell wachsende Exoten eingesetzt.

Mit ca. 82% wird der größte Teil der Holzproduktion der Tropenwälder als Brennholz verwendet. Da der Brennholzbedarf bis 2050 voraussichtlich um ca. 150% zunehmen wird,[59] wird in den Tropen ab Mitte des nächsten Jahrhunderts mehr Holz benötigt als nachwächst.[60] Sollten fossile Brennstoffe durch Brennstoffe aus Biomasse ersetzt werden, wird das Defizit noch deutlicher ausfallen. Der Mangel wird in dicht bevölkerten Ländern wie Indien, Bangladesch, Pakistan und China deutlicher ausfallen als in Staaten mit einer geringeren Bevölkerungsdichte wie Brasilien, Zaire und Tansania.[61] Allerdings dürfte ein sinkendes Angebot bei steigender Nachfrage naturgemäß zu steigenden Preisen führen, so dass die Nachfrage nach Brennholz aus diesen Gründen sinken dürfte. Die Erhältlichkeit von Waldprodukten in den Tropen könnte um die Hälfte allein aufgrund des Drucks nach einer anderen Landnutzung sinken, selbst wenn durch Klimaveränderung die Fläche, auf der Tropenwälder wachsen können, ansteigt.[62]

Substitutionsmanagement als dritte Möglichkeit der Waldbewirtschaftung ist eher eine langfristige Alternative, die nach 2050 an Bedeutung gewinnen könnte. Dann könnte die Substitution fossiler Brennstoffe und energieexpansiver Materialien durch Brennholz die effektivste Art der Verringerung des Anstiegs des atmosphärischem CO_2 durch eine Nutzung der Wälder sein. Substitutionsmanagement konzentriert sich auf die Rate der Kohlenstoffanreicherung oder den Transfer von Kohlenstoff in der Biomasse von Produkten, die den Gebrauch fossiler Brennstof-

[58] Vgl. IPCC (1996a) S. 499.

[59] Vgl. IPCC (1996a) S. 497.

[60] Unter der Annahme des erwarteten Bevölkerungswachstums und eines konstanten pro-Kopf-Verbrauchs.

[61] Geringe Bevölkerungsdichte ist hier natürlich auf die waldreichen Provinzen bezogen.

[62] Vgl. IPCC (1996a) S. 498.

fe ersetzen oder senken. Wenn Wälder genutzt werden, um industrielle Holzprodukte zu produzieren, kann Kohlenstoff für lange Perioden angereichert werden. Die Produktion von Holzprodukten verlangt oft viel weniger Energie als die Produktion aus alternativen Materialien wie Stahl, Aluminium und Beton. Zum Beispiel kann durch die Substitution von Brennholz aus nachhaltig bewirtschafteten Plantagen für Kohle zur Elektrizitätserzeugung Kohlenstoffemissionen um einen Faktor von Vier vermieden werden. Außerdem ist bei nachhaltig bewirtschafteten Plantagen auch ein positiver Arbeitsplatzeffekt zu erwarten. Werden die Plantagen auf ehemals degradierten Land errichtet, sind auch die Vorteile aus der Landwiederherstellung zu beachten.

Zusammenfassend lässt sich sagen, dass die Tropenwälder u.a. aufgrund dreier Aspekte für die Menschen von Bedeutung sind:[63]

- Kohlenstoffsenken zur Verringerung der Gefahr des Treibhauseffektes (globaler Nutzen der Wälder),
- Nutzung verschiedener Waldprodukte und tierischer Lebewesen (nationaler Nutzen der Wälder),
- Verringerung der Waldflächen aufgrund ihrer Umwandlung zu Farm- und Ackerflächen (Opportunitätskosten der Wälder aus der Sicht der Grundbesitzer).

2.4 Regionale Schäden durch eine Klimaveränderung

Während sich, wie in Abschnitt I.2.2 gezeigt, die Staaten klar benennen lassen, die aufgrund ihrer vorhandenen Bodenreserven am meisten durch eine Politik zu verlieren haben, die auf einen geringeren Verbrauch fossiler Energieträger setzt, sind die Länder schwerer zu benennen, denen aufgrund der regionalen Auswirkungen eines verstärkten Treibhauseffektes Schäden drohen. Dies vor allem, da globale Klimamodelle für eine Box mit einer Grundfläche von 200 km² und einer

[63] Schwer zu fassende Aspekte, wie die subjektive Freude über das Wissen von der Existenz der Tropenwälder werden nicht erfasst.

Höhe von 1 km nur jeweils einen Wert für Temperatur, Feuchtigkeit etc. angeben.[64] Ein Lauf dieser Klimamodelle benötigt auch bei einem Einsatz mit den modernen Supercomputern mehrere Monate. Auch lassen sich die verschiedenen Klimasubsysteme nur schwer verbinden. Die Atmosphäre unterläuft Veränderungen in Stunden und Tagen, die Meeresoberfläche in wenigen Jahren, in der Meerestiefe in hunderten bis tausenden von Jahren und die großen Eisflächen in zehntausenden von Jahren. Grosse Klimamodelle müssen daher ständig neu angepasst werden, damit sie nicht aus dem Ruder laufen.[65] Starke regionale Abweichungen von einem globalen Trend können dabei nicht ausgeschlossen werden. So kann es z.B. durch eine Verschiebung des Golfstroms zu geringeren Durchschnittstemperaturen in (West-) Europa kommen, auch wenn weltweit die Temperaturen steigen sollten. Die Auswirkungen gegenläufiger Effekte sind nicht prognostizierbar.[66]

Dennoch lassen sich - in aller Vorsicht - einige regionale Auswirkungen angeben:

- Durch einen Anstieg des Meeresspiegels sind vor allem tiefliegende Küstenländer und Inseln gefährdet, aber auch 17-43% der küstennahen Feuchtgebiete der Vereinigten Staaten könnten bei einem Anstieg des Meeresspiegels um 50 cm verloren gehen.[67] Daher haben sich kleine Inselstaaten zu einer Allianz zu-

[64] Vgl. Bengtsson (1997) S. 6.

[65] Vgl. Bengtsson (1997) S. 7.

[66] So wird z.B. argumentiert, dass bei einer Erwärmung der Ozeane die Stärke und Häufigkeit von Hurrikanen zunehmen wird. Andererseits dürfte der Anstieg der Temperaturen in Richtung Pole zunehmen, so dass der weltweite Temperatur- unterschied abnimmt. Dadurch würde sich auch die Stärke und Häufigkeit von Hurrikanen verringern. Welcher Effekt stärker ist, ist gegenwärtig noch unklar. Fankhauser (1996) rechnet unter Berücksichtigung nur des ersten Effektes mit 8000 Toten bei einer Verdopplung der CO_2-Konzentration aufgrund Hurrikane (zu 96% außerhalb der OECD) und Schäden von 630 Mill. $ (zu 80% innerhalb der OECD) (vgl. IPCC (1996c) S. 204).

[67] Vgl. Loske (1996) S. 56. Vor allem Entwicklungsländer dürften kaum Deichschutzmassnahmen im ausreichenden Umfang finanzieren können. Aber auch Norwegen dürfte nicht in der Lage sein, seine Fjorde zu schützen. Auch bei rückläufigen Angaben des IPCC über einen Anstieg des Meeresspiegels ist diese Gefahr durchaus noch vorhanden, wenngleich in einem geringeren Umfang.

sammengeschlossen („Alliance of Small Island States", AOSIS), um ein etwas stärkeres Gewicht in der Klimaschutzpolitik zu bekommen. Die AOSIS-Staaten plädieren in der Regel für die schärfsten Anstrengungen zur Reduktion der THG-Emissionen, insbesondere von Seiten der Industrieländer.

- Japan könnte im landwirtschaftlichen Sektor von einem Temperaturanstieg profitieren. Mit Tokio, Osaka und Nagoya liegt allerdings mehr als 50% der japanischen Industrieproduktion unterhalb des durchschnittlichen Hochwasserniveaus Der Schutz der japanischen Küste müsste demnach die zentrale Reaktion Japans auf eine Klimaveränderung sein. IPCC schätzt die Kosten dieses Küstenschutzes auf ungefähr $80 Mrd.[68]
- Die Getreideerträge Ägyptens könnten sich um 25-50% bei einer Verdopplung der CO_2-Konzentration verringern. Auch für das übrige Afrika sind Ernteeinbussen zu befürchten.[69]
- Bei einem Anstieg des Meeresspiegels um 45 cm müsste 5% der Bevölkerung Bangladeschs (12 Millionen Menschen) umgesiedelt werden.[70]
- In Indien könnte die Stärke und Häufigkeit von Monsunen zunehmen. Ausserdem sind Ernteverluste, Schäden durch einen Anstieg des Meeresspiegels und Sturmschäden zu erwarten.[71]
- Indonesien, als grösster Archipelstaat der Welt, dürfte grosse Verluste durch einen Anstieg des Meeresspiegels erleiden. Auch Ernteverluste (vor allem bei Mais um 25-65%) sind zu erwarten. Für Indonesien existieren auch Schätzungen über die Auswirkungen auf die Gesundheit. Die Asian Development Bank (1994) erwartet eine Zunahme der Malariafälle in Indonesien um 20% und von Diarrhö und Denguefieber um den Faktor 3-4.[72]

---

[68] Vgl. IPCC (1996c) S. 210.
[69] Vgl. IPCC (1996a) S. 56.
[70] Vgl. IPCC (1996a) S. 211.
[71] Vgl. IPCC (1996a) S. 211.
[72] Vgl. IPCC (1996a) S. 211.

- Für Brasilien und Uruguay werden Ernteverluste von 38-53% erwartet. Ausserdem drohen Einbussen im Tourismusgewerbe, wenn die Strände überschwemmt werden.[73]

2.5 Umweltpolitik

2.5.1 Die „Framework of Climate Change Convention"

Im Juni 1992 fand in Rio de Janeiro die nach Stockholm im Jahr 1972 zweite Umweltkonferenz statt („United Nations Conference on Environment and Development", UNCED). Dort wurde u.a. die „Framework of Climate Change Convention" (FCCC) angenommen, die seit dem 21. März 1994 völkerrechtlich verbindlich ist.[74]

Das Ziel dieses Abkommens nach Artikel 2 FCCC ist „to achieve ... stabilization of greenhouse gas concentrations in the atmosphere at a level that would prevent dangerous anthropogenic interference with the climate system. Such a level should be achieved within a time frame sufficient to allow ecosystems to adapt naturally to climate change, to ensure food production is not threatend and to enable economic development to proceed in a sustainable manner."[75]

Die Welt wird nach FCCC in drei Regionen aufgeteilt: Annex 1-Staaten (die Industrieländer),[76] Annex 2-Staaten (die damalige OECD)[77] und die Nicht-Annex

---

[73] Vgl. IPCC (1996a) S. 212.

[74] Die „Framework of Climate Change Convention" (Klimarahmenkonvention) trat 90 Tage, nachdem sie von 50 Staaten ratifiziert worden war, in Kraft. Die Klimarahmenkonvention ist im Anhang 1 dieser Arbeit abgedruckt.

[75] In Verbindung von Art. 3.3 FCCC wird die Bedeutung des Ziels noch deutlicher: „Where there are threats of serious or irreversible damage, lack of full scientific certainty should not be used as a reason for postponing such measures." Das durch eine Klimaveränderung zumindest die Drohung von ernsten oder nicht wiedergutzumachenden Schäden existiert, ist unzweifelhaft.

[76] Von den europäischen Nationen fehlen lediglich Albanien, Andorra, Armenien, Aserbaidschan, Georgien, Liechtenstein, Malta und Moldau, San Marino, Vatikanstadt, Zypern, aber auch das gesamte ehemalige Jugoslawien.

Staaten (die Nicht-Industrieländer). Die Annex 1-Staaten sind nach Art. 4.2 FCCC die Verpflichtung eingegangen, die Führung bei der Begrenzung der Treibhausgase und im Schutz und Erweiterung von Treibhausgasspeichern[78] und -senken[79] zu übernehmen.

Die Annex 2-Staaten haben weitergehende Verpflichtungen übernommen:

- Bereitstellung neuer und zusätzlicher finanzieller Mittel, damit die Entwicklungsländer ihre Verpflichtungen, insbesondere die Kosten der Erstellung von Verzeichnissen nationaler Treibhausgasemissionen, erfüllen können (Art. 4.3 FCCC). Mit dem Begriff „neuer und zusätzlicher finanzieller Mittel“ wird ausgedrückt, dass eine Umwidmung der Entwicklungshilfe zur Unterstützung der Entwicklungsländer zum Klimaschutz nicht zulässig ist.
- „(T)he Parties shall give full consideration to ... Countries whose economies are highly dependent on income generated from the production, processing and export, and/or on consumption of fossil fuels and associated energy-intensive products“ (Art. 4 Nr. 8 und Art. 4 Nr. 8 (h) FCCC). Die negative Auswirkung einer erfolgreichen Klimaschutzpolitik auf die OPEC-Staaten[80] wird hiermit ausdrücklich als Problem anerkannt.[81]

---

77 Die heutige OECD ohne Südkorea und Mexiko (vgl. Anhang 3).

78 Treibhausgasspeicher bedeutet nach Art. 1 Nr. 7 FCCC „a component or components of the climate system where a greenhouse gas or a precursor of a greenhouse gas is stored“ (z.B. Wälder, Ozeane).

79 Treibhausgassenken bedeutete nach Art. 1 Nr. 8 FCCC „any process, activity or mechanism which removes a greenhouse gas, an aerosol or a precursor of a greenhouse gas from the atmosphere“ (z.B. Wiederaufforstung).

80 Die OPEC-Staaten sind im Anhang 4 dieser Arbeit aufgelistet.

81 Kurz vor CoP 3 in Kyoto haben in Tokio die Industrieländer vereinbart, die Forderung der OPEC nach einer Kompensation aufgrund eines Klimavertrages zurückzuweisen. Die OPEC begründet diese Forderung mit Art. 4.8 FCCC. Dabei geht die OPEC von Kompensationszahlungen in Höhe von $20 Mrd. jährlich allein an die OPEC aus. Außerdem ist „the

2.5.2 Die „Conferences of the Parties“

FCCC war nur der Startpunkt zu einer umfangreichen Verpflichtung aller Staaten für eine Politik zum Schutz der Erdklimas. Insbesondere drei Aspekte mussten auf nachfolgenden Vertragsstaatenkonferenzen („conferences of the parties“, CoP) noch entschieden werden: Mit welchen ökonomischen Instrumenten sollen die in der FCCC vereinbarten Ziele angegangen werden? Wie sollen die Ziele konkret ausgestaltet werden, d.h. welche Staaten sollen die THG-Emissionen zurückfahren und in welchem Ausmaß? Sollen die Emissionsreduktionen national oder gemeinsam angegangen werden? Um unter anderem dies zu klären, kam es im Frühjahr 1995 zur CoP1 in Berlin.

Ein Beschluss über den Zeitpunkt und Art des Emissionsziels wurde dort nicht erzielt. Grund hierfür war, dass man sich nicht über den Abstimmungsmodus einigen konnte. Vor allem die erdölexportierenden Staaten bestanden auf Einstimmigkeit, was einem Veto gleichkam. Auch bezüglich der Instrumentenwahl fand in Berlin keine Entscheidung statt.

Auf der CoP3 1997 in Kyoto, Japan, wurden zum ersten Mal völkerrechtlich verbindliche Reduktionsschritte vereinbart.[82] Nach Art. 3 Nr. 1 des Kyoto-Protokolls (KP)[83] sollen die Annex 1-Staaten „individually or jointly“ die aggre-

compensation issues .., likely to be relevant to all developing countries.“ (Vgl. Ghanem (1997) S. 4f).

[82] Die CoP2 1996 in Genf „diente der Bestandsaufnahme und Bewertung der bis zu diesem Zeitpunkt vorliegenden Vorschläge für ein Klimaprotokoll“ (vgl. Merkel (1996a) S. 754), so dass es auf der CoP2 nicht zu viel mehr als zu einer Bekräftigung der schon im Berliner Protokoll vorhandenen Ziele kam (vgl. Merkel (1996b) S. 269). In Genf wurden die zweiten Berichte der drei vom IPCC eingesetzten Arbeitsgruppen angenommen, die allgemein als „IPCC-Berichte“ bezeichnet werden. Die erste Arbeitsgruppe beschreibt den wissenschaftlichen Kenntnisstand in Bezug auf den Treibhauseffekt, die zweite Arbeitsgruppe, welche Maßnahmen zur Verhinderung bzw. Annahme des Treibhauseffektes möglich sind, und die dritte Arbeitsgruppe gibt die ökonomischen und sozialen Auswirkungen des Klimawandels an.

[83] Das Kyoto-Protokoll ist in Anhang 2 dieser Arbeit abgedruckt.

gierten anthropogenen THG-Emissionen gemessen in CO_2-Äquivalenzen[84] um 5% unter das Niveau des Jahres 1990 bis zu einer Verpflichtungsperiode 2008 bis 2012 reduzieren. Bis 2005 sollen diese Annex I-Staaten „demonstrable progress" in der Erreichung der Verpflichtungen dieses Protokolls erzielen (Art. 3 Nr. 2 KP). Dabei können die Nettoveränderung an THG-Emissionen durch Senken und Speichern angerechnet werden (Art. 3 Nr. 3 KP). Auch sind mit Joint Implementation (Art. 6 KP), Clean Development Mechanism (Art. 12 KP) und Emission Trading (Art. 17 KP) die seit der CoP 4 „Kyoto-Mechanismen" genannten flexiblen Instrumente ihrer Struktur nach angelegt. Diese werden in Kapitel II.3 näher analysiert.

Die Reduktionsverpflichtungen der einzelnen Staaten nach dem Kyoto-Protokoll sind angegeben in Tabelle 5.[85]

[84] Die im Kyoto-Protokoll betrachteten THGe sind: Kohlendioxid (CO_2), Methan (CH_4), Lachgas (N_2O), Fluorkohlenwasserstoff (FKW), Perfluorkohlenwasserstoff (PFC) und Sulphurhexafluorid (SF_6). Für die letzten drei THGe kann auch das Jahr 1995 als Basisjahr gewählt werden (Art. 3 Nr. 7 KP).

[85] Entscheidend für die völkerrechtliche Verbindlichkeit der Reduktionsziele ist natürlich, dass das Kyoto-Protokoll auch in Kraft tritt. Dies geschieht nach Art. 24 KP „on the ninetieth day after the date on which not less than 55 Parties to the Convention, incorporating Parties included in Annex I which accounted in total for at least 55 per cent of the total carbon dioxide emissions for 1990 of the Parties included in Annex I, have deposited their instruments of ratification, acceptance, approval or accession." Die erste Bedingung dürfte keine Schwierigkeiten bereiten, da diese durch eine Ratifizierung der AOSIS-Staaten und andere Entwicklungsländer, die sich durch dieses Protokoll ausschließlich Vorteile versprechen, gewährleistet ist. Die Erfüllung der zweiten Bedingung ist schwieriger.

Tabelle 5: Reduktionsverpflichtungen nach dem Kyoto-Protokoll

Länder	**Reduktionsverpflichtung in Prozent**
Island	- 10[1]
Australien	- 8[1]
Norwegen	- 1[1]
Neuseeland, Russland, Ukraine	± 0
Kroatien	+ 5
Japan, Kanada, Polen, Ungarn	+ 6
USA	+ 7
Bulgarien, Estland, EU15, Lettland, Liechtenstein, Litauen, Monaco, Rumänien, Schweiz, Slowakei, Slowenien, Tschechien	+ 8

[1]: Island, Australien und Norwegen wird eine Steigerung ihrer Emissionen zugestanden.

Quelle: Kyoto-Protokoll, Anhang B.

Die Aufteilung der Reduktionsverpflichtung von 8% der EU insgesamt auf die einzelnen EU-Staaten ist in Tabelle 6 angegeben.[86]

[86] Das deutsche Reduktionsziel wurde mehrfach verändert. 1990 wurde eine Reduktion der CO_2-Emissionen bis 2005 um 25% im Vergleich zu 1987 auf dem Gebiet der alten Bundesrepublik angestrebt, 1991 um 25-30% für Gesamtdeutschland. Auf der CoP1 kündigte der damalige Bundeskanzler Kohl die Reduktion der gesamtdeutschen CO_2-Emissionen um 25% bis zum Jahr 2005 im Vergleich zu 1990 an (vgl. Grawe (1996) S. 731). Das Ziel der EU lautete die CO_2-Emissionen bis zum Jahr 2000 zu stabilisieren. Da darin der deutsche Reduktionsbeitrag enthalten ist und Deutschland zu rund ein Drittel an den EU-Emissionen beiträgt, ist offensichtlich, dass anderen EU-Staaten ein Anstieg ihrer CO_2-Emissionen zugestanden worden war (vgl. Schafhausen, F. (1996) S. 735ff.). Vor CoP 3 galt eine EU-interne Aufteilung für die Reduktion der CO_2-äquivaltenen Emissionen (CO_2, CH_4 und N_2O) um 15% bis 2010 im Vergleich zu 1990: Luxemburg -30%, Deutschland, Dänemark, Österreich jeweils -25%, Belgien, Großbritannien, Niederlande jeweils - 10%, Italien - 7%, Finnland und Frankreich jeweils ± 0%, Schweden + 5%, Irland +15%, Spanien - 17%, Griechenland + 30% und Portugal + 40%. Dies ergibt eine Gesamtreduktion von 10%, so dass für die übrigen 5% zusätzliche einzelstaatliche und gemeinsame Maßnahmen ausgehandelt werden mussten (vgl. o.V. (1997) S. 185).

Tabelle 6: Aufteilung der 8%-Reduktionsverpflichtung der EU auf die einzelnen Staaten

Länder	**Reduktionsverpflichtung in Prozent**
Portugal	- 27[1]
Griechenland	- 25[1]
Spanien	- 15[1]
Irland	- 13[1]
Schweden	- 4[1]
Finnland, Frankreich	± 0
Dänemark	+ 2,1
Niederlande	+ 6
Italien	+ 6,5
Belgien	+ 7,5
Grossbritannien	+ 12,5
Österreich	+ 13,0
Deutschland	+ 21,0
Luxemburg	+ 28,0

[1]: Portugal, Griechenland, Spanien, Irland und Schweden wird eine Steigerung ihrer Emissionen zugestanden.

Quelle: Uhlmannsiek, B. (1998) S. 1

Auf der CoP 4 in Buenos Aires (Argentinien) 1998 wurde im wesentlichen ein Zeitplan bezüglich des weiteren Vorgehens vereinbart. Die CoP5, die 1999 in Bonn, Deutschland, stattfand, kann als Zwischenstation angesehen werden, auf der keine entscheidenden Beschlüsse getroffen wurden. Allerdings wurden einige technische Fragen gelöst. Eine Vereinbarung galt z.B. der Setzung strikter Kriterien bezüglich der nationalen Berichte der Annex 2-Staaten. Stark diskutiert wurde auf und neben der Konferenz die Möglichkeiten zur Ratifizierung des Kyoto-Protokolls. Ohne Beteiligung der USA, die 1990 einen 33%igen Anteil an den CO_2-Emissionen der Annex 1-Staaten hatten, ist es nur schwer möglich, dass das Kyoto-Protokoll in Kraft tritt. Dafür müssten Annex 1-Staaten mit einem Anteil von 55% der CO_2-Emissionen der Annex 1-Staaten des Jahres 1990 ratifizieren. Eine Kombination von Europa und Japan würde hierzu allerdings auch ausreichen. Eine solche Allianz ist aufgrund der nicht sehr klimafreundlichen Position Japans schwierig zu erreichen, wird aber nicht als unmöglich betrachtet.[87]

Auf der CoP 6 im Jahr 2000 soll über die genaue Ausgestaltung der Kyoto-Mechanismen entschieden werden, so dass sie bis zu diesem Zeitpunkt nicht genutzt werden können.[88]

2.6 Zusammenfassung

Für den weiteren Verlauf der Arbeit sollen folgende Punkte berücksichtigt werden:

- Länder mit einem hohen Bestand an fossilen Energieträgern (insbesondere an Erdöl und Kohle) nehmen bei Verhandlungen bezüglich Reduktionen von THG eher eine Bremserrolle ein (USA, OPEC, Russland).
- Länder mit einem hohen Tropenwaldbestand werden fordern, dass der Schutz dieser Wälder als klimapolitische Maßnahme anerkannt wird.
- Länder, denen aufgrund einer Klimaveränderung ein hoher Schaden droht, werden sich eher für umfangreiche Emissionsreduktionsmaßnahmen aussprechen (AOSIS).
- Der Verhandlungsprozess bei internationalen Klimaverhandlungen wird sich weiterhin als schwierig erweisen. Langsame, aber stetige Fortschritte in Richtung eines Klimaprotokolls, das sowohl die Reduktionsziele der einzelnen

[87] Für Japan könnte aus nationalen, aber auch internationalen Imagegründen das Argument wichtig sein, ob ein in einer japanischen Stadt (Kyoto) beschlossene Umweltabkommen scheitert oder nicht.

[88] Vgl. o.V. (1999) S. 20.

Länder als auch die erlaubten Politiken und Maßnahmen definiert, werden aber zu erkennen sein.

3 ÖKONOMISCHE GRUNDLAGEN

3.1 Open Access Regime

Bei der Erdatmosphäre handelt es sich um ein „open access regime".[89] Nichtzahler können vom Konsum der Erdatmosphäre nicht ausgeschlossen werden, allerdings besteht Rivalität im Konsum.[90] Entsprechend dem Gefangenendilemma in der Spieltheorie stellen sich beide Spieler besser, wenn sie den Konsum der Erdatmosphäre kooperativ einschränken.[91] Da aber jeder einzelne einen noch höheren Nutzen erzielt, wenn nur der Partner seinen Konsum einschränkt und eine Kooperation nicht erzwungen werden kann, ist eine Übereinkunft nur schwer zu erzielen. Beide werden ihre Übernutzung der Ressource bis zum Erschöpfungszeitpunkt der Ressource beibehalten. Falls es gelingen sollte, die CO_2-Emissionen weltweit zu stabilisieren, können die Nationen, die sich hieran nicht beteiligt haben, von den Vorteilen dieser Politik - der Verhinderung einer globalen Klimaänderung - nicht ausgeschlossen werden. Wenn ein Staat seine CO_2-Emissionen stabilisiert, profitieren davon alle, indem die Gefahr einer globalen Erwärmung sinkt. Andererseits gefährdet ein Staat durch seine CO_2-Emissionen die ganze Welt zu gleichen Teilen. D.h. der Schaden, der auf den jeweiligen Emittenten zurückfällt, ist relativ gering.

In Verhandlungen sind die Staaten daher versucht, die ihnen zufallenden Vorteile bezüglich einer Klimapolitik herunterzuspielen, damit andere Nationen ihre Emissionen stärker reduzieren. Weil aber die wirtschaftlichen Schäden bei einem

[89] Vgl. Hanley et al. (1997) S. 37.

[90] Zwischen einem Allmendegut (=common pool resource bzw. common property resource) sowie einem open bzw. free access regime muss klar unterschieden werden. Bei einem Allmendegut existiert eine Gemeinschaft, die aussenstehende vom Konsum dieser Ressource ausschliessen kann. Allerdings findet innerhalb der Gruppe kein Ausschluss statt (z.B. eine Weide, die von den Kühen verschiedener Bauern jederzeit genutzt werden darf). Bei einem open accesss regime existieren keine Eigentumsrechte. Vgl. u.a. Wacker / Blank (1998) S. 4.

[91] Mit der Vorstellung des Konzepts des Gefangenendilemmas beginnt praktisch jedes Standardwerk über die Spieltheorie, so auch Holler / Illing (1991) S.1ff., vgl. auch III.1.1.

radikalen Umbau der Energiewirtschaft sicher und gegenwärtig, die Nachteile durch eine Klimaerwärmung unsicher und zukünftig sind, scheint vielen Staaten aus individueller Sicht die Kosten eines solchen Vertrages zu hoch zu sein. Da aber andererseits keine Möglichkeit besteht, einen souveränen Staat zu zwingen, einen Vertrag zu unterschreiben, besteht ein großer Anreiz zum Schwarzfahrerverhalten.[92] Im Ergebnis unterbleibt dasjenige Bündel an Maßnahmen, das nicht im Eigeninteresse des Staates selbst liegt.

Allerdings ist die Ermittlung der individuellen Zahlungsbereitschaftsfunktionen alles andere als trivial.[93] Bei einer Umfrage, bei der jedem klar wäre, dass er sich gemäss seiner Angaben zu Zahlungen verpflichtet würde, bestünde ein Anreiz zu geringe Zahlungsbereitschaften anzugeben, in der Hoffnung, dass die Zahlungsbereitschaften der anderen Wirtschaftssubjekte zum Schutz des Klimas ausreichen würden. Selbst wenn ein Wirtschaftssubjekt korrekt antizipieren würde, dass das Klima aufgrund der untertriebenen Angabe der Zahlungsbereitschaften aller anderen Wirtschaftssubjekte nicht ausreichend geschützt werden würde, würde es keine höhere Zahlungsbereitschaft angeben, da kein Wirtschaftssubjekt in der Lage ist, alleine ausreichende Zahlungen zum Schutz des Klimas zu leisten. Würden die Wirtschaftssubjekte jedoch erwarten, dass jedes Wirtschaftssubjekt die Zahlungen zu leisten hat, die durch die durchschnittliche Zahlungsbereitschaft aller Individuen ermittelt werden, so wäre zu erwarten, dass bei der Befragung alle Wirtschaftssubjekte eher eine zu hohe Zahlungsbereitschaft angeben. Denn die

---

[92] In der Literatur wird auch von der „free-rider"- („Freifahrer"-)Problematik gesprochen (vgl. u.a. Brümmerhoff, D. (1987) S. 81).

[93] Auch wenn dabei ein monetärer Massstab gewählt wird, bedeutet dies nicht, dass der „Wert des vorhandenen Klimas" x Mrd. DM beträgt, sondern diese Summe entspricht der Zahlungsbereitschaft der Bevölkerung nicht das Risiko einer Klimaveränderung mit den Schädigungen einzugehen, die von ihnen erwartet werden. Aufgrund fehlender oder falscher Information kann die Zahlungsbereitschaftsfunktion verzerrt sein. Will man auf die monetäre Bewertung intangibeler Nutzen und Kosten verzichten (z.B. Artensterben aufgrund der Verschiebung der Klimazonen), muss man diese Analysen verbal hinzufügen (vgl. Blankart (1991) S. 351).

eigenen Angaben jedes Wirtschaftssubjektes haben dabei nur marginalen Einfluss auf seine tatsächlichen Zahlungen.

Lassen sich die individuellen Zahlungsbereitschaften nicht ermitteln,[94] so kann in einem ersten Schritt berechnet werden, in welcher Höhe insgesamt Zahlungen zum Schutz des Klimas zu leisten wären. Die Aufteilung dieses Betrages auf die Wirtschaftssubjekte müsste dann in einem zweiten Schritt in einem politischen Prozess entschieden werden. Die Bewahrung des Klimas hätte dann die Eigenschaften eines meritorischen Gutes. Dieses liegt vor, wenn die Präferenzen der Konsumenten nicht hoch genug sind, um dieses Gut anzubieten, der Staat sich jedoch aufgrund einer „höheren Einsicht" für die Produktion dieses Gutes entscheidet.[95] Begründet werden könnte die Bereitstellung eines lebensfreundlichen Klimas als meritorisches Gut dadurch, dass heute die Maßnahmen getroffen werden müssen, so dass zukünftige Generationen nicht mit einer Klimaveränderung leben müssen. Vor allem kinderlose, ältere Menschen handeln rational, wenn sie solche langfristigen Überlegungen nicht in ihr Entscheidungskalkül einbeziehen. Im Extremfall gilt dies sogar, wenn der Treibhauseffekt die Existenz der gesamten Menschheit bedrohen würde.

---

[94] Da diese Problematik bekannt ist, wurden Auswege aus diesem Dilemma gesucht. Eine Möglichkeit ist, zwei repräsentative Gruppen zu bilden. Der einen Gruppe versichert man, dass ihre individuellen Zahlungsbereitschaften, der anderen, dass die durchschnittliche Zahlungsbereitschaft aller Gruppenmitglieder ausschlaggebend sind. Dadurch erhält man zumindest obere und untere Grenzen der Zahlungsbereitschaften. Doch die Bildung von zwei repräsentativen Gruppen aller Menschen dürfte Schwierigkeiten verursachen. Zudem müsste sichergestellt sein, dass es nicht aufgrund fehlender Informationen zu falschen Ergebnissen kommt. Der Nutzen, den zukünftige Generationen aus der Existenz eines lebensfreundlichen Klimas ziehen, kommt nicht oder nur indirekt (bei Eltern und Grosseltern) zum Ausdruck. Eine allerdings nur theoretische Lösungsmöglichkeit bietet Rawls (1972) S.136ff. mit dem „veil of ignorance" an. Wenn Leute nicht wüssten, in welcher Generation, an welchem Ort und in welcher sozialen Lage sie sich befänden, wären sie gezwungen die Entscheidung über ihre Zahlungsbereitschaft nach möglichst objektiven Kriterien zu treffen.

[95] Zu den meritorischen Gütern können z.B. die allgemeine Schulpflicht, die Abwasserbeseitigung oder Theater (vgl. Musgrave et al. (1978) S.100ff.) gezählt werden.

3.2 Ermittlung von Vermeidungskosten

3.2.1 Reduktion der THG-Emissionen im Energiebereich

Verschiedene Modelle sind entwickelt worden, um die Kosten einer Verringerung der THG-Emissionen im Energiebereich abzuschätzen. Dazu wurden verschiedene „top-down" und „bottom-up" Modelle entworfen. In der Regel wird ein „Business-as-Usual"-Pfad (BaU) abgebildet, in dem die wirtschaftliche Entwicklung weltweit oder die eines Landes über die nächsten Jahrzehnten bzw. des nächsten Jahrhunderts ohne jegliche Reduktionen der CO_2-Emissionen dargestellt wird. In einem zweiten Szenario wird unter ceteris paribus Annahmen die Einhaltung eines bestimmten Reduktionsziels (z.B. Stabilisierung der CO_2-Emissionen) betrachtet. Da die zur Erfüllung des exogen gewählten Reduktionsziels notwendige Umstrukturierung des Energiemarktes Kapital bindet, das dann nicht mehr für Konsumzwecke oder andere Wachstumspfade zur Verfügung steht, liegt der Wachstumspfad im Reduktionsszenario unter dem des BaU-Pfades. Diese Wachstumsverluste werden als Vermeidungskosten betrachtet.

„Bottom-up" Modelle haben eine detailliertere Darstellung der Energiesektoren und aggregieren die übrige Volkswirtschaft stark. Dadurch können konkrete technologische Vermeidungsoptionen auf ihre Kosten und Einspareffekte hin untersucht werden, so dass sich ein möglichst umfassendes Bild der verfügbaren Einsparpotentiale ergibt. Dabei werden häufig CO_2-Einsparpotentiale zu negativen Kosten identifiziert.[96]

[96] Da diese Einsparpotentiale bislang noch nicht genutzt worden sind, müssen Kosten (Transaktions- und Informationskosten) und/oder Marktunvollkommenheiten vorhanden sein, die in diesen Modellen nicht berücksichtigt werden, so dass die tatsächlich realisierbaren „free lunches" deutlich geringer sein dürften (vgl. Michaelis (1997) S. 33f.).

Es gibt eine Vielzahl unterschiedlichster Vorschläge zur Reduktion der THG-Emissionen. Um einen Eindruck der großen Bandbreite an zumindest theoretischen Möglichkeiten zu geben, sollen hier nur einige kurz erwähnt werden:[97]

- Konstruktion eines Autos mit einem Verbrauch von 2 Liter Benzin auf 100 km,
- Senkung der Heizenergie bei Alt- aber auch bei Neubauten,
- Reduzierung der Lkw-Transporte aufgrund von Senkung der „Just-in-time" Produktion bzw. Stärkung der regionalen Zulieferer,
- vermehrte vegetarische Ernährung (da für 1 Kalorie Rindfleisch aus Masttierhaltung bis zu 30 Kalorien Fremdenergie bei der Produktion aufgewandt werden müssen, bei Gemüse sind dies nur 2 bis 0,1 Kalorien Fremdenergie), aber auch Verzicht auf Obst und Gemüse außerhalb der Saison (da Obst und Gemüse ansonsten unter hohem Energieaufwand im Treibhaus produziert werden oder aus südlichen Ländern eingeflogen werden muß),
- Konstruktion von Konsumgütern mit einer längeren Lebensdauer,
- Sharing von Haushaltsgeräten mit einem hohen Energieverbrauch. Neben Pkws, wo dies schon vereinzelt geschieht (Car-Sharing) könnten auch Waschmaschinen, Rasenmäher u.ä. gemeinschaftlich genutzt werden.

Alle diese Vorschläge scheinen zu geringen oder sogar negativen Kosten technisch durchführbar zu sein. Allerdings existieren sowohl ökonomische[98] als auch

[97] Vgl. Weizsäcker et al. (1995).

[98] Aufgrund des in den letzten Jahren in vielen OECD-Staaten teilweise stark gestiegenen Benzinpreises dürfte der Benzinverbrauch eines Pkws bei der Kaufentscheidung eine höhere Priorität einnehmen. Bei einer Fahrtstrecke von jährlich z.B. 20.000 Kilometer und einem Benzinpeis von 1 €/l macht die Treibstoffrechnung bei einem Mittelklassewagen mit einem Verbrauch von 10 l/100 km im Barwert ein Größenordnung von ca. 15.000 €, was fast zwei Dritteln der Anschaffungskosten entsprechen kann. Eine Senkung des spezifischen Kraftstoffverbrauchs von 1 l/100 km könnte somit eine Ersparnis von rund 1.500 € bringen. In Mietwohnungen zahlt der Vermieter in der Regel die Isolierung und Heizungsanlage, der Mieter die Heizkosten. Der Vermieter hat also keinen Anreiz ein Haus so zu isolieren, dass die Heizkosten gesenkt werden; der Mieter hat andererseits kein Interesse eine teuere Isolierung einbauen zu lassen. Zumindest dann nicht, wenn er nicht plant, diese Wohnung über einen sehr langen Zeitraum zu nutzen.

psychologische Hemmnisse.[99] Diese Hemmnisse könnten auch bei günstigeren ökonomischen Rahmenbedingungen noch bestehen.

Im Gegensatz zu „bottom-up" haben „top-down" Modelle einen (oder mehrere) aggregierte Energiesektor(en) und betrachten die Beziehungen dieses Energiesektors (oder dieser Energiesektoren) zur übrigen Volkswirtschaft detaillierter. Mit ihrer Hilfe lassen sich die Effekte z.B. einer Energiepreiserhöhung, einer Energie- oder CO_2-Steuer oder einer CO_2-Schranke auf den Nicht-Energiesektor sowie der Substitutionseffekt von Energie durch Kapital und Arbeit bei der Produktion von Gütern aufgrund einer Energiepreiserhöhung ermitteln.[100] Im Vergleich zu „bottom-up" Modellen kommen „top-down" Modelle regelmäßig zu deutlich höheren Kosten von CO_2-Reduktionsmassnahmen, was vor allem daran liegt, dass sie aufgrund ihrer hohen Aggregation des Energiesektors und der Annahme der vollkommenen Information zumindest innerhalb einer Zeitperiode keine „no-regrets" betrachten können.

Aber auch verschiedene „top-down" Modelle erzielen bei der Berechnung der Kosten von CO_2-Reduktionen sehr unterschiedliche Ergebnisse, was sich u.a. auf unterschiedliche volkswirtschaftliche Rahmendaten zurückführen lässt. In einer OECD-Studie wurden die Vermeidungskosten von sechs Modellen verglichen, indem identische Entwicklungen des Wirtschafts- und Bevölkerungswachstums sowie des Preispfades des Rohöls betrachtet wurden.[101] Trotz dieser Angleichung gelangten die Modelle vor allem in Einzelergebnissen immer noch zu sehr unter-

[99] Dies soll allem für den Punkt „langlebige Konsumgüter" begründet werden. Viele elektronische Geräte haben heute schon eine Lebensdauer von zehn Jahren und mehr. Dies reicht vielen Konsumenten aus (z.B. bei PC-, Hifi- und TV-Geräte), da sie spätestens nach zehn Jahren eine Neuanschaffung aufgrund der technischen Weiterentwicklung einplanen. Zum Teil existieren auch schon langlebige Konsumgüter (z.B. Schuhe), die sich nicht durchsetzen, da sich der Konsument damit nicht der modischen Entwicklung anpassen kann.

[100] Vgl. Henrichs / Kuckshinrichs (1994) S. 8.

[101] Die sechs Modelle waren: Edmonds-Reilly-Barns, Manne/Richels (Global 2100), GREEN, CRTM, IEA-Energiemodell, Whalley/Wigle.

schiedlichen Resultaten. So ermittelten Edmonds/Reilly für eine Stabilisierung der CO_2-Emissionen auf dem Niveau von 1990 für die USA im Jahr 2095 Wachstumsverluste von 0,46% und für China von 12,70%, während Manne/Richels in demselben Szenario für die USA im Jahr 2100 2,43% und für China 5,23% Wachstumsverluste berechneten.[102] Die Ursache dieser Differenz zwischen den beiden Modellen liegt darin, dass sich die Modelle u.a. in der Art der Erwartungsbildung (kurzfristig oder perfekte Voraussicht), der Modellierung des Kapitalstocks (putty oder clay), dem internationalen Handel (über alle Güter, alle Energieträger, nur bestimmte Energieträger oder kein Handel), der Backstop-Technologien (Wann ist z.B. Solarenergie konkurrenzfähig?) unterscheiden. Es lässt sich jedoch nicht feststellen, welches Modell das „richtige" Ergebnis liefert.[103] Daher sollten die unterschiedlichen Ergebnisse zwischen verschiedenen Modellen nicht betrachtet werden. Wichtiger ist, wie das Ergebnis eines Modells auf die Veränderung eines Parameters qualitativ reagiert.

Gelangen verschiedene Modelle in gleichen Teilbereichen zu qualitativ ähnlichen Ergebnissen, kann festgestellt werden, dass die Wahrscheinlichkeit recht groß ist, dass Ergebnisse, die von allen Modellen ermittelt werden, korrekte Abbildungen der Wirklichkeit sind:

- In der ersten Phase existiert auch in den Industrieländern ein Reduktionspotential, das keine oder nur sehr geringe Kosten verursacht. Auch wenn das Ausmaß unklar ist, so sollte doch von der Existenz von „free-lunches" ausgegangen werden.
- Die CO_2-Emissionen werden aufgrund des wirtschaftlichen Nachholbedarfs vor allem in den Entwicklungs- und Transformationsländern ansteigen.

---

[102] Vgl. OECD Documents (1993) S.159.

[103] Vgl. Henrichs / Kuckshinrichs (1994) S. 78.

- In den Entwicklungs- sowie Transformationsländern besteht aber auch ein großes Reduktionspotential aufgrund vorhandener Ineffizienzen bei der Energiegewinnung, -bereitstellung und -nutzung.
- Durch Reduktionsmaßnahmen im Energiebereich können zum Teil auch lokale Luftverschmutzungen verringert werden.

3.2.2 Nutzung von Waldschutz- und Wiederaufforstungsprogramme

Die Gesamtmenge an Kohlenstoff, die in der Periode von 1995-2005 über verlangsamte Abholzung (138 Mha), verbesserter natürlicher Waldregnerierung (217 Mha) in den Tropen sowie mit der Umsetzung von weltweiten Aufforstungsprogramme (345 Mha an Plantagen und Waldbewirtschaftung) gebunden und zurückgehalten werden könnte, beträgt nach IPCC (1996b) 12-15% der im IPCC 1992a Szenario geschätzten C-Emissionen aufgrund der Nutzung fossiler Energieträger in derselben Periode.[104] Die Gesamtkosten würden bei $247-302 Mrd. liegen.

IPCC (1996b) gibt Kosten der Reduktion von Waldvernichtungs- und der Förderung von Waldschutzmassnahmen mit einer großen Brandbreite von 0,4-15 $/t C an, worin zu erkennen ist, wie groß die Unsicherheit bei der Ermittlung dieser Kosten ist. Werden dem die lokalen und regionalen Nettoerträge dieser Wälder für die lokalen und regionalen Gemeinschaften gegenübergestellt, so rentieren sich diese Programme oft beinahe auch ohne das Argument des Klimaschutzes.[105] Die Kostenschätzungen anderer Maßnahmen (wie natürliche Regenerierung,

[104] Vgl. IPCC (1996b) S. 775.

[105] In Thailand werden die lokalen Erträge auf $2 pro Hektar und die direkten Kosten auf $2,1 pro Hektar geschätzt (Vgl. IPCC (1996b) S. 788).

Plantagen, (Wieder-)Aufforstung, Waldbewirtschaftung, Plantagen und Waldmanagement) liegen zwischen 0,3-95 \$/t C.[106]

Trotz dieser großen Spannweiten bei der Ermittlung der Kosten kann festgestellt werden, dass die Kosten pro Einheit gebundenen Kohlenstoffs in den Tropen grundsätzlich niedriger sind als in den Ländern höherer Breite. Die Kosten der Verringerung der Waldvernichtung sind eher geringer als die der Förderung der Wiederaufforstung. Die höchsten Kosten dürften bei der Errichtung von Plantagen anfallen.[107]

3.2.3 Sonstige Reduktionsvorschläge

Neben der Reduktion der CO_2-Emissionen auf energetischem Wege oder der Absorption der Emissionen durch eine Aufforstung, gibt es auch „exotische" Ideen dem Problem eines Anstiegs von Treibhausgasen in der Atmosphäre zu begegnen:

- Island nutzt bislang erst zehn Prozent seiner natürlichen Ressourcen zur Stromerzeugung. Die Verlegung von Tiefseestromkabeln von Island nach Mitteleuropa wäre ebenso möglich wie die Ansiedlung energieintensiver Industrien in Island.[108]
- Durch Zugabe von Eisenpulver könnte die Algenblüte im Meer angeregt werden. Algen binden 20% mehr CO_2 als andere Pflanzen.[109]
- In erschöpften Gasfeldern könnte CO_2 eingeleitet und abgeschlossen werden.[110]

---

[106] Vgl. IPCC (1996b) S. 789. Hohe Kosten ergeben sich vor allem dann, wenn korrekterweise auch die Pachtkosten des Landes sowie verschiedene Transaktionskosten der jeweiligen Massnahmen hinzugerechnet werden.

[107] Allerdings ist selbst diese qualitative Abschätzung noch sehr unsicher (Vgl. IPCC (1996b) S. 775).

[108] Vgl. Ewe (1995) S. 82ff.

[109] Vgl. Froböse (1995) S. 93.

[110] Vgl. Froböse (1995) S.92.

- Seifritz schlägt vor, CO_2 zu Eisdomen zu kondensieren und mittels Styropor abzuschließen. So isoliert, würde das CO_2 nur langsam in mehreren Jahrhunderten verdampfen. Allerdings wird bei dieser Lösung auch die gewaltige Menge an CO_2, die ausgestoßen wird, deutlich. Die Hälfte des deutschen CO_2-Eintrages in die Atmosphäre entspräche pro Jahr zehn Eiskugeln von je 400 Meter Durchmesser.[111]

Diese Vorschläge sind allerdings noch nicht ganz ausgereift. Die Legung von Tiefseekabeln von Island nach Mitteleuropa oder Tiefseeverpressung von CO_2 bzw. die Einlagerung in entleerte Erdgasfelder wären mit hohen Kosten verbunden. Welchen Effekt die Verteilung von Eisenspänen auf die Meeresökologie hat (z.B. verstärktes Algenwachstum) ist noch strittig.

Diskutabel wären diese Vorschläge nach Ansicht des Autors nur, wenn gleichzeitig die Energiewirtschaft umstrukturiert wird und hierdurch der Übergang hin zu CO_2-freien Energieträgern sanfter gestaltet werden würde. Im Boden sind noch 5-10 Gt Kohlenstoff in Form fossiler Energieträger gebunden.[112] Sollten all diese Rohstoffe ausgebeutet, verbrannt und das so entstandene CO_2 endgelagert werden, würde eine große „CO_2-Müllindustrie" entstehen, die vor Unfällen geschützt werden müsste.

3.3 Ermittlung von Schadenskosten

Bei der Ermittlung von Schadenskosten muss zwischen Szenarien und Prognosen unterschieden werden. In Prognosen wird versucht die Höhe eines Wertes vorherzusagen (z.B. Höhe der Arbeitslosigkeit in einem Jahr). In Szenarien wird die Höhe eines Wertes unter bestimmten Annahmen abgeschätzt. Aufgrund des langen Zeitraums und der vielfältigen Einflüsse können bezüglich der Kosten ei-

[111] Vgl. Froböse (1995) S. 92.
[112] Vgl. Leggett (1991) S. 47.

ner weltweiten Temperaturerhöhung nur Szenarien entwickelt werden. Die Modelle müssen Annahmen u.a. in folgenden Problemfeldern entwickeln:

- Abdiskontierung: Ein Schaden von $1 Mrd. im Jahr 2000 sollte aus heutiger Sicht sicherlich höher bewertet werden als ein Schaden von $1 Mrd. im Jahr 2050. Bei der Wahl einer hohen Abdiskontierungsrate können jedoch auch sehr hohe Schadenskosten auf einen vernachlässigbaren Betrag heruntergerechnet werden.[113]
- Zeithorizont: Ein schnelles Umsteuern der Volkswirtschaft ist nur gegen höhere Kosten zu erreichen, als wenn der Umbau gestreckt werden kann. Im Rahmen des Treibhauseffektes ist unter kurzfristig ein Zeitraum von ein, zwei Jahrzehnten und unter langfristig von ein, zwei Jahrhunderten zu verstehen.

[113] Für eine positive Abdiskontierungsrate gibt es drei Argumente: die soziale Zeitpräferenz, die Kapitalproduktivität und den Weltuntergang. Erstere beruht auf der individuellen Ungeduld und das Risiko zukünftige Ereignisse nicht mehr zu erleben. Bei der Kapitalproduktivität wird von der Überlegung ausgegangen, dass Ressourcen, die investiert und nicht konsumiert werden, in späteren Perioden zu einem höheren Konsum führen. Wenn spätere Generationen ein höheres Konsumniveau besitzen, ist eine positive Abdiskontierung gerecht. Ob spätere Generationen tatsächlich ein höheres Konsumniveau besitzen, lässt sich jedoch heute nicht beurteilen. Ebenso könnte argumentiert werden, dass sie aufgrund der Umweltschäden ein geringeres Konsumniveau haben werden. Dann wäre eine negative Abdiskontierungsrate gerechtfertigt. Das dritte Argument betrachtet die Wahrscheinlichkeit, mit der die Welt (bzw. die Existenz des Menschen auf der Erde) zum Untergang verurteilt ist (z.B. durch den Einschlag eines grossen Kometen). Allerdings liesse sich durch dieses Argument nur Abdiskontierungsraten rechtfertigen, die - wenngleich positiv - sehr nahe bei Null liegen. Letztlich ist dies nur auf einer Meta-Ebene der moralischen Bewertung verschiedener Entwicklungspfade mit oder ohne Wachstumsmöglichkeiten zu beantworten (vgl. Meyer et al. (1998) S. 132 und Vornholz (1993) S. 64). Da bei einer Gerechtigkeit zwischen Generationen die individuelle Ungeduld keine Rolle spielen sollte und das Risiko zukünftige Ereignisse nicht mehr zu erleben keine Rolle spielen kann, da die Nutzenfunktionen der später lebenden den heutigen Personen gleichgestellt werden sollte, und der Wert des in der Zukunft vorhandenen Kosumbündels unsicher ist, könnte eine Abdiskontierungsrate von 0% als angemessen angesehen werden. Diese hohe Moral würde aber von der jeweils lebenden Generation, die ja letztlich zu entscheiden hat, nicht akzeptiert werden. Nimmt man in einem Gedankenexperiment an, dass die Schäden im Jahr 2100 genau dem (in OECD Documents (1993) S.145 angenommenen) weltweiten BIP des Jahres 2100 entsprächen würden ($246 Billionen), ergäbe sich schon bei einem geringen Abdiskontierungsrate von 1,5% (empfohlen von Cline (1992) S. 274) ein Gegenwartsschaden von $48 Billionen im Jahr 1990 (immer noch hoch im Vergleich zum damaligen weltweiten BIP von $23 Billionen), bei einer Abdiskontierungsrate von 3% (empfohlen von Nordhaus (1994) S. 20f.) $10 Bill. (entspricht dem damaligen BIP der OECD ohne USA), bei einem Abdiskontierungsrate von 5% $1 Bill. (dem damaligen BIP von China) und bei einem Diskontsatz von 10% (angelehnt an Kapitalmarktzinsen) nur noch einem Schaden von $7 Mrd. Allerdings ermittelt kein Klimamodell einen so hohen Schadenswert. Dieser ist hier nur angenommen worden, um zu zeigen, dass selbst astronomisch hohe Schäden, wenn sie in ferner Zukunft anfallen, bei entsprechender Abdiskontierungsrate weit heruntergerechnet werden können.

- Sudden events: Ein Auftreten von katastrophalen Naturereignissen (starke Stürme, langandauernde Dürren, Ablenkung des Golfstroms etc.) ist bei einer weltweiten Klimaänderung wahrscheinlich, aber nicht abschätzbar.
- Unsicherheit: Hinzu kommt noch die allgemeine Unsicherheit, ob die vorhandenen Klimamodelle tatsächlich korrekt sind. Es existieren noch viele positive und negative Rückkopplungen. Doch selbst wenn dieses berücksichtigt wird, kann nicht ausgeschlossen werden, dass einzelne, wichtige Aspekte im Klimageschehen existieren, die bislang noch gar nicht berücksichtigt worden sind.[114]

Lässt sich trotz dieser gewaltigen Unsicherheiten ein ökonomisch begründetes Urteil abgeben, ob Anstrengungen unternommen werden sollten, die CO_2-Emissionen zu reduzieren? Es kann beim heutigen Wissensstand nicht gesagt werden, um wieviel höher die Kosten liegen, wenn nichts zum Schutz des Klimas unternommen wird, als wenn Maßnahmen dagegen getroffen werden. Allerdings steht fest, dass eine Klimaveränderung sehr hohe Kosten verursachen kann, während Reduktionen der CO_2-Emissionen, zumindest in der ersten Phase in den Industrieländern, aber vor allem auch global, zu sehr geringen Kosten zu erreichen sind. Über die Höhe des langfristigen Reduktionsziels kann aber nur politisch entschieden werden.

[114] Beispiel FCKW: Der Bericht über eine Abnahme der Ozonkonzentration über der Antarktis kam selbst für die Fachwelt 1985 völlig überraschend. 1983 hatten Japaner darüber schon in einer nationalen Zeitschrift berichtet, ohne dass dies beachtet wurde. 1984 entdeckte auch ein britischer Forscher die niedrigen Messwerte, ging jedoch von einer Fehlmessung aus, so dass er die Werte erst ein Jahr später nach einer Überprüfung der Öffentlichkeit mitteilte. Grund für die Überraschung: Seit 1978 mass ein Satellit die Ozonkonzentration, ohne dass eine Abnahme der Ozonkonzentration aus den Messwerten entdeckt wurde. Der Satellit hatte die Abnahme der Ozonkonzentration zwar gemessen, aber - ebenso wie der britische Forscher - als Fehlmessungen interpretiert (vgl. Rabe (1992) S. 9). Überraschungen ähnlicher Art werden zwar unwahrscheinlicher je besser das Klimageschehen auf der Erde verstanden wird, können jedoch nie ganz ausgeschlossen werden. Allerdings muss von Unsicherheit in beiden Richtungen – auf eine Abschwächung als auch auf eine Verschärfung – des heute angenommenen THE ausgegangen werden.

3.4 Neue Politische Ökonomie

Bei der Klimaschutzpolitik muss - aufgrund der globalen Schadstoffproblematik - sowohl die internationale als auch die nationale Ebene betrachtet werden. Die internationale Ebene ist wichtig, da die Reduktionen eines Landes kaum Auswirkungen auf den Treibhauseffekt haben und Klimaschutz nur über die Zusammenarbeit aller Länder möglich ist. Weil aber aufgrund der staatlichen Souveränität kein Staat zur Beteiligung an einem Klimaschutzabkommen gezwungen werden kann, müssen die Abkommen derart ausgestaltet sein, dass eine Ratifizierung im Eigeninteresse der Staaten liegt.[115] Ein Betrachtung der nationalen Ebene ist wichtig, weil die Bezeichnung, dass „Staaten" ein solches Abkommen ratifizieren, eine grobe Vereinfachung darstellt. Die handelnden Akteure sind in einer Demokratie Politiker, die von Bürokraten, Interessenverbänden und ihren Wählern beeinflusst werden. All diese vier Gruppen unterliegen ihren Eigeninteressen, die nicht mit dem Gesamtinteresse ihres Staates deckungsgleich sein müssen.

Gemäss der Theorie der repräsentativen Demokratie streben Politiker nicht nach einer Maximierung des Allgemeinwohls, sondern nach einer Maximierung ihres Stimmenanteils bei der nächsten Wahl, d.h. Sicherung ihres Arbeitsplatzes und Einkommens.[116] Im Idealfall entspricht dies einander. Problematisch wird es dann, wenn durch eine Politik, die das Allgemeinwohl stärkt, die Wahlchancen verschlechtert werden. Dies ist z.B. dann der Fall, wenn eine Stärkung des langfristigen Allgemeinwohls kurzfristig mit Kosten verbunden ist und die Wähler eine langfristig angelegte Politik nicht honorieren. Beim Treibhauseffekt könnte dies durchaus der Fall sein. Die Schäden einer weltweiten Klimaveränderung tre-

---

[115] Da fliessen allerdings nicht nur monetäre Argumente mit ein. Ein positives Ansehen gegenüber anderen Staaten kann ebenso die Unterzeichnung eines Klimaschutzabkommens erleichtern wie die Annahme eines Staates S, dass die Wahrscheinlichkeit höher ist, dass andere Länder einen Vertrag X unterzeichnen, der für S wichtig ist, wenn der S das Abkommen Y unterzeichnet.

[116] Gary S. Becker definiert „ein ideales demokratisches politisches System ... als *ein institutionelles Arrangement zur Erreichung politischer Entscheidungen, in dem Individuen danach*

ten wohl erst in mehreren Jahrzehnten ein, während eine Vorsorgepolitik schon heute einsetzten müsste.[117]

Bürokraten haben ebenso ein Interesse an einer Sicherung ihres Arbeitsplatzes und Einkommens. Dazu muss der Einfluss ihrer Behörde gestärkt werden. Entscheidungsträger in staatlich-bürokratischen Institutionen versuchen das ihnen zur Verfügung stehende Budget auszuweiten und sich einen möglichst großen Entscheidungsfreiraum zu verschaffen.[118]

Politiker werden in ihren Entscheidungen von den verschiedensten Interessengruppen beeinflusst. Zu einer Verzerrung führt dies, da sich einige Interessen leichter organisieren lassen als andere. Generell gilt: Je geringer die Zahl ist, die von einer bestimmten politischen Entscheidung betroffen ist, und je höher deren Schaden durch diese Entscheidung ist, desto leichter lässt sich diese Gruppe organisieren. Deutlich wird dies z.B. am Einfluss des Bundes der Steuerzahler auf die Politik. Obwohl (zumindest über die indirekten Steuern) jeder Wähler durch die Höhe der Steuerbelastung betroffen ist, sind nur wenige Steuerzahler Mitglieder dieser Organisation. Denn selbst wer einen starken Einfluss dieses Verbandes auf die Politik wünscht, hat durch eine Mitgliedschaft keinen direkten Nutzen, da durch ein neues Mitglied die Stärke dieser Organisation nicht wesentlich gesteigert wird. Auch besteht keine soziale Ächtung, wenn man nicht Mitglied dieses Verbandes wird. Eine positive Einflussnahme des Steuerzahlerbundes auf die Politik - so sie überhaupt nachzuweisen wäre - kommt jedem Steuerzahler und nicht nur seinen Mitgliedern zu gute. Organisationen, die die Interessen von nur einigen wenigen vertreten, lassen sich leichter bilden, da eine Nicht-Teilnahme einer Per-

streben, durch absolut freien Wettbewerb um die Stimmen einer breiten Wählerschaft ein politisches Amt zu erheben." Vgl. Becker (1982) S. 34 (Hervorhebung im Original).

[117] Eine andere Möglichkeit ist, wenn die Kosten einer Klimaschutzpolitik auf eine kleine, gut organisierte Gruppe und der Ertrag auf die Allgemeinheit entfällt. Dies wird unten im Zusammenhang mit den unterschiedlichen Interessengruppen näher diskutiert.

[118] Vgl. Neumann (1982) S. 319.

son den anderen auffällt und sie dadurch (zumindest) sozial geächtet werden kann.[119] Dies gilt vor allem dann, wenn der Schaden für jeden einzelnen recht hoch ist. Für die Klimaschutzpolitik bedeutet dies, dass Betroffene einer Klimaschutzpolitik (z.B. Anbieter fossiler Energieträger) sich leichter organisieren lassen und vehementer zu Wort melden als die (noch weitgehend unbestimmten) Opfer einer Klimaveränderung, so dass „eine systematische Tendenz zur 'Ausbeutung' der Grossen durch die Kleinen" besteht.[120]

3.5 Bestimmung der Reduktionsziele

CO_2 ist ein globaler Schadstoff, der zum einen bei jeder industriellen Tätigkeit emittiert wird, sofern die dafür notwendige Energie durch Verbrennung fossiler Energieträger erzeugt wird, und zum anderen durch Waldrodung. Dadurch existiert kein Staat, auf dessen Territorium gegenwärtig kein CO_2 emittiert wird. Dies bedeutet jedoch nicht, dass die CO_2-Emissionen zwischen den Staaten gleich verteilt sind. Die USA alleine verbrauchen fast ein Viertel aller CO_2-Emissionen und damit fast soviel wie alle Entwicklungs- (ohne China) und Transformationsländer (ohne ehemalige UdSSR) zusammen, die in Tabelle 7 die RoW-Gruppe bilden. Da in dieser Region 12 mal so viele Menschen wie in den USA leben, hat die USA den 12-fachen pro Kopf-Verbrauch an CO_2 wie die RoW-Region.

Wird nach dem Gerechtigkeitsprinzip der gleichen Rechte aller Menschen (Gleichheit) argumentiert, könnte ein globales Emissionsziel lauten, dass sich die pro Kopf Emissionen der Staaten angleichen sollten. Als Maßstab könnte mit 4 t pro Kopf und Jahr die heutigen globalen Durchschnittsemissionen angenommen

---

[119] Bei kleinen Gruppen kann auch dafür gesorgt werden, dass bestimmte Güter der Organisation nur ihren Mitgliedern zu gute kommen.

[120] Olson (1985) S. 28. Allerdings findet Olson selbst den Ausdruck „Ausbeutung" in diesem Zusammenhang aus moralischer Sicht unglücklich, inhaltlich aber korrekt. Mit „gross" und „klein" ist in diesem Fall die quantitative Grösse einer Gruppe, nicht z.B. ihre wirtschaftliche Stärke gemeint.

werden.[121] Als Ergebnis müsste Deutschland seinen Ausstoß auf ca. 1/3 des heutigen reduzieren, während China den seinen sogar verdoppeln dürfte.[122]

Tabelle 7: CO_2-Emissionen verschiedener Länder und Ländergruppen im Jahr 1990

Region	CO_2-Emissionen in Mrd. t	Bevölkerung in Mill.	BIP in Mrd. $	CO_2-Emissionen in t/Kopf	CO_2-Emissionen in kg/$
USA	5,248	250	5.600	20,99	0,937
Deutschland	1,023	79	2.423	12,95	0,422
OOECD[1]	4,042	503	8.069	8,04	0,501
ehemalige	3,872	289	2.680	13,40	1,445
UdSSR	2,352	1.116	1.100	2,11	2,138
China	5,512	3.024	3.340	1,82	1,650
RoW[2]					
Welt	**22,030**	**5.261**	**22.920**	**4,19**	**0,961**

[1] Übrige OECD

[2] Rest of the World

Quellen: OECD-Documents (1993) S. 145, Manne (1993) S. 58, Bundesministerium für Wirtschaft (1995) S. 19ff. und eigene Berechnungen.

Es ist völlig ausgeschlossen, dass die Industriestaaten diesem Emissionsziel zustimmen würden und aufgrund ihrer Souveränität können sie dazu auch nicht gezwungen werden. Nach dem Prinzip der „Souveränität" wird von der gegenwärtigen Emissionsrate ausgegangen, so dass die Emissionen aller Länder um einen gleichen Prozentsatz reduziert werden müssten. Ärmere Staaten würden

[121] Sollte es zu einer weltweiten Angleichung kommen, müsste der Wert sogar tiefer liegen, weil sonst keine Reduktion stattfinden würde.

[122] Die Extremposition beziehen die USA auf der einen und Staaten wie Indien mit 0,7 t pro Kopf und Jahr bzw. Burundi mit 0,03 t auf der anderen Seite. (Vgl. Rentz (1995) S. 30).

durch dieses Emissionsziel stärker belastet werden als reichere und haben daher keinen Anreiz, diesem Ziel zuzustimmen.

Würde nach dem „horizontalen Gerechtigkeitsprinzip“ gehandelt werden, müssten alle Staaten dieselbe Nettowohlfahrtseinbussen durch ihr Reduktionsziel tragen. Allerdings wurde oben gezeigt, dass insbesondere der nationale Nutzen der Reduktionsmaßnahmen nur schwer zu bewerten ist.

Nach dem „vertikalen Gerechtigkeitsprinzip“ wird nicht der Nutzen der Reduktionsmaßnahmen betrachtet, sondern ein Land sollte umso größere Lasten übernehmen je reicher es ist, so dass die Nettovermeidungskosten invers mit dem BIP pro Kopf korreliert wären. Die Emissionslasten hätten nach diesem Gerechtigkeitsprinzip ebenso die Industrieländer zu tragen, wie nach dem „Polluter-pays“ Prinzip. Dies fordert, dass die Reduktionen entsprechend dem gegenwärtigen Emissionsniveau aufgeteilt werden sollte.[123]

Möglich wäre auch zu berücksichtigen, wieviel Güter und Dienstleistungen im landesüblichem Durchschnitt mit einer Tonne CO_2 hergestellt wird. Würde der Maßstab von 1 kg CO_2 pro $ gewählt werden, könnte Deutschland seinen heutigen Ausstoß sogar noch verdoppeln und China müsste den seinen halbieren, wobei hierbei die Wahl der Wechselkurse großen Einfluss auf die jeweiligen nationalen Emissionsquoten haben würde.

Alle Kriterien lassen sich moralisch begründen und doch existieren je nach Entscheidung unterschiedliche Gewinner und Verlierer.

[123] Vgl. Torvanger (1996) S. 144ff..

3.6 Zusammenfassung

Bezüglich der weiteren Diskussion kann folgendes festgehalten werden:

- Da es sich bei der Erdatmosphäre um eine „open access ressource" handelt, findet eine Übernutzung statt.
- Aufgrund der Souveränität der handelnden Akteure bedarf eine Vereinbarung bezüglich der Schonung der Ressource der Zustimmung aller (bzw. eines hinreichend großen Teils der) Emittenten. Da jeder Teilnehmer vom Schwarzfahrer-Verhalten profitieren würde, besteht für keinen Akteur ein Anreiz, seine Zahlungsbereitschaften zu offenbaren.
- Kostengünstige Emissionsreduktionsoptionen existieren vor allem in den Transformations- sowie Entwicklungsländern, zu einem geringeren Teil aber auch in den Industrieländern.
- Einige Waldschutz- und Wiederaufforstungsprogramme können durchaus sehr kostengünstig sein. Allerdings sind diese Kostenschätzungen noch sehr unsicher, so dass auf diese Maßnahmen nur sehr vorsichtig zurückgegriffen werden sollte. Auf jeden Fall sollte der Wald nicht nur unter ökonomischen Kriterien, sondern als biologisches Ganzes betrachtet werden.
- Sonstige, eher „exotische" Maßnahmen, insbesondere Geo-engineering sollten zumindest mittelfristig, aufgrund der noch vorhandenen menschlichen Unwissenheit und den sich hieraus ergebenden Gefahren, eher zurückhaltend genutzt werden.
- Die Höhe der Schadenskosten lassen sich, insbesondere bezogen auf eine Region bzw. ein Land, nicht ermitteln. Es soll aber im weiteren Verlauf davon ausgegangen werden, dass die abdiskontierten Schadenskosten zumindest in dem Bereich, in dem gegenwärtig über Reduktionsmaßnahmen diskutiert wird, höher sind als die Kosten, die sich aus den Reduktionsmaßnahmen ergeben.
- Es wird desweiteren ausgegangen, dass zumindest mittelfristig, wenn keine Reduktionsmaßnahmen ergriffen werden, die Kosten so hoch sein werden, dass

sich Reduktionsmaßnahmen der Emissionen heute, verglichen mit dem abdiskontierten Gegenwartswert, der zukünftigen Schäden rentieren werden.

- Verschiedene Gerechtigkeitsprinzipien führen zu unterschiedlichen Emissionszielen, die jeweils andere Gewinner und Verlierer haben, so dass sich kein Emissionsziel finden lässt, dass allen Gerechtigkeitsprinzipien entspricht.

Zweiter Teil

Umweltpolitische Instrumente

Wie in Teil 1 gezeigt, existieren eine Vielzahl guter Argumente für eine weltweite Reduktion der THG-Emissionen. Da durch die Ausnutzung der weltweit kostengünstigsten Reduktionsmöglichkeiten aufgrund dann anfallender geringerer Schäden durch eine globale Erwärmung ein weltweiter Wohlfahrtsgewinn zu erzielen wäre. In Kapitel 1 des zweiten Teils dieser Arbeit werden verschiedene Wege dargestellt, auf denen man zu „first-best" Lösungen gelangt.[124] In der Realität lassen sich aber aufgrund verschiedener Unvollkommenheiten allenfalls „second-best" Lösungen herstellen.[125] Dies soll in Kapitel 2 an den umweltpolitischen Instrumenten Steuern, Zertifikate und freiwillige Selbstverpflichtungen dargestellt werden. Anschließend wird in Kapitel 3 auf die „Kyoto-Mechanismen" (Joint Implementation, Clean Development Mechanismen, handelbare Emissionsrechte) sowie Activities Implemented Jointly eingegangen. Die Behandlung der anderen Instrumente in Kapitel zwei ist auch deshalb notwendig, weil Joint Implementation und Clean Development Mechanismen Sekundärinstrumente sind und mit einem der anderen umweltpolitischen Instrumente gekoppelt werden müssen.[126]

---

[124] „First-best" Lösungen zeichnen sich dadurch aus, dass für sie das Kriterium der Pareto-Optimalität gilt (vgl. II.1.2 und Weimann (1991) S. 18).

[125] Durch „second-best" Lösungen wird ein bestimmtes Umweltziel kostenminimal erreicht. Aufgrund von Informations- und Transaktionskosten sowie Marktunvollkommenheiten weichen „second-best" in der Regel von „first-best" Lösungen ab.

[126] Vgl. Düngen / Schmitt (1993) S. 653.

1 VERSAGEN DES PREISMECHANISMUSSES

1.1 Externe Kosten

Aufgrund des Charakteristikums der Erdatmosphäre als open access Ressource ist das marktwirtschaftliche Ausschlussprinzip nicht anwendbar. Wenn aber niemand der Konsum der Erdatmosphäre untersagt werden kann, kommt auch kein privates Angebot zustande, obgleich die Deponieeigenschaft der Erdatmosphäre durchaus als knapp angesehen werden muss.

In diesem Fall spricht man auch von negativen externen Effekten.[127] Dies sind Auswirkungen einer Produktion oder Konsumption, die mit negativem Vorzeichen in die Nutzen- oder Produktionsfunktionen Dritter eingehen, ohne dass hierfür Zahlungen geleistet werden. So kommt es z.B. bei der Produktion des Unternehmens A zu Emissionen. Wenn durch diese Emissionen andere Wirtschaftssubjekte geschädigt werden und diese Schäden nicht in die Kalkulation des Unternehmens A eingehen, handelt es sich um negative externe Produktionseffekte. Der durch diese Emission negativ betroffene Dritte wird schlechtergestellt.[128]

Der Dritte wäre grundsätzlich bereit, Zahlungen an das Unternehmen zu leisten, wenn er dadurch sicher stellen könnte, dass seine Schädigungen zurückgingen.[129] Durch eine Reallokation könnte also ein Individuum besser gestellt werden, ohne dass gleichzeitig ein anderes schlechter gestellt werden würde.[130] Um dieses zu erreichen, lassen sich in der ökonomischen Theorie grundsätzlich meh-

[127] Oder auch externen Kosten (vgl. Schumann (1987) S. 166), negative Externalitäten.

[128] Vgl. Cansier (1993) S. 24f.

[129] Allerdings muss berücksichtigt werden, dass sich nicht ohne weiteres auf dem Markt eine intertemporale Gerechtigkeit einstellt. Da sich beim Treibhauseffekt die Schäden erst langfristig (im Verlauf von mehreren Jahrzehnten oder sogar über einem Jahrhundert) einstellen, sind die Geschädigten vielfach noch nicht geboren, so dass eine „Diktatur der Lebenden über die Ungeborenen" entsteht. Diese wird bestenfalls gemildert durch die Zahlungsbereitschaft, die Eltern und Großeltern im Sinne ihrer (noch ungeborenen) Kinder und Enkel ausüben.

[130] Die Eigenschaft eines Pareto-Optimums sind also erfüllt (vgl. Schumann (1987) S. 219).

rere Wege angeben. Im folgenden sollen die drei Varianten wohlmeinender Diktator, Pigou-Steuer sowie Coase-Verhandlungslösung diskutiert werden.

1.2 Der wohlmeinende Diktator

Für jedes Individuum i lässt sich ein Nutzenniveau bezüglich einer bestimmten Emissionsmenge E angeben. Falls ein Teil p dieser Emissionen vom Individuum i emittiert wird, so ergibt sich hierfür ein positiver Nutzen U_i^+ für i und ein negativer Nutzen U_M^- für alle Individuen einschließlich i, wobei $U_i^+ > U_i^-$ ist, da ansonsten die Emission nicht stattfinden würde. Für alle nicht von i zu verantwortenden Emissionen q (mit 0 ≤ p,q ≤ E und p+q = E) ist $U_i^+ = 0$ und $U_i^- > 0$.

Hieraus kann man für analytische Zwecke eine soziale Wohlfahrtsfunktion aufstellen:[131]

(1) $W = W\left(U_1, U_2, \ldots, U_i, U_j \ldots, U_m\right)$,

in der W die soziale Wohlfahrt und U_m das individuelle Nutzenniveau des m-ten Mitglieds der Gesellschaft sind. Eine gesellschaftliche Umverteilung kann dazu führen, dass das Nutzenniveau von i steigt, während das Nutzenniveau von j sinkt. Will man nun eine Aussage über die Auswirkung dieser Umverteilung auf die gesellschaftliche Wohlfahrt machen, so kommt man nicht umhin, zumindest implizit von Werturteilen auszugehen. Denn auch wenn man den Nutzenniveauveränderungen aller Individuen denselben Wert beimisst, geht man von einem Werturteil aus, nämlich dass die gegenwärtig vorhandene Einkommensverteilung „gerecht" ist.[132]

Allgemein akzeptiert wird daher lediglich das Kriterium der Pareto-Effizienz, nach dem ein Wohlfahrtsniveau als höherwertig gilt, wenn der Nutzen mindestens

---

[131] Vgl. Stobbe (1983) S. 369. Dies wird auch als kollektive, gesellschaftliche oder gesamtwirtschaftliche Wohlfahrtsfunktion bezeichnet.

[132] Zur Diskussion verschiedener Entscheidungswege zur Erreichung umweltpolitischer Ziele vgl. Jakubowski et al. (1997) und Jakubowski (1999).

eines Individuums höher ist und kein Individuum schlechter gestellt wird. Pareto-Optimal ist dann ein Zustand, in dem es nur möglich ist, ein Individuum besser zu stellen, wenn gleichzeitig ein anderes Individuum schlechter gestellt wird. In der realen Welt ist damit praktisch jeder gesellschaftliche Zustand pareto-optimal und kaum eine politische Maßnahme lässt sich hierdurch begründen.

Um zu einer Lösung zu gelangen, wird vorgeschlagen, dass über verschiedene gesellschaftliche Zustände X, Y und Z abgestimmt werden sollte und anschließend der von der Mehrheit gewünschte Zustand durchgesetzt werde. Allerdings kann es schon bei 3 Wählern mit 3 Alternativen zu einem nicht mehr lösbaren Entscheidungsproblem kommen:[133]

(2) $A: X \succ Y \succ Z \qquad B: Y \succ Z \succ X \qquad C: Z \succ X \succ Y$

Eine Mehrheit (A und C) präferiert X gegenüber Y sowie (A und B) Y gegenüber Z. Allerdings wird gleichzeitig Z gegenüber X von einer Mehrheit (B und C) vorgezogen, so dass eine Lösung nicht möglich ist. Dieses Abstimmungsproblem nimmt zu, je mehr Wahlberechtigte und/oder Alternativen existieren.[134]

Eine weitere Möglichkeit der Maximierung der sozialen Wohlfahrtsfunktion ergibt sich durch das Kaldor-Hicks-Kriterium. Dieses besagt, dass eine Veränderung als Pareto-effizienter gilt, wenn das besser gestellte Individuum (oder die besser gestellten Individuen) alle schlechter gestellten Individuen kompensieren kann und anschließend mindestens ein Individuum noch besser und kein Individuum mehr schlechter gestellt ist.[135] In der Theorie können die Nutzenvergleiche der Individuen von einem wohlmeinenden und allwissenden Diktator übernommen werden. Natürlich ist dies kein Plädoyer für eine Diktatur, sondern lediglich ein intellektueller Kunstgriff, damit ein gesellschaftlich optimaler Zustand in der

[133] Das Zeichen „$\succ$“ steht für „besser als“.

[134] Vgl. Stobbe (1983) S. 373.

[135] Vgl. Stobbe (1983) S. 374.

Theorie ableitbar ist. In der Realität kann kein Diktator an die oben genannten Kriterien (wohlmeinend und allwissend) auch nur annähernd herankommen. Wie bei jedem Individuum würde die ökonomische Theorie auch (und gerade) einem Diktator Eigeninteresse unterstellen und ihn daher ablehnen.

1.3 Pigou-Steuer

Pigou schlug vor, diese negativen externen Effekte mittels einer Steuer zu internalisieren.[136] Durch die Pigou-Steuer werden im Idealfall die gesamten Umweltbelastungen in die Preise einbezogen, so dass der Markt für einen optimalen Naturverbrauch sorgen kann.[137] Theoretisch entspricht die Pigou-Steuer in Abbildung 3 dem Schnittpunkt von Grenzschadenskosten (GSK)[138] und Grenzvermeidungskosten (GVK)[139] in s* mit einem optimalen Emissionsniveau von E*.

Dadurch werden die negativen Externalitäten internalisiert und für den Produzenten zu einem Produktionsfaktor. Allerdings scheitert diese theoretisch einleuchtende Lösung in der Realität am Informationsproblem, da wie in Teil I gezeigt, weder die Lage der Grenzschadens- noch die der -vermeidungskostenkurve exakt bestimmt werden kann.

Die Einnahmen aus der Pigou-Steuer dürfen allerdings nicht für eine weitere Verbesserung der Umweltqualität verwendet werden, da die Umweltqualität in E* bereits optimal ist und jede weitere Veränderung vom Optimalpunkt wegführt.[140]

---

[136] Vgl. Pigou (1920)

[137] Im Verlauf dieser Arbeit wird davon ausgegangen, dass die Unternehmen die Schädiger und die Konsumenten die Geschädigten sind. Tatsächlich ist auch der umgekehrte Effekt zu beobachten, wenn z.B. der Konsument aufgrund unnötig hohem Energieverbrauchs (z.B. Heizen bei offenem Fenster) zur Schädigung beiträgt und z.B. landwirtschaftliche Betriebe zu den Geschädigten gehören.

[138] Die Grenzschadenskostenkurve gibt die zusätzlichen Schadenskosten an, die durch eine marginale Erhöhung der THG-Emissionen entstehen.

[139] Die Grenzvermeidungskostenkurve gibt die Vermeidungskosten an, die durch eine marginale Verringerung der THG-Emissionen entstehen.

[140] Vgl. Feess (1995) S. 43.

Abbildung 3: Darstellung der Pigou-Steuer

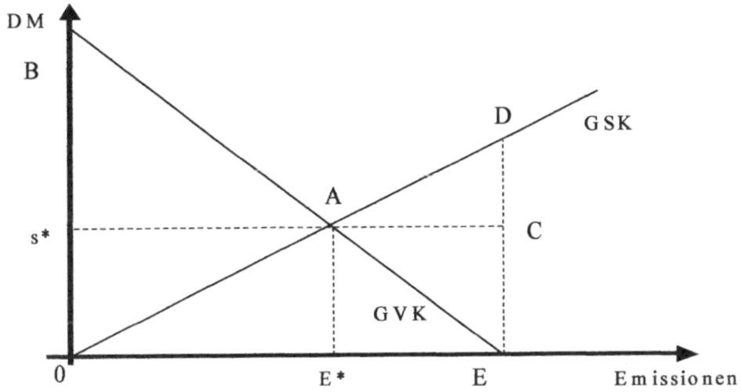

Quelle: Cansier (1993) S. 38

1.4 Coase-Theorem

Gemäss dem Coase-Theorem[141] können externe Effekte auch über Verhandlungen internalisiert werden, so dass Pareto-effiziente Allokationen entstehen.[142] Die erste wichtige Voraussetzung ist dabei, dass die Eigentumsrechte genau definiert sind. Wenn sie bezüglich der Umwelt beim Produzenten liegen, werden die Bürger die Verhandlung mit dem Unternehmen suchen und zu einem Verhandlungsergebnis in Höhe von E* in Abbildung 3 gelangen. Das Unternehmen erhält dann für seinen Produktionsrückgang Kompensationszahlung in Höhe von ACEE*. Durch den Produktionsrückgang haben die Bürger einen Vorteil in Höhe von ADEE*, abzüglich ihrer Kompensationszahlung an das Unternehmen also einen Nettogewinn von ACD. Dem Unternehmen kostet die Reduktion einen Betrag in Höhe von AEE*, es macht aber aufgrund seiner Kompensation einen Nettogewinn von ACE.

---

[141] Vgl. Coase (1960) S. 1ff.

[142] Vgl. Weimann (1991) S. 26.

Liegen die Eigentumsrechte bezüglich der Umwelt bei den Bürgern, werden die vom Unternehmen gesuchten Verhandlungen dasselbe Emissionsniveau in Höhe von E* ergeben. In diesem Fall wird das Unternehmen jedoch eine Art Schadensersatz an die Bürger in Höhe von 0s*AE* leisten. Die Bürger haben einen Schaden von 0AE* und einen Nettogewinn von 0s*A. Das Unternehmen hat Kosten in Höhe 0s*AE und einen Nettogewinn von s*AB.

Unabhängig von der Ausgestaltung der Eigentumsrechte, gelangt man zwar zu dem gleichen optimalen Emissionsniveau, aber mit unterschiedlichen Zahlungsströmen.

Das Coase-Theorem gilt in dieser stringenten Form allerdings nur, wenn keine Transaktionskosten vorhanden sind. Unter Transaktionskosten sind alle Kosten zu zählen, die im Zusammenhang mit dem Tausch von Eigentumsrechten auftreten können (direkte Kosten von Verhandlungen, Spezifizierung, Durchsetzung und Überwachung). Globale Umweltschutzverhandlungen wie die bezüglich der Reduktion von THG-Emissionen verursachen hohe Transaktionskosten, so dass auch dieses theoretisch faszinierende Modell in der Realität an seine Grenzen stößt.[143]

1.5 Zusammenfassung

In diesem Kapitel wurde gezeigt, dass in der Theorie verschiedene Wege existieren, wie man zu einem Pareto-optimalen Ergebnis gelangen kann:

- Ein wohlmeinender und vollkommen informierter Diktator wird das Emissionsniveau so setzen, dass die soziale Wohlfahrtsfunktion maximiert wird. In der Realität existiert weder ein wirklich wohlmeinender Diktator, noch könnte

[143] Im übrigen besteht bei einer großen Zahl von Verhandlungspartnern ein Anreiz zum Schwarzfahrerverhalten selbst wenn die Eigentumsrechte klar definiert sind (vgl. Weimann (1991) S. 39ff. und III.1.1.). Da an internationalen Verhandlungen bezüglich des Treibhaus-

dieser davon ausgehen, dass er bezüglich der Nutzenfunktion seiner „Untertanen" vollkommen informiert wäre.

- Sind die Grenzschadens- und vermeidungskostenkurven bekannt, kann eine Steuer so gesetzt werden, dass die Unternehmen freiwillig das gesellschaftlich optimale Emissionsniveau anstreben. In der Realität sind die Kurven jedoch nicht bekannt.
- Existieren keine Transaktionskosten werden Unternehmen und Bürger in Verhandlungen zu dem gleichen Ergebnis wie der Staat mittels einer Pigou-Steuer gelangen. Dieser müsste allerdings noch bezüglich der moralischen Kriterien entscheiden, wer mit dem Eigentumsrecht ausgestattet werden sollte. Gerade bei einem so globalen Problem wie dem Treibhauseffekt sollte jedoch von sehr hohen Transaktionskosten ausgegangen werden.[144]
- Da in der Realität eine „first-best" Lösung niemals erreicht und aufgrund des Informationsproblems selbst von keiner empirischen Kenntnis der „first best"-Lösung ausgegangen werden kann, kann nur eine „second best"-Lösung angestrebt werden.

effektes über 170 Staaten teilnehmen, kann von dem Problem der großen Zahl sowohl auf der Schädiger- als auch auf der Geschädigtenseite ausgegangen werden.

144 Zum Beispiel zeigt sich dies in der Klimapolitik an der großen Anzahl von Konferenzen: Rio de Janeiro als Ausgangsstation mit der Verabschiedung der Klimarahmenkonvention, sowie den bisherigen fünf Vertragsstaatenkonferenzen in Berlin, Genf , Kyoto, Buenos Aires und Bonn.

2 ABGABEN, ZERTIFIKATE UND FREIWILLIGE SELBSTVERPFLICHTUNGEN

2.1 Typisierung umweltpolitischer Instrumente

Durch umweltpolitische Eingriffe ins Marktgeschehen versucht der Staat das Verhalten der am Wirtschaftsgeschehen agierenden Teilnehmer (Wirtschaftssubjekte) zu beeinflussen und zwar in Richtung auf ein von den staatlichen Instanzen definiertes ökologisches Ziel. Geht man wie allgemein üblich von rational handelnden Wirtschaftssubjekten aus,[145] lassen sich drei Einflußgrößen auf das Verhalten des Wirtschaftssubjektes finden, die von verschiedenen umweltpolitischen Instrumenten angesprochen werden:[146]

- Verringerungen der verfügbaren Handlungsalternativen (hier: Ausschluß umweltschädlicher Alternativen) durch „ordnungsrechtliche" Instrumente.
- Veränderung der Nutzen und Kosten der zur Verfügung stehenden Handlungsalternativen (hier: in Richtung auf ein ökologischeres Verhalten) durch „marktwirtschaftliche" Instrumente.[147]

---

[145] Dies bedeutet nicht, daß das Ergebnis jeder Handlung eines Wirtschaftssubjektes stets auf den ersten Blick „vernünftig" ist. Die Wahrscheinlichkeit beim Lotto einen hohen Gewinn zu erzielen, ist sehr gering. Dennoch wird das Postulat der Rationalität durch die Beobachtung, daß viele Menschen Lotto spielen, nicht verletzt. Der Ökonom forscht dann nach tieferliegenden Motiven (in diesem Fall z.B. die Freude am Nervenkitzel), durch die dieses Verhalten doch rational erklärt werden kann.

[146] Vgl. Michaelis (1997) S. 25f.

[147] Die Bezeichnung von Michaelis als „ökonomische" Instrumente ist ungenau, da dies bedeuten würde, daß die anderen Instrumente unökonomisch sind, will man diese Bezeichnung als Unterscheidungskriterium zulassen. Tatsächlich unterliegen die Entscheidungen eines Wirtschaftssubjektes sowohl bei ordnungsrechtlichen als auch bei suasorischen Instrumenten einem Nutzen-Kosten Kalkül. Denn auch bei ordnungsrechtlichen Auflagen sind die Handlungsalternativen nur auf den ersten Blick verringert worden, da dem Wirtschaftssubjekt zumindest theoretisch die Möglichkeit bleibt, gegen die Auflage zu verstoßen und mehr als erlaubt zu emittieren. Die dann anfallenden Strafzahlungen (gewichtet mit der Wahrscheinlichkeit der Entdeckung) müssen höhere Kosten verursachen als das korrekte Befolgen der Auflage, damit das Wirtschaftssubjekt sich an die Auflage hält. Bei suasorischen Instrumenten steigt der Nutzen des korrekten umweltpolitischen Verhaltens und sei es nur, indem man sich selbst als einen „guten Menschen" betrachtet. Allerdings beziehen sowohl ordnungsrechtliche als auch suasorische Instrumente nicht den Markt ein, so daß die Bezeichnung eines marktwirtschaftlichen Instrumentes genauer ist.

• Veränderung der Informationen und Wertvorstellung des Wirtschaftssubjektes durch „suasorische" Instrumente.

Zu den ordnungsrechtlichen Maßnahmen gehören Ge- und Verbote sowie Auflagen und Normen. Die Anwendung von Verboten sind vorteilhaft, wenn die Emissionen eines bestimmten Stoffes sehr hohe Kosten verursachen und gleichzeitig zu relativ geringen Kosten aus dem Produktionsprozeß entfernt werden können. Der Staat kann dann die Emission (Beispiel: FCKW) oder auch Produktion (Beispiel: Asbest) dieses Stoffes verbieten. Ein Verbot von THG- (insbesondere CO_2-) Emissionen ist aber - zumindest bei gegenwärtigem Stand der Technik - nicht möglich oder würde (bei einem Verbot der Verbrennung fossiler Energieträger) exorbitant hohe Kosten aufweisen, so daß sich die Anwendung dieses Instrumentes in dem hier zu behandelnden Zusammenhang ausschließt.

Mittels Normen und Auflagen legt der Staat den Emittenten auf, die Emissionen bestimmter Quellen auf ein vorgeschriebenes Niveau zu drosseln. Dazu muß prinzipiell jede Quelle gesondert betrachtet werden; allerdings ist es denkbar, gleichartige Quellen in eine Regelungskategorie zusammenzufassen. Die Emissionsquellen von THG sind jedoch so vielfältig und verschiedenartig, daß die Anwendung von Auflagen nicht als sinnvoll erscheint und hier nicht weiter betrachtet werden soll.[148]

Suasorische Instrumente (moralische Appelle, staatliche Werbung für umweltfreundliches Verhalten etc.) sind sinnvoll, wenn die Befolgung der geforderten Verhaltensänderung zu geringen Kosten zu erzielen sind. Da bei der Reduktion

---

[148] Dies schließt nicht aus, daß in bestimmten Bereichen zur Reduktion von THG-Emissionen auch ordnungsrechtliche Maßnahmen eingesetzt werden können und sollten (Beispiel: Wärmeschutzverordnung, Tempolimit auf Autobahnen, Festschreibung des Flottenverbrauchs etc.), aber sie dürften nicht ausreichen, um ein ökologisch notwendiges Reduktionsziel zu erreichen.

von THG-Emissionen hiervon nicht ausgegangen werden kann,[149] wird dieses Instrument in der hier vorliegenden Arbeit nicht näher betrachtet.

Im weiterem Verlauf wird daher nur noch auf die marktorientierten Instrumente - wie Abgaben, Zertifikate sowie freiwillige Selbstverpflichtungen der Industrie - eingegangen. Letzteres vor allem aufgrund der Bedeutung freiwilliger Selbstverpflichtungen gerade in der deutschen Klimaschutzpolitik.

2.2 Umweltabgaben

2.2.1 Grundlegende Bemerkungen

Der Zweck einer Abgabe ist in der Regel ihre Finanzierungsfunktion, d.h. die Erzielung staatlicher Einnahmen. Das Ziel einer Umweltabgabe ist hingegen vorrangig die Lenkungsfunktion, d.h. die Verringerung eines umweltbelastenden Tatbestandes.[150] So stand z.B. bei der Mineralölsteuer bis 1985 das Finanzierungsziel im Vordergrund,[151] ab 1985 kann die Mineralölsteuer auch als Umweltsteuer angesehen werden, da aus ökologischen Gründen der Steuersatz für bleifreies Benzin gesenkt und der für verbleiten Kraftstoff erhöht wurde.[152]

---

[149] Selbst wenn die Existenz von „free-lunches" akzeptiert wird, sind diese wohl nicht in einem ausreichenden Maße vorhanden. Allerdings schließt dies nicht aus, daß suasorische Instrumente als flankierende Maßnahmen eingesetzt werden könnten (z.B. Werbung für eine verstärkte Nutzung des öffentlichen Personennahverkehrs, für Energiesparlampen etc.).

[150] Vgl. Cansier (1993) S. 135. Mit der Auflegung einer Steuer auf einen umweltbelastenden Tatbestand wird dieser zwar als unerwünscht, aber grundsätzlich als erlaubt betrachtet. Ansonsten wäre (wie z.B. bei Asbest) ein Verbot sinn- und wirkungsvoller. Zwar könnte man eine Umweltabgabe auch so hoch ansetzen, daß sich die Emissionen in Zukunft nicht mehr lohnen, doch dies würde Art. 12 Abs. 1 GG, dem Recht auf Berufsfreiheit, widersprechen, der gemäß Art. 19 Abs. 3 GG auch für juristische Personen, d.h. insbesondere Unternehmen, gilt. Daher sind „Erdrosselungssteuern" grundsätzlich verfassungswidrig (vgl. Arndt (1995) S. 133ff.). Wenn ein - ineffizient produzierendes - Unternehmen aufgrund einer Umweltabgabe aus dem Markt ausscheiden muß, liegt jedoch noch keine Erdrosselungssteuer vor. Diese läge erst vor, wenn praktisch für kein Unternehmen eine Produktion mehr möglich wäre (vgl. Spengel / Wünsche (1995) S. 77).

[151] Zum Straßenbau-, -neu- und -rückbau etc.

[152] Vgl. Krebs / Reiche (1996) S. 43. Im weiteren Verlauf der Arbeit wird stets davon ausgegangen, daß mit der diskutierten Abgabe auch ökologische Lenkungseffekte erzielt werden

Abgaben lassen sich nach Steuern, Gebühren, Beiträgen und Sonderabgaben unterscheiden. Steuern sind Zwangsabgaben ohne spezielle Gegenleistung des Staates. Die Steuereinnahmen fließen in der Regel in den allgemeinen Staatshaushalt. Gebühren und Beiträge sind mit einer speziellen staatlichen Gegenleistung gekoppelt (Eintritt in Schwimmbäder, Museen, Müllgebühren etc.). Allerdings sind auch die Gebühreneinnahmen nicht zweckgebunden. Hingegen sind die Einnahmen aus Sonderabgaben zweckgebunden, d.h. sie müssen an die Gesamtheit der Abgabepflichtigen zurückfließen (z.B. Grundwasser- und Sondermüllabgabe).[153]

Im übrigen sind Emissions- und Produktabgaben zu unterscheiden. Während bei der ersten die an die Umwelt abgebenden Schad- bzw. Reststoffmengen als Bemessungsgrundlage dienen, werden bei der zweiten die Menge bzw. die umweltschädlichen Eigenschaften von Produkten oder Produktionsfaktoren als Bemessungsgrundlage herangezogen. In naiver Form könnte eine Energiesteuer als eine Produktabgabe verstanden werden, bei der der Abgabensatz unabhängig von der eingesetzten Energieform ist. Eine CO_2-Steuer wäre eine Abgabe auf die von den Wirtschaftssubjekten verursachten CO_2-Emissionen. Da es sich beim Treibhauseffekt um ein CO_2-Problem handelt, würde sich eine CO_2-Steuer anbieten. Doch Meßtechniken zur direkten CO_2-Emissionsbestimmung sind technisch sehr aufwendig und allenfalls für großtechnische Anlagen sinnvoll.[154] Die Emissionen der Haushalte und des Verkehrs, können auf diesem Wege nicht ermittelt werden. Da andererseits eine direkte Beziehung zwischen den fossilen Energieträgern und den CO_2-Emissionen besteht, kann derselbe Effekt auch mittels einer differenzier-

sollen. Es liegt aber auf der Hand, daß es keine feste Grenze gibt, ab der eine Abgabe als Umweltabgabe zu bezeichnen wäre (vgl. Krebs / Reiche (1996) S. 46).

[153] Vgl. Krebs / Reiche (1996) S. 29 und Cansier (1993) S. 137. Im weiteren Verlauf dieser Arbeit werden die Begriffe Steuern und Abgaben synonym verwendet.

[154] Vgl. Koschel / Weinreich (1995) S. 15.

ten Produktabgabe auf den betreffenden Inputfaktor erzielt werden. Daher kann eine CO_2-Steuer nicht nur als Emissionssteuer, sondern wie die Energiesteuer als eine Produktsteuer ausgestaltet werden. Der Unterschied besteht dann lediglich darin, dass bei einer CO_2-Steuer die Energieträger gemäß ihrer CO_2-Faktoren besteuert werden.[155] Atomenergie und erneuerbare Energieträger würden - als CO_2-freie Energieträger - einer solchen Steuer nicht unterliegen. Allerdings werden auch bei einer Energiesteuer die erneuerbaren Energieträger in der Regel aus einer Besteuerung herausgenommen, da eine stärkere Konkurrenzfähigkeit dieser Energieträger gegenüber den fossilen Energieträgern von Protagonisten einer Energiesteuer gewünscht wird. Auch die Atomenergie unterliegt in der Regel nicht der Energiesteuer. Die Befürworter begründen diese Ausnahmeregelung damit, daß die verstärkte Nutzung der Kernenergie als eine Möglichkeit zur Reduktion der THG-Emissionen begriffen werden sollte. Die Gegner der Atomenergie fordern weniger eine Besteuerung als einen Verbot. Somit handelt es sich sowohl bei einer CO_2- als auch bei einer Energiesteuer um eine Produktabgabe, der in der Regel nur die fossilen Energieträger unterliegen. Bei einer Energiesteuer ist der Abgabensatz für Kohle, Öl und Gas gleich, bei einer CO_2-Steuer entfällt der höchste Abgabensatz auf Kohle und der geringste auf Gas. Substitutionseffekte innerhalb der fossilen Energieträger sind daher stärker bei einer CO_2- als bei einer Energiesteuer zu erwarten.

Eine Klimasteuer[156] wäre jedoch nur sinnvoll, wenn sie auch ihre Lenkungsfunktion voll entfalten könnte. Insbesondere müssten andere Steuern und Subventionen, aber auch eingegangene vertragliche Verpflichtungen auf ihre Klimaschutzeffekte überprüft werden. Eine weitere Verpflichtung der Energieunter-

[155] Obwohl die Waldrodung ebenfalls einer CO_2-Steuer unterliegen müßte, wird dies in der Literatur in der Regel nicht berücksichtigt.

[156] Unter Klimaabgabe soll hier jede Abgabe verstanden werden, die aufgrund eines Lenkungsziels zur Verringerung von THG-Emissionen erhoben wird. Es wird daher nicht diskutiert, ob es sich dabei eher um eine CO_2-, Energieabgabe, eine Kombination beider Steuerarten oder eine andere Steuer mit dem gleichen Lenkungsziel handelt. Desweiteren wird davon ausgegangen, daß der Steuersatz hoch genug liegt, um Lenkungsziele tatsächlich erwarten zu lassen.

nehmen zur Nutzung der deutschen Kohle führt u.a. zu Ineffizienzen. Die Vermieter könnten die höheren Energiekosten auf den Mieter abwälzen, statt eine energiesparende Investition vorzunehmen, obwohl gerade bei Mietwohnungen große Energieeinsparungen vorgenommen werden könnten.[157] Existieren solche Überwälzungsmöglichkeiten auf vor- oder nachgelagerten Stufen, sind eventuell Auflagen den Steuern auch unter Effizienzgesichtspunkten überlegen (z.B. Abwärmeordnung).[158]

Problematisch ist auch die Wirkung einer ökologischen Steuerreform auf den horizontalen und vertikalen Finanzausgleich. Wenn eine Umweltsteuer ihre Lenkungswirkung erfüllt, besteht die Gefahr, daß das gesamte Steueraufkommen des Staates sinkt, vor allem, wenn bei Einführung der Steuer dauerergiebige Steuern wie die Lohn- und Einkommenssteuer gesenkt worden sind. Diese Gefahr ist jedoch bei der Klimasteuer allenfalls langfristig gegeben, da mittels dieser Steuer die Verwendung von fossiler Energie zwar gesenkt, aber kaum beseitigt werden kann. Außerdem wird in den meisten Studien von einem prozentualen Anstieg der Steuersätze über der Zeit ausgegangen, so daß das Aufkommen nur zurückgeht, wenn die Steuerelastizität der Nachfrage unter –1 liegt.[159] Erfolgt jedoch ein Steueraufschlag von x% je Einheit Energiegehalt, wie z.B. in der DIW-Studie

[157] Ein Weg aus diesem Dilemma wäre die Übernahme der Investitionen durch einen „Contractor". Dieser tätigt die Investiotionen treuhänderisch für den Hausbesitzer und läßt sich das Geld später vom Mieter abstottern. Der Vorteil des Contractors gegenüber dem Hausbesitzer ist, daß der Contractor die Investitionen in Einsparmaßnahmen bei einer großen Anzahl von Miethäusern durchführen kann und somit die Investitionen leichter verteilen kann als ein Hausbesitzer, der häufig nur über ein bzw. wenige Häuser verfügt (vgl. Weizsäcker et al. (1995) S. 180).

[158] Krebs / Reiche (1996) S. 111 beziffern die umweltpolitischen Subventionen auf ca. 1.498 Mio. DM.

[159] Bei einer Nachfrageelastizität von <-1 reagiert die Nachfrage auf eine (infinitesimal kleine) Steuererhöhung mit einer prozentual höheren Änderung der nachgefragten Menge in entgegengesetzter Richtung (vgl. Stobbe (1983) S. 116). Eine Elastizität ist der Quotient aus der relativen Änderung der abhängigen Variablen (hier: Nachfrage nach fossilen Energieträgern) und der relativen Änderung einer Erklärungsvariablen (hier: Steuersatz auf fossile Energieträger) (vgl. Stobbe (1983) S. 112).

(1994), wo eine Aufschlag von 7% p.a. über 10 Jahre vorgeschlagen wurde, so ist der Anstieg relativ am stärksten beim industriellen Strom und am geringsten bei Diesel und Benzin.[160] Dies liegt an der unterschiedlichen Steuerbelastung. Da gerade im Bereich Verkehr die größten Einsparpotentiale vermutet werden, sollte die Aufschlag der Klimasteuer zusätzlich auf den Preis der Energieträger inklusive der schon vorhandenen Steuern erfolgen.

2.2.2 Praktische Umsetzung

Die Einführung der Altölausgleichsabgabe 1968 wird als erste Umweltabgabe in Deutschland angesehen.[161] Seither existieren eine Vielzahl verschiedener Abgaben in Deutschland, die als Umweltsteuern bezeichnet werden können.[162] Allerdings ist die Abgrenzung, welche Steuer als Umweltabgabe zu bezeichnen ist, nicht leicht zu ziehen. Soll der 1996 abgeschaffte Kohlepfennig oder die 1990 eingeführte Erdgassteuer als Umweltabgabe bezeichnet werden? Sowohl durch den Kohlepfennig als auch durch die Erdgassteuer stieg der Strompreis an, wodurch zumindest theoretisch ökologische Lenkungswirkungen erzielt wurden.[163] Die aus dem Kohlepfennig erzielten Einnahmen wurden jedoch zweckgebunden zur Förderung der Verstromung heimischer Kohle eingesetzt, so daß durch diese „Umweltabgaben" zum einen der klimaschädlichste Energieträger (Kohle) subventioniert und der klimafreundlichste fossile Energieträger (Erdgas) durch die Erdgassteuer belastet wurden. Wenn Lenkungseffekte erzielt worden sind, dann kaum ökologisch positive.

---

[160] Bei der DIW-Studie würde sich der industrielle Strom nach zehn Jahren um 96% erhöhen, bei Normalbenzin hingegen nur um 24% (vgl. Krebs / Reiche (1996) S. 63). Daß es dennoch zu positiven Arbeitsplatzeffekten kommt, kann nur mit der Ausgestaltung des Modells (Input-Output-Modellierung) erklärt werden.

[161] Vgl. Krebs / Reiche (1996) S. 36.

[162] Vgl. OECD (1995) S. 46ff.

[163] Theoretisch, weil durch den geringen Steuersatz der Erdgassteuer kaum Lenkungseffekte erzielt worden sind (vgl. Krebs / Reiche (1996) S. 48).

Der Begriff Umweltabgabe kann auf Steuern beschränkt werden, die eingeführt worden sind, um der Umweltverschmutzung zu begegnen; oder auch auf Steuern, die vorrangig zur Erzielung von Einnahmen eingeführt wurden, wodurch aber durchaus ökologische Lenkungseffekte erzielt werden.[164] Gegen die weite Fassung spricht, daß sich demnach fast jede Steuer als Umweltabgabe bezeichnen ließe. So senkt z.B. auch eine Mehrwertsteuer den Konsum, dadurch den Energieverbrauch und reduziert schließlich die CO_2-Emissionen.

2.2.3 Doppelte Dividende

Im Rahmen dieser Arbeit wird die ökologische Wirksamkeit eines Instrumentes daran gemessen, wie gut es einen gesetzten Standard bezüglich tolerierbarer Emissionspfade erreichen kann, da dies die politische Debatte bei Klimaverhandlungen bestimmt.

Bei einer Steuer wird jede Emissionseinheit gleich belastet.[165] Strittig ist vor allem die Verteilung des Steueraufkommens einer Klimasteuer. Aus ökologischer Sicht wäre zu begrüßen, wenn hiermit Umweltschutzinvestitionen subventioniert werden würden. Dies würde jedoch zu einer Erhöhung der Staatsquote führen. Außerdem besteht die Gefahr der Ineffizienz durch eine dauerhafte Subventionierung. Steuerrechtlich bestehen ebenfalls Bedenken an einer Zweckbindung der Steuereinnahmen, denn dadurch würde gegen das Nonaffektationsprinzip verstoßen werden.[166] Ein solcher Verstoß könnte bei einer aus den Steuereinnahmen finanzierten negativen Pro-Kopf-Steuer (Öko-Bonus) oder bei einer Senkung der

[164] Vgl. OECD (1995) S. 7.

[165] Dies ist allerdings nicht zwangsläufig. Denkbar ist auch, daß, ab einer bestimmten Emissionshöhe, ein höherer Steuersatz gilt oder daß die Steuer progressiv ansteigt. Doch dies würde zusätzliche Probleme aufwerfen (Verteilung der Emissionen in der Zeit oder auf mehrere Abgaben, Meßproblem etc.). U.a. aufgrund des hohen Verwaltungsaufwandes wird dies in der Literatur nicht diskutiert.

[166] Vgl. z.B. Arndt (1995) S. 41.

Lohnnebenkosten vorliegen.[167] Ein Öko-Bonus würde eventuell eine soziale Gerechtigkeit herstellen. Personen mit einem geringeren Einkommen geben einen höheren Anteil ihres Einkommens für Energie aus als Bezieher eines höheren Einkommens. Da ihnen die finanziellen Mittel zum Erwerb von Energiesparmaßnahmen fehlen, hat eine Klimasteuer unsoziale Auswirkungen. Dies gilt vor allem für Haushalte mit mehreren Kindern sowie Rentnern. Die Belastung dieser Gruppen könnte durch einen Öko-Bonus zumindest verringert werden.[168]

Ob auch positive Wirkungen auf dem Arbeitsmarkt durch eine Klimasteuer vorhanden sind, ist allerdings umstritten. Befürworter einer Umweltabgabe sprechen von einem „double dividend"-Effekt;[169] Gegner glauben, daß bei zu geringen Steuersätzen weder Auswirkungen auf den Arbeitsmarkt noch ökologische Effekte ausgelöst werden oder - wenn die Steuer ökologische Lenkungswirkung erzielt - dies zu vermehrter Arbeitslosigkeit führen wird.[170]

---

[167] Allerdings kann die Regierung beschließen und sich anschließend an diesen Beschluß halten, ohne daß die Steuereinnahmen durch ein Gesetz zweckgebunden werden. Dann liegt kein Verstoß gegen das Nonaffektationsprinzip vor (vgl. Arndt (1995) S. 45). Jedoch bezeichnet Arnim „jedes politische Versprechen ... seinem Wesen nach **unverbindlich**" und damit „wertlos und unglaubwürdig." (vgl. Arndt (1995) S. 45, Hervorhebung im Original). Das Demokratieverständnis, das an dieser Stelle anklingt, kann nur als fragwürdig bezeichnet werden.

[168] 1992 gab der Haushaltstyp mit einem geringen Einkommensniveau (2-Personen Haushalt mit einem Rentner oder Sozialhilfeempfänger als Haushaltsvorstand) 7,8%, der Haushaltstyp einem hohen Einkommensniveau (4-Personen Haushalt mit Angestellten oder Beamten als Haushaltsvorstand) 5,1% des Einkommens für Energie aus. Aufgrund des Öko-Bonusses standen sich allerdings alle Haushalte mit einem Nettoeinkommen unter 4000 DM/Monat nach einer Klimasteuer besser als ohne (vgl. DIW (1994) S. 249ff.).

[169] Kirchgässner (1996) S.34 sieht sogar eine dritte Dividende. Denn erzielt eine Klimasteuer Lenkungswirkung, sinkt das Aufkommen aus dieser Steuer. Würde aber mit den Einnahmen die Einkommenssteuer gesenkt, müssen die Steuersätze einer Klimasteuer kontinuierlich angehoben werden. Dies verlangt eine neue Entscheidung der Politiker und ist von den Bürgern damit besser zu kontrollieren, als der implizite Anstieg der Einkommenssteuer aufgrund der eingebauten Progression. Denselben Effekt kann man natürlich auch negativ sehen: Bei einer erfolgreichen Umweltabgabe verschwindet langsam der Steuertatbestand und das Aufkommen aus der Steuer geht langfristig gegen Null. Eine dauernde Veränderung des Steuersatzes ist mit politischen Kosten verbunden. In den meisten Simulationsrechnungen wird daher in der Regel ein kontinuierlicher Anstieg des Steuersatzes modelliert.

[170] Vgl. Krebs / Reiche (1996) S. 131.

Ein großer Teil theoretischer Studien gelangen nach Kirchgässner (1996) zu dem Ergebnis negativer Beschäftigungseffekte durch eine Umweltsteuer, da sie unter der Annahme freiwilliger Arbeitslosigkeit modelliert worden sind.[171] Sinkt der Nettolohn durch die Erhebung einer Umweltsteuer, reduzieren die Arbeitnehmer ihr Arbeitsangebot. Eine Situation, die Volkswirtschaften unter Vollbeschäftigung beschreibt, wovon gegenwärtig in den meisten Industrieländern nicht die Rede sein kann. Gegenwärtig wären sicherlich viele bereit, auch zu einem geringeren Lohn eine Beschäftigung anzunehmen.[172] Modelle unter unfreiwilliger Arbeitslosigkeit kommen dann auch zu eher positiven Beschäftigungswirkungen.[173]

So kommt auch eine von Greenpeace in Auftrag gegebene Studie des DIW zu positiven Arbeitsmarktwirkungen. Allerdings entfallen hierbei 70% des Energiesteueraufkommens auf die produzierende Wirtschaft und dabei vor allem auf die energieintensiven Wirtschaftszweige. Berücksichtigt man, daß das Grundstoff- und Produktionsgütergewerbe[174] in Deutschland einen Anteil von fast 70% am Endenergieverbrauch des Verarbeitenden Gewerbes, aber nur einen Anteil an der Gesamtbeschäftigung von 10,1% hat, wird deutlich, daß fast ganze Industriezweige vernichtet werden könnten, ohne daß dies in der Beschäftigungsbilanz nennenswert auffallen würde.[175] Allerdings hätte dies auch keine positiven Um-

---

[171] Beispiele hierfür sind nach Kirchgässner, G. (1996) S. 12f.: Bovenberg / De Mooij (1994), Lighthard / Van der Ploeg (1996), Strand (1996) und Richter (1996).

[172] Es muß dann allerdings gefragt werden, warum es nicht zu einem Vertragsabschluß kommt. Eine Ursache könnte sein, daß die Arbeitnehmer und Arbeitgeber aufgrund der Stärke einer dritten Partei - Gewerkschaften - keine geringeren Löhne durchsetzen können. Führt eine Umweltsteuer zu höheren Nominallöhnen, kann es dann auch bei unfreiwilliger Arbeitslosigkeit zu keiner Beschäftigungszunahme kommen.

[173] Beispiele hierfür sind nach Kirchgässner, G. (1996) S. 16.: Bovenberg / Van der Ploeg (1994), Schneider (1996).

[174] Vor allem Gewinnung und Verarbeitung von Steinen und Erden, Eisenschaffende Industrie, NE-Metalle, Chemie sowie Zellstoff-, Papier- und Pappeerzeugung

[175] Natürlich ist dies eine sehr vereinfachte Darstellung. Erstens wären dies immerhin über 600.000 zusätzliche Arbeitslose, zweitens käme noch ein Vielfaches in der Zulierferindustrie hinzu. Zusätzlich müßte noch berücksichtigt werden, daß das Know-how wichtiger grundle-

weltauswirkungen, wenn diese Unternehmen sich in Ländern mit ineffizienteren Energiestrukturen ansiedeln würden und Deutschland diese Güter anschließend importieren würde („Leakage-Effekt"). Dies gilt zum Beispiel für die Energiewirtschaft. So würden die Raffinerien nach der DIW-Studie mit 43,06 DM je Tonne im 15.Jahr belastet werden. Bei heutigen Verarbeitungskosten in einer Größenordnung von 50 DM je Tonne käme dies einer Erdrosselungssteuer gleich.[176]

In Simulationsstudien führt vor allem die Modellierung einer pro-Kopf Rückzahlung der Einnahmen aus einer Umweltsteuer (Öko-Bonus) zu negativen Beschäftigungseffekten, da dadurch die Chance vertan wurde, mit den Steuereinnahmen andere Steuern mit negativen Auswirkungen auf die Beschäftigung zu senken.[177] Werden die Einnahmen zur Senkung der Lohn- und Einkommenssteuer oder der Sozialbeiträge verwendet, so ergeben sich in der Regel positive Beschäftigungseffekte.[178] Allerdings ist die Veränderung der sektoralen Umgewichtung der Produktionskoeffizienten z.B. in der Studie des DIW aufgrund einer statischen Input-Output Modellierung von vornherein ausgeschlossen.

Insgesamt kann nach Ansicht des Autors festgestellt werden, daß bei sinnvoller Ausgestaltung einer CO_2-Steuer ein Beschäftigungszuwachs zu erwarten ist, der aber wahrscheinlich unter in der vom DIW ermittelten Größenordnung liegen dürfte. Dies gilt vor allem dann, wenn mit den Einnahmen aus einer Klimasteuer andere Steuern mit negativen Beschäftigungseffekten reduziert werden und die

---

gender Industriebereich verloren gehen würde. Dennoch soll an dieser Stelle deutlich gemacht werden, daß die meisten Arbeitnehmer nicht in Industrien mit einem hohen Energieverbrauch beschäftigt sind. Dies macht die Sache nur schwieriger, da es nicht ausreicht, die Energieeffizienz einiger weniger sondern praktisch aller Unternehmen zu steigern.

[176] Vgl. Voss (1995) S. 63ff.

[177] Vgl. nach Kirchgässner (1996) S. 20: Conrad, K. / Schröder, M. (1991, 1991a, 1993).

[178] Vgl. nach Kirchgässner (1996) S. 18ff.: DIW (1994), Prognos (1993), Siebe, T. (1996), Meyer, B./Ewerhart, G. (1996), Capros, P. et al. (1996), Karadeloglu, P. (1992), Barber, T. / Gardiner, B. (1996) und Bayar, A.H. (1996).

Gewerkschaften auf einen vollständigen „Inflationsausgleich", der zwangsläufig bei einer Umschichtung zu indirekten Steuern zum Thema wird, verzichten.

2.2.4 Nationale Umsetzung

Es liegen eine Vielzahl verschiedene Studien über die Auswirkung einer Erhebung einer nationalen Klimaabgabe vor.[179] Diese Vorschläge unterscheiden sich nicht in der Steuer selbst (in der Regel: Energie- oder CO_2-Steuer), sondern

- in der Steuerbasis (einheitlicher Energiegrundpreis von 9 DM/Gigajoule bei DIW (1994) und FÖS et al. (1994))
- in den unterschiedlichen Ausgangspreisen je nach Einsatzform der Energie (Prozeßenergie, Heizöl, Verkehr, Haushaltsstrom bei FÖS et al. (1994)),
- in der Stärke des Anstiegs der Steuerrate (7% bei DIW (1994), 5% bei FÖS et al. (1994)),
- in der Dauer dieses Anstiegs (15 Jahre DIW (1994), 6 Jahre FÖS et al. (1994)),
- in der Verwendung des Steueraufkommens.

Weil das Aufkommen einer CO_2-Steuer schnell sehr hoch werden kann[180] und eine weitere Erhöhung der Staatsquote nicht befürwortet wird, gehen alle Vorschläge bezüglich einer CO_2-Steuer zumindest von weitestgehender, in der Regel vollständiger, Aufkommensneutralität aus. Zur Akzeptanzsteigerung einer Umweltsteuer sollen in der Regel, die sich aus ihr ergebenden Einnahmen so eingesetzt werden, daß sich durch eine Entlastung des Faktor Arbeit positive Effekte auf dem Arbeitsmarkt ergeben. Dafür werden verschiedene Kompensationsalternativen vorgeschlagen: Senkung der Sozialversicherungsbeiträge, Lohn- und Ein-

---

[179] Die wichtigsten deutschen Vorschläge stammen vom DIW (1994) und FÖS et al. (1994).

[180] Das Deutsche Institut für Wirtschaftsforschung kommt im 16. Jahr auf ein Steueraufkommen von 205 Mrd. DM (ohne zusätzliche Einnahmen aus der Mehrwertsteuer), wenn Deutschland im nationalen Alleingang den Steuersatz jährlich um 7% auf einen „Grundpreis" von 9 DM je Gigajoule erhöht (vgl. DIW (1994) S.14*).

kommenssteuer, Mehrwertsteuer, Vermögenssteuer, Gewerbekapitalsteuer, Grundsteuer, Erbschaftssteuer etc., aber auch Rückerstattung über eine Pro-Kopf-Zahlung (Öko-Bonus),[181] sowie finanzielle Hilfen an besonders belastete Branchen (z.B. Energie, Chemie), Regionen (z.B. Ludwigshafen) oder Personen (z.B. Landwirte, Rentner).

Eines der wahlpolitischen Versprechen der neuen aus SPD und Bündnis 90/Die Grünen gebildeten Bundesregierung in Deutschland war die Umsetzung einer ökologischen Steuerreform.

Diese wurde 1999 auch eingeführt. Zum 01. April 1999 wurde die Steuer auf Kraftstoffe um 6 Pfennig je Liter, auf Heizöl um 4 Pfennig je Liter, Heizgas um 0,32 Pfennig je Kilowattstunde erhöht und auf Strom eine Steuer von 2 Pfennig je Kilowattstunde eingeführt. Mit den hieraus resultierenden Steueraufkommen sollen die Rentenversicherungsbeiträge um 0,8 Prozent gesenkt werden.[182] In den Jahren 2000-2003 wird die Steuer auf Strom um 0,5 Pfennig pro Kilowattstunde und Jahr und auf Mineralöl um 6 Pfennig pro Liter und Jahr erhöht. Ab 1. November 2001 wird der Dieselkraftstoff zusätzlich um 3 Pfennig pro Liter belastet und vom 1. Januar 2003 der Grenzwert für Schwefel im Dieselkraftstoff auf 10 ppm gesenkt. Der ermäßigte Steuersatz für Unternehmen des produzierenden Gewerbes und der Land- und Forstwirtschaft bleibt auf 20 Prozent des Regelsatzes bestehen. Auch der Ausgleich für besonders belastete Unternehmen des produzierenden Gewerbes bleibt erhalten.[183]

---

[181] In einem theoretischen Modell („first best world") ohne weitere verzerrende Steuern ist eine pro-Kopf Subvention unter allokativen Gesichtspunkten optimal. Da in der Realität („second best world") aber andere Steuern existieren, die die relative Preisverhältnisse verändern und damit zu unerwünschten Nebeneffekten führen, ist eine Reduktion einer anderen verzerrenden Abgaben der Einführung eines Öko-Bonus vorzuziehen.

[182] Vgl. Trittin (1999) S.145.

[183] Vgl. http://www.bundesregierung. de/05/0523/17/

Aufgrund der relativ geringen Anhebung – und dem zu Folge ebenfalls relativ geringen Senkung der Lohnnebenkosten – sind zumindest in den ersten Jahren keine Umwelt- bzw. Beschäftigungseffekte dieser Steuer zu erwarten. Dies um so mehr, als für die Industrie großzügige Ausnahmen vereinbart worden sind. „Für das Produzierende Gewerbe und die Landwirtschaft gelten einheitlich reduzierte Steuersätze, die 20 Prozent der Regelsteuersätze entsprechen. Zusätzlich kann das Produzierende Gewerbe Belastungen aus der Ökosteuer, die die Entlastung bei den Lohnnebenkosten um das 1,2-fache übersteigen, auf Antrag erstattet bekommen... Bahn AG und das der schienengebundene ÖPNV werden nur mit 50 Prozent des Stromsteuersatzes belastet."[184] Es ist zu erwarten, daß durch diese Ökosteuer die nationalen CO_2-Emissionen im Vergleich mit dem BaU-Pfad reduziert werden. Zu gravierenden Reduktionen dürfte es jedoch nicht kommen.[185]

2.2.5 Internationale Umsetzung

Für ein internationales Abkommen erscheint die Einführung einer kombinierten CO_2-/Energiesteuer vorteilhafter zu sein. Einige Staaten wie z.B. Australien beziehen ihren Strom zu 79% aus Kohlekraftwerken, andere wie z.B. Frankreich zu 73% aus Atomkraftwerken.[186] Würde international eine reine CO_2-Steuer eingeführt werden, würde Australien sehr stark belastet werden, bei einer reinen Energiesteuer wäre Frankreich der Verlierer.[187]

Aufgrund der steuerlichen Angleichung innerhalb der EU sind die Mitgliedsstaaten allerdings nicht mehr voll souverän bei der Einführung einer neuen Steuer. Solange die EU jedoch noch keine Umweltsteuer durchgesetzt hat, verbleibt die Kompetenz hierfür bei den einzelnen Mitgliedsländern. Auch nach Durchführung

---

184 Vgl. Trittin (1999) S.145.

185 Zu diesem Ergebnis kommt man auch, wenn man die eher geringen Erfolge von Ökosteuern in anderen europäischen Ländern betrachtet (vgl. II.2.2.5).

186 Vgl. IEA Statistics (1994) S. 222ff.

einer solchen Steuer durch die EU können die Mitgliedsstaaten noch darüber hinausgehen.[188]

Die umfangreichsten Reformen des Steuersystems in Richtung einer Ökologischen Steuerreform wurden in Europa bislang von Schweden und Dänemark durchgeführt. In Schweden wurden etwa drei neue „Kernsteuern“ geschaffen; neben der CO_2-/Energiesteuer eine Schwefelemissionssteuer und eine Stickoxidabgabe. Darüber hinaus wurde die persönliche Einkommenssteuer gesenkt, die Luxussteuer abgeschafft und verschiedene Abschreibungsmöglichkeiten umweltpolitisch verfeinert. Im Verkehrsbereich entfalten beim Kauf von Fahrzeugen zu entrichtende emissionsabhängige Verkaufssteuern und ein Pflichtpfand für Neuwagen Schritt für Schritt auch Lenkungswirkung.[189]

1994 trat in Dänemark eine ökologische Steuerreform in Kraft. Bis zum Jahr 2005 will die Regierung, neben anderen Schadstoffen, die CO_2-Emisionen um 20 Prozent senken. Kernpunkt der Ökologischen Steuerreform sind neue Abgaben auf begrenzte Ressourcen wie Benzin, Elektrizität, Kohle und Wasser. Die zentrale Säule der Energiesteuerreform basiert auf zwei Komponenten: Einerseits auf der Energieabgabe, die nahezu ausschließlich von privaten Haushalten bezahlt wird. Und andererseits einer Kohlendioxid-Abgabe, die von privaten Haushalten und der Industrie aufzubringen ist. Vor allem die privaten Haushalte sind von den Abgaben betroffen. So können nach vorliegenden Zahlen bei unverändertem Verhalten die Kosten für Umweltabgaben je nach Haushaltstyp um den Faktor 2,5 bis 5,4 in vier Jahren steigen. Die neuen Steuern galten anfangs zwar auch für die

[187] Berücksichtigt werden müssen jedoch die unterschiedlichen Wirkungsgrade von Kohle- und Atomkraftwerken.
[188] Vgl. Spengel / Wünsche (1995) S. 85f.
[189] Vgl. Krebs / Reiche (1996) S. 79f.

Industrie, sie wurde aber bei konkreten Energiesparmaßnahmen durch Ausnahmeregelungen nahezu vollständig entlastet.[190]

Als sehr erfolgreich können diese Ökosteuern – zumindest im Bezug auf die Reduktion der CO_2-Emissionen – nicht bezeichnet werden. Seit Erhebung der Steuer sind die CO_2-Emissionen in Schweden um 2% (von 52 auf 53 Mio. t CO_2 von 1992 bis 1997) in Dänemark um 9% (von 57 auf 62 Mio. t CO_2von 1993 bis 1997) gestiegen.[191] Dies zeigt, daß diese Steuern allenfalls den Anstieg der Emissionen begrenzen konnten. Dies dürfte vor allem am geringen Steuersatz sowie an der falschen Ausgestaltung liegen.

Sollte eine Klimasteuer jedoch EU-weit oder sogar innerhalb der OECD eingeführt werden, ist damit zu rechnen, daß Kohle durch Erdgas ersetzt wird. Dies könnte zumindest tendenziell dazu führen, daß das gesamte Erdgasangebot von den Industrieländern abgenommen wird.[192] Weil die Kohle bei einer CO_2-Steuer mit einem höheren Steueraufschlag belastet würde, würden verstärkt Anstrengungen unternommen werden, die Förderkosten der Kohle zu senken, damit sie nicht völlig an Wettbewerbsfähigkeit verliert. Der Weltmarktpreis der Kohle würde also sinken. Da die Entwicklungsländer keine CO_2-Steuer in absehbarer Zeit erheben werden und ihr Energiebedarf wachsen wird, würde ihre Kohlenachfrage zunehmen. Die Kohle würde dann in bestehenden relativ ineffizienten Kraftwerken eingesetzt werden. Die Reduktion der weltweiten CO_2-Emissionen durch eine CO_2-Steuer in den Industrieländern wird also weniger stark sein, wenn dieser „Leakage-Effekte“ berücksichtigt wird.

[190] Vgl. Krebs / Reiche (1996) S. 80ff.
[191] Vgl. http://194.95.39.33/.

2.3 Zertifikate

2.3.1 Grundlegende Bemerkungen

Ähnlich wie Abgaben gelten Zertifikate als ein marktwirtschaftliches Instrument. Sie verhalten sich aber spiegelbildlich. Ist die Abgabe ein System der Preisfixierung bei festen Mengen, ist bei Zertifikaten die Menge bei freien Preisen fixiert.[193] Zertifikate werden von einer übergeordneten Organisation[194] herausgegebenen und berechtigen den Eigentümer während der Laufzeit des Zertifikates ein bestimmtes Recht in einer definierten Region auszuüben. Bei den hier zu behandelnden Emissionszertifikaten[195] erwirbt der Eigentümer das Recht auf eine einmalige Emission eines Schadstoffes in einer festgelegten Menge innerhalb eines bestimmten Zeitraumes in einer definierten Region.[196]

Emittenten mit geringen Grenzvermeidungskosten erhalten einen Anreiz ihre Emissionen zu reduzieren und einen entsprechenden Anteil ihrer Zertifikate zu veräußern. Emittenten mit hohen Grenzvermeidungskosten werden diese Zertifikate kaufen, um somit das Recht zu erhalten, mehr emittieren zu dürfen. Bei voll-

---

[192] Vor allem dann wenn Rußland und die OPEC-Staaten auf die Einführung einer Klimasteuer in den Industrieländern nicht mit einer Steigerung ihrer Erdgasförderung reagieren würden

[193] In die ökonomische Theorie wurden die Zertifikate durch Dales (1968) eingeführt. Werden Zertifikate als eine Form der Produktionsbeschränkung betrachtet, ist diese Idee allerdings schon im bzw. kurz nach dem 2. Weltkrieg in einigen Ländern angewandt worden, als Coupons an die Konsumenten ausgehändigt und zwischen den Bürgern gehandelt wurden (vgl. Koustaal / Nentjes (1995) S. 220).

[194] In der Regel der Staat, es kann sich aber auch um eine inter- oder supranationale Behörde oder um einen Verband handeln.

[195] In weiteren Verlauf sind mit Zertifikaten stets Emissionszertifikate gemeint, in der Regel im Sinne von CO_2-Zertifikate. Zwischen den Termini handelbare bzw. verbriefte Emissionsrechte sowie Zertifikate wird hier kein Unterschied gemacht.

[196] Neben diesen Emissionszertifikaten existieren vor allem noch Nutzungsrechte, z.B. in der Fischerei. Heister et al. (1990) unterscheiden Zertifikate nach dem „traditionellen" Ansatz und einer so genannten „zweiten Version". Nach dem traditionellen Ansatz erhält der Eigentümer das Recht auf eine bestimmte Menge eines Schadstoffes pro Zeiteinheit zu emittieren, d.h. die Zertifikate verlieren nicht ihre Gültigkeit. Nach der zweiten Version erhält der Eigentümer eines Zertifikates nur das Recht auf eine einmalige Emission, anschließend wird das Zertifikat eingezogen. Bei CO_2-Zertifikaten handelt es sich bei Emissionszertifikaten stets um die zweite Version von Zertifikaten.

ständigem Wettbewerb auf dem Zertifikatmarkt[197] entspricht der Zertifikatpreis[198] den Grenzvermeidungskosten, so daß eine gesamtwirtschaftliche Effizienz gesichert ist.[199]

Damit ein Zertifikatmarkt entstehen kann, müssen bezüglich des zu zertifizierenden Gutes drei Bedingungen erfüllt sein:

- Homogenes Gut. Dies ist bei CO_2-Zertifikaten erfüllt. Aufgrund des Umrechnungsfaktor GWP erfüllen auch THG-Zertifikate diese Bedingung.
- Leichte Meßbarkeit der Emissionen. Diese Bedingung wird von keinem THG ideal erfüllt. Aufgrund der starken Interdepedenz zwischen Verbrauch fossiler Energieträger und CO_2 besteht bei CO_2-Zertifikaten allerdings kein grundsätzliches Problem. Da andere THG auch über einen solchen Umweg nicht leicht meßbar sind, dürfte sich zumindest zu Beginn allenfalls CO_2-Zertifikate implementieren lassen. Hierdurch erfolgt bestenfalls eine effiziente Reduktion der CO_2-Emissionen und keinesfalls der übrigen THG-Emissionen.[200]
- Möglichst immobile Emissionsquellen. Wenn sich die Emissionsquelle nicht ständig im Zertifikatgebiet befindet, ist eine Zuordnung der Emissionen

[197] Das bedeutet eine genügend große Anzahl an Marktteilnehmern, so daß kein Teilnehmer einen Einfluß auf den Markt ausüben kann, geringe (idealerweise: keine) Transaktionskosten und perfekte Informationen.

[198] Allerdings ist nicht zwingend erforderlich, daß monetäre Zahlungen beim Handel von Zertifikaten zu beobachten sind. Gerade bei CO_2-Reduktionen ist auch das Überlassen von Technologien oder Patenten möglich (vgl. Simonis (1996) S. 10).

[199] Die Pareto-Optimalität wird jedoch nur zufällig erreicht, da in der Regel ungewiß ist, ob das Emissionsziel so gesetzt wurde, daß sich zu dem frei herausgebildeten Zertifikatpreis auch Grenzvermeidungs- und -schadenskosten ausgleichen. Aufgrund der naturwissenschaftlichen Unkenntnis ist das Emissionsziel eher Ergebnis eines politischen Prozesses, so daß davon ausgegangen werden kann, daß keine Pareto-Optimalität vorliegt.

[200] Dies ist allerdings nicht vollständig korrekt. CO_2-Emissionen, die nicht aufgrund einer Verbrennung fossiler Energieträger erfolgen, werden auf diesem Weg nicht reduziert. Dies trifft vor allem auf die CO_2-Emissionen durch Müllverbrennungsanlagen zu. Würde man die Betreiber von Müllverbrennungsanlagen ebenfalls in den Zertifikathandel einbinden, hätte man erstens ein Meßproblem und zweitens nicht zwingend eine ökologische Verbesserung. Denn als Alternative zur Müllverbrennung existiert - neben der Müllvermeidung - vor allem die Deponierung. Mülldeponien emittieren CH_4 und tragen damit wesentlich zum Treibhausffekt bei (vgl. Heister et al. (1990) S. 58f.).

schwierig.[201] Bei CO_2-Emissionen gilt dies vor allem für den Flug-, aber auch für den grenzüberschreitenden Automobilverkehr. Zwar muß spätestens der Tankstellenpächter und nicht der einzelne Autofahrer die Zertifikate erwerben,[202] aber dies könnte zu höheren Benzinpreisen bei inländischen im Vergleich zu ausländischen Tankstellen führen, so daß für grenznahe inländische Tankstellen ein Wettbewerbsnachteil entstünde.

Sind die obigen drei Grundbedingungen erfüllt, bedarf es zur administrativen Konzeption und Implementierung eines Zertifikatsystem vier Schritte:[203]

1. Ermittlung der Gesamtimmissions und -emissionsmenge. Idealerweise sollte dies nach naturwissenschaftlichen Kriterien entschieden werden. Da jedoch die Gesamtaufnahmekapazität der Atmosphäre an Treibhausgasen strittig ist und zusätzlich unklar ist, welcher Anteil der weltweiten THG-Emissionen in der Atmosphäre verbleibt,[204] muß diese Gesamtemissionsmenge über einen politischen Prozeß entschieden werden. Dabei ist das Risiko zu sehen, daß ex post der Emissionspfad bei neuen Erkenntnissen der Klimamodellierer entweder zu hoch oder zu streng angesetzt wurde.

---

[201] Dies kann auch als ein Argument für ein globales Zertifikatsystem angesehen werden.

[202] Weiter unten sehen wir, daß es sinnvoller ist, mit dem Zertifikathandel gleich auf der ersten Handelsstufe anzusetzen. Dies ändert aber nichts an der Diskussion zu diesem Zeitpunkt.

[203] Vgl. Hansjürgens / Fromm (1994) S. 478.

[204] Die Emissionen aus der Verbrennung fossiler Brennstoffe und Zementproduktion betragen 5,5 Gt C/a ±0,5 Gt C/a. Die Nettoemissionen aus der Veränderungen der tropischen Landnutzung sind 1,6 Gt C/a ±1,0 Gt C/a. Die Aufnahme in der Atmosphäre beträgt gegenwärtig 3,3 Gt C/a ±0,2 Gt C/a, durch die Ozeane 2,0 Gt C/a ±0,8 Gt C/a und durch das vermehrte Wachstum der Wälder auf der nördlichen Hemisphäre 0,5 Gt C/a ±0,5 Gt C/a. Damit verbleiben 1,3 Gt C/a ±1,5 Gt C/a, die in übrigen Senken und Speichern verbleiben (vgl. IPCC (1996a) S. 79). Ist die gegenwärtige Verteilung der Emissionen unklar, so gilt dies für die Zukunft noch mehr, da nicht sicher ist, ob Ozeane und Pflanzen ständig in dem gegenwärtigen Anteil an CO_2-Emissionen aufnehmen können. Wenn deren Aufnahmekapazität erschöpft ist, würde die CO_2-Konzentration in der Atmosphäre schneller ansteigen, als erwartet (vgl. Lange (1997) S. 28).

2. Aufteilung der Gesamtemissionsmenge auf die Emittenten. Problematisch ist dabei vor allem, daß übergangslos von einem Rechtssystem, in dem den Emittenten zumindest in einer stillschweigenden Übereinkunft mit dem Staat das Recht zugestanden worden ist, die Umwelt kostenlos zu verschmutzen, in ein Rechstssystem gewechselt wird, indem für die Emissionen ein Preis zu zahlen ist. Dies ist ein Eingriff in das Eigentumsrecht des Unternehmens.

In der Literatur werden vor allem zwei unterschiedliche Systeme der Erstausgabe diskutiert:[205] Grandfathering und Auktion. Grandfathering entspricht einer kostenlosen Zuteilung der Zertifikate, in der Regel in Höhe der Emissionen eines Basisjahres. In den darauffolgenden Jahren werden die Zertifikate um x% abgewertet, um eine Emissionsreduktion durchzusetzen.[206] Dadurch erfolgt erstens ein Bestandschutz für Alt-Emittenten,[207] zweitens müssen die Emittenten nur Zertifikate aufkaufen, wenn sie von dem x%-igem Reduktionsziel nach oben abweichen. Wettbewerber, die nach Einführung der Zertifikate in den Markt eintreten, müssen die Zertifikate zum Marktpreis erwerben und werden benachteiligt.[208] Außerdem werden Emittenten, die vor dem Basisjahr ihre E-

[205] Daneben existiert noch die Möglichkeit, daß der Staat die Zertifikate gegen eine Gebühr abgibt. Dies unterscheidet sich aber grundsätzlich nicht vom Grandfathering, außer daß der Staat nun über zusätzliche Einnahmen verfügt (vgl. Heister et al. (1990) S. 72). Ist die Gebühr höher als der Zertifikatpreis, der sich durch eine Versteigerung gebildet hätte, werden weniger Zertifikate nachgefragt, als ausgegeben wurden. Dadurch verschärft sich ungewollt das Reduktionsziel, so daß sich eine geringe Umweltbelastung als gesellschaftlich erwünscht einstellt. Ist die Gebühr geringer als der Zertifikatpreis, werden mehr Zertifikate nachgefragt als ausgegeben wurden. Die Verteilung der Zertifikate muß dann noch über ein zusätzliches Kriterium (z.B. Losvergabe) erfolgen. Die Unternehmen können die Zertifikate dann zu dem sich auf dem Markt bildenden höheren Preis verkaufen und einen Gewinn einstreichen. Da aber nicht mehr Zertifikate verteilt werden als beabsichtigt, wird das gesellschaftlich erwünschte Emissionsziel dennoch genau erreicht werden.

[206] Eine andere Möglichkeit ist, daß die Zertifikate nur ein Jahr gültig sind. Im darauffolgenden Jahr werden dann x% weniger Zertifikate kostenlos verteilt. Ein langfristiger Zertifikathandel käme dann jedoch nicht zustande.

[207] Heister et al. (1990) S. 72 erklären, daß dieser Bestandsschutz auch über eine langfristige Ankündigung zu erzielen wäre. Da gerade im Energiebereich Investitionsentscheidungen über einen Zeitraum von mehreren Jahrzehnten getroffen werden, müßten Zertifikate schon eine sehr lange Ankündigungsphase beinhalten.

[208] Allerdings können auch Zertifikate zurückgehalten und an Neu-Emittenten verteilt werden. Treten nicht entsprechend viele Neu-Emittenten in den Markt ein, kann der Staat mittels Of-

missionen reduziert haben, bestraft. Liegt das Basisjahr (oder zumindest das Ende des Basisjahres) in der Zukunft, ist es vorteilhaft, mehr als notwendig zu emittieren, um eine möglichst hohe Ausgangsausstattung zu erzielen.[209]

Bei Auktionen sind die Unternehmen gezwungen ihre Grenzvermeidungskosten offenzulegen, so daß sich gleich eine effiziente Verteilung nach Zertifikatpreis = Grenzvermeidungskosten ergibt. Aufgrund der Einmaligkeit der Einnahme, die zwar nicht exakt vorhersagbar ist, aber gerade bei CO_2 sehr hoch liegen könnte, kann nur sehr schwer eine Steuer gesenkt werden (oder für ein Jahr ausgesetzt), so daß die Staatsquote einmalig ansteigen dürfte. Sind die Restemissionen, die unterhalb der Anfangsausstattung liegen, bei Grandfathering kostenlos, so müssen die Unternehmen bei Auktionen für die gesamten Emissionen Zahlungen leisten. Nach Tietenberg führt dies dazu, daß ein Zertifikatsystem mittels Grandfathering bedeutend kostengünstiger als das Ordnungsrecht ist. Zertifikatsysteme mittels Auktionen sind jedoch ungünstiger für Unternehmen, da sie bei Auflagen auch nicht für ihre Restemissionen zahlen müssen.[210]

3. Funktionsfähigkeit des Lizenzmarktes. Ist ein Unternehmen oder eine Gruppe von Unternehmen in der Lage, Einfluß auf den Zertifikatmarkt auszuüben, kann es z.B. durch Horten von Zertifikaten andere Unternehmen aus dem Markt drängen. Dies gilt vor allem dann, wenn es sich wie bei Energie um einen für die Produktion unverzichtbaren Inputfaktor handelt. Allerdings gerade aufgrund der allgemeinen Bedeutung dieses Produktionsfaktors für die Volkswirtschaft ist eine Ausbildung von Marktmacht bei CO_2-Zertifikaten auszuschlie-

---

fenmarktpolitik die Zertifikate frei veräußern, wie dies in den USA z.B. bei den SO_2-Zertifikaten stattgefunden hat (vgl. Hansjürgens / Fromm (1994) S. 481ff.)

[209] Möglich ist auch, daß einige Unternehmen auf die Einführung von Zertifikaten mittels Grandfathering spekulieren und daher nicht nur bewußt auf Reduktionsanstrengungen verzichten, sondern sogar mehr emittieren als notwendig. Dann würde auch ein Basisjahr, das in der Vergangenheit lag, zu mehr Emissionen führen.

[210] Vgl. Tietenberg (1994) S. 29f.

ßen. Denn strebt ein Unternehmen an, eine künstliche Verknappung des Angebotes an Zertifikaten herbeizuführen, so daß der Zertifikatpreis so stark ansteigt, daß ein Konkurrenzunternehmen aus dem Markt gedrängt wird, müßte es nicht nur einen großen Teil der in der seinen Branche gehandelten Zertifikate sondern in der gesamten Volkswirtschaft (oder weltweit) auf dem Markt befindlichen Zertifikate aufkaufen. Weiterhin müßte es über sichere Informationen verfügen, daß das Konkurrenzunternehmen über sehr hohe Grenzvermeidungskosten verfügt und daher auf den Kauf von Zertifikaten angewiesen ist. Im übrigen ist für die Beurteilung der Marktmacht eines Teilnehmers auf dem Zertifikatmarkt nicht sein gesamter Bestand an Zertifikaten ausschlaggebend sondern nur der, mit dem er frei auf dem Markt operieren kann. Dieser - eventuell sehr geringe - Teil des Gesamtbestandes ist jedoch kaum ex ante bestimmbar.[211]

Desweiteren muß dafür gesorgt werden, daß die Anpassungs-, Informations- und Transaktionskosten auf dem Zertifikatmarkt möglichst gering sind. Unter Anpassungskosten sind die Kosten zu fassen, die entstehen, wenn Unternehmen sich auf einen neu hinzugekommenen Markt oder auch neue politische Richtlinien einstellen müssen. Informationskosten betreffen hier vor allem die Kenntnisse über Angebot und Nachfrage an Zertifikaten, deren Preis und die eigenen Grenzvermeidungskosten. Transaktionskosten sind die Kosten, die durch Kauf und Verkauf von Zertifikaten entstehen, insbesondere die Kosten, die mit der Suche nach einem passenden Geschäftspartner verbunden sind. Wie unten gezeigt wird, existieren schon Zertifikate, die auf einer Börse gehandelt werden. Es spricht nichts dagegen, daß auch CO_2-Zertifikate dort gehandelt werden können. Sollte dies der Fall sein, dürften Anpassungs-, Informations- und Transaktionskosten keine marktbehindernde Höhe einnehmen.

---

[211] Vgl. Hansjürgens / Fromm (1994) S. 488.

4. Kontrolle und Sanktionen. Eine unzureichende Kontrolle der Emissionsmenge eines Unternehmens führt dazu, daß ein Unternehmen einen Gewinn erzielen kann, wenn es der Aufsichtsbehörde zu geringe Emissionswerte angibt, da es dann ohne Reduktionsanstrengungen einen Teil seiner Zertifikate verkaufen (oder weniger als notwendig kaufen) kann. Bei unzureichender Kontrolle kann schließlich der Zertifikathandel zusammenbrechen.[212]
Werden falsche Angaben von der Kontrollbehörde entdeckt, so müssen Sanktionen mindestens in Höhe der Grenzvermeidungskosten gewichtet mit der Wahrscheinlichkeit, daß eine falsche Angabe nicht entdeckt wird, anfallen.

2.3.2 Praktische Umsetzung

Im Gegensatz zu Umweltabgaben bestehen nur wenige, aber durchaus aufschlußreiche Erfahrungen mit Zertifikatmärkten, vor allem in den USA. Schon 1974 beschloß die Environmental Protection Agency (EPA) der USA Schwefeldioxid (SO_2), Stickoxide (NO_x), Kohlenmonoxid (CO), flüchtige organische Verbindungen (VOC) und Staub (PM_{10}) mittels des „Clean Air Act“ (CAA) zu reduzieren.[213]

Dazu wurde die USA in Reinluft- und Belastungsgebieten[214] eingeteilt und von 1976 bis 1979 vier Konzepte in folgender Reihenfolge zugelassen:[215]

- Offset (Kompensationspolitik): Die Ansiedlung neuer Emissionsquellen oder die Erweiterung bestehender Emissionsquellen in Belastungsgebieten werden nur zugelassen, wenn die Emissionen anderer Quellen desselben Gebietes überproportional gesenkt werden.

---

[212] Vgl. Hansjürgens / Fromm (1994) S. 496.
[213] Vgl. Heister et al. (1990) S. 8.
[214] Weil sich bei SO_2-Emisionen hot-spots bilden können. Da dies bei CO_2-Emissionen nicht der Fall ist, würde sich das Instrument vereinfachen.
[215] Vgl. Heister et al. (1990) S. 9.

- Banking (Emissionsbankensystem): Nutzt ein Unternehmen ihnen zustehende Emissionen nicht vollständig aus, kann sie die nicht genutzten Emissionen auf einen Emissionskonto „einzahlen". Diese Emissionen können später für den eigenen Gebrauch oder zum Zertifikathandel genutzt werden.[216]
- Bubbles (Emissionsverbund): Werden die Gesamtemissionen in einem abgegrenzten Gebiet (bubbles, Glocke) nicht erhöht, können die Unternehmen ihre Emissionen frei erhöhen oder senken. In den Emissionshandel mit anderen Firmen können auch Altanlagen einbezogen werden. Allerdings befindet sich oft nur ein Unternehmen in einem Bubbles-Gebiet.
- Netting (Verrechnungspolitik): Steigen die Gesamtemissionen eines Unternehmens trotz Ausweitung seiner Anlagen an einem Standort nicht an, so bedarf es keiner neuen Genehmigung.

Allerdings wird dieses Emissionshandelsprogramm allgemein als nicht erfolgreich beurteilt,[217] da es keinen großen Handel mit Emissionsrechten gab. Am häufigsten nutzten die Unternehmen noch die Netting-Politik.[218] Hierdurch wurden zwar Kosten von $1-12 Mrd. verglichen mit einer Auflagenpolitik eingespart, aber es kam kaum zu einer Umweltverbesserung.[219] Folgende Ursachen für den Mißerfolg werden genannt:[220]

---

[216] Allerdings hatten bis 1986 erst 7 Bundesstaaten dieses Konzept umgesetzt (vgl. Tietenberg (1994) S. 35).

[217] Nach EPA hätten 1977 die Belastungsgebiete in Reinluftgebiete überführt worden sein sollen. Allerdings stellte sich schon 1975 heraus, daß dieses Ziel nicht erreicht werden konnte. Somit erfolgte 1977 eine Revision des CAA, die bis 1979 von allen US-Bundesstaaten hätte umgesetzt werden müssen. Sollte dies nicht geschehen, drohte EPA den Bundesstaaten neue Emissionsquellen in ihrem Gebiet nicht mehr zuzulassen. Obwohl dies zu wirtschaftlichen Verlusten geführt hätte, war diese Revision bis 1983 noch nicht von allen Bundesstaaten umgesetzt worden (vgl. Heister et al. (1990) S. 10).

[218] Obwohl diese als letzte eingeführt worden war.

[219] Vgl. Heister et al. (1990) S. 11f. Diese große Bandbreite deutet die hohe Unsicherheit bei der Ermittlung der Kosteneinsparung an.

[220] Vgl. Heister et al. (1990) S. 11ff.

- EPA gestand den Unternehmen kein volles Eigentumsrecht über die erlaubte Gesamtverschmutzung zu, sondern lavierte zwischen Industrie und Umweltschutzverbänden, die die „Vermarktung der Umwelt“ vehement ablehnten.[221]
- Die ordnungsrechtlichen Vorgaben und die Marktmechanismen war nicht gut verbunden, so daß es zu Unsicherheiten und Konflikten kam. [222]
- Für die Umsetzung des CAA waren die Bundesstaaten verantwortlich. Deren Politik war aber oft nicht einheitlich und beständig. Zum Teil waren die Umweltvorschriften unklar.
- Die Emissionskontrolle war unzureichend, so daß Unternehmen nur ein geringes Risiko eingingen, wenn sie mehr Emissionen als erlaubt produzierten.
- Die Aufteilung in Reinluft- und Belastungsgebiete sowie die Implementierung der 4 Konzepte lassen sich zwar teilweise mit der „hot-spot“ Problematik bei SO_2 begründen, ließen aber aufgrund der geringen Teilnehmer auf jedem Markt keinen Handel aufkommen.
- Da kein echter Markt entstehen konnte, mußte ein Unternehmen mit hohen Such- und Transaktionskosten rechnen, wenn es das Bubbles- oder Offset-Konzept aufgreifen wollte.

Aufgrund dieser Erfahrung entstand 1990 das SO_2-Programm aufgrund des „Clean Air Amendment Act“ (CAAA).[223] Dabei sollen die SO_2-Emissionen bis zum Jahr 2000 verglichen mit 1980 um 50% gesenkt werden. In der ersten Phase, die ab 1995 gilt, nehmen die 110 stärksten Verschmutzer teil, in der zweiten Phase sind ca. 2000 Kraftwerke mit Leistung über 20 MW (zusätzlich aller Neuanla-

[221] Die Gesamtemissionen wurden nicht auf Emissionsrechte aufgeteilt und an die Unternehmen weitergereicht sondern die Unternehmen „produzierten“ Emissionsrechte, wenn sie unter der „Baseline“ blieben. Diese „Baseline“ war in einem Bundesstaat der oberste Grenzwert der Emissionen eines Unternehmens, mal die tatsächliche Emissionsmenge.

[222] So wurden 1977 Technologiestandards eingeführt, das bestehende Unternehmen in Belastungsgebieten und neue sowie erweiterte Emissionsquellen in beiden Gebietstypen zu erfüllen hatten. Nur wenn sie diese erfüllten und außerdem noch ihre Emissionen reduzieren wollten oder mußten, konnten sie eines der obigen vier Kriterien anwenden.

[226] In der Literatur wird auch diese Verordnung – unterschiedslos zur obigen – mit CAA abgekürzt (vgl. u.a. Hansjürgens / Fromm (1994)).

gen und freiwillige Teilnehmer) eingeschlossen. Die Erst-ausgabe der Zertifikate erfolgt größtenteils über Grandfathering sowie zu 2,8% durch Versteigerung und Festpreisverkäufe.[224]

Ein Unternehmen erhielt Zertifikate in Höhe seines durchschnittlichen Energieverbrauchs der Jahre 1985-87 multipliziert mit dem geforderten Sauberkeitsgrad der Anlage. Dieser entsprach in der ersten Phase 2,5 lbs. SO_2/mBtu und sank in der zweiten Phase auf 1,2 lbs. SO_2/mBtu.[225] Da der Energieverbrauch als Maßstab gewählt wurde, wurden nicht die Stark-Verschmutzer bevorzugt, dafür aber die Unternehmen mit einem überdurchschnittlichen Energieverbrauch.

Allerdings blieb auch die Ausgestaltung dieses Zertifikatmarktes nicht ohne starke politische Einflußnahme, was an den verschiedenen Sonderzuteilungen deutlich wird:[226]

- Unternehmen, die in Rauchgasentschwefelungsanlagen investierten, erhielten einen Aufschub von 2 Jahren von dem Zertifikatmarkt. Anschließend erhielten sie für jede Emissionseinheit, die sie unter der vorgeschriebenen Norm bleiben, die doppelte Menge an Zertifikaten.
- Unternehmen, die in energiesparende Verfahren oder erneuerbare Energie investierten, erhielten eine Sonderzuteilung.
- Unternehmen, die in Phase II weniger als 0,6 lbs. SO_2/mBtu emittierten, erhielten einen 20%-igen Zuschlag.
- Verglichen mit den Zielwerten erschien obiger Wert sehr niedrig zu sein. Allerdings durften Unternehmen, die zwischen 1990-1996 in den Markt eintraten, nur 0,3 lbs. SO_2/mBtu emittieren. Außerdem erhielten sie nur für 65% ihrer

---

[224] Vgl. Hansjürgens / Fromm (1994) S. 477f.
[225] Vgl. Hansjürgens / Fromm (1994) S. 483. In deutsche Maßeinheiten (multipliziert mit 453,6) ergibt dies einen Wert von 1.134 kg SO_2 / TJ bzw. 544 kg SO_2 / TJ.
[226] Vgl. Hansjürgens / Fromm (1994) S. 486f.

Kapazität Zertifikate. Dadurch wurde die naturgemäß starke Verhandlungsposition der Alt-Emittenten bei Einführung des Zertifikatsystems deutlich.[227]

- Sonderzuteilungen erhielten die stark verschmutzenden Staaten Ohio, Illinois und Indiana, Staaten mit einem Bevölkerungswachstum, der um mehr als 25% den US-Durchschnitt
übersteig sowie Staaten mit sehr geringen Emissionen.

Auch wenn die Sonderzuteilungen nahezu ausschließlich aus einer Reserve gespeist wurden und damit die Gesamtemissionsmenge nicht verändert wurde, behinderte dies eine ökonomisch effiziente Allokation, da zu viele und zu verschiedene politische Nebenziele mitberücksichtigt wurden.

Allerdings kann der Handel dieser Zertifikate als erfolgreich bezeichnet werden. Seit 1996 wird er über die Chicagoer Board of Trade (CBOT) durchgeführt. Nicht nur Emittenten, sondern jeder kann an diesem Handel teilnehmen. Auch die Emittenten können jederzeit und ohne weitere Informationen an die Aufsichtsbehörde an der CBOT operieren. Es ist nur entscheidend, daß sie spätestens einen Monat nach Abrechnungszeitraum über genügend Zertifikate verfügen. Dieser Monat ist den Emittenten zugestanden worden, da sich die Emissionsmenge nur schwer exakt vorausplanen läßt.

Die Emissionen werden vollständig erfaßt. Ein Ausfall des Meßsystems führt dazu, daß die Aufsichtsbehörde, die in diesem Zeitraum angefallenen Emissionen schätzt. Je länger und häufiger die Anlage ausfällt, desto höher werden die geschätzten Emissionen angesetzt. Falsche Angaben werden mit einer Sanktion in

[227] Insbesondere, da die Neu-Emittenten zum Verhandlungszeitpunkt noch nicht existieren. Allerdings muß auch berücksichtigt werden, daß der Aufbau einer sauberen Anlage in der Regel erheblich kostengünstiger ist als der Umbau einer bestehenden Anlage. Außerdem werden 2,8% der Zertifikate für Neu-Emittenten über Versteigerungen und Festpreisverkäufe ausgege-

Höhe von $ 2.000 pro t SO_2 belegt - dies entspricht dem 3-fachen Wert des ursprünglich geschätzten Zertifikatpreises. Außerdem muß das Unternehmen im nächsten Jahr die entsprechende Menge an Zertifikaten nachkaufen.[228]

2.3.3 Einführung eines CO_2-Zertifikatmarktes

Grundsätzlich sollten alle THG in einen Zertifikatmarkt aufgenommen werden. Da aber nur CO_2 leicht meßbar ist - und auch dies nur über den Umweg der Messung der Verbrennung fossiler Energieträger - sollte das Zertifikatsystem sich anfangs auf CO_2 beschränken und so ausgestaltet werden, daß andere THG integriert werden können, wenn das Meßproblem nicht mehr vorhanden ist.[229] Aufgrund der Senkung der Transaktionskosten sollte die Zertifikatpflicht auf der ersten Handelsstufe angesiedelt werden. Die Produzenten und Importeure fossiler Energieträger können - und sollen - dann die Zertifikatkosten auf die nachfolgenden Handelsstufen bis zum Endverbraucher überwälzen.[230] In den alten Bundesländern gäbe es dann ca. 100 zertifikatpflichtige Firmen.[231] Wird die Teilnahme an dem Zertifikatmarkt nicht begrenzt und insbesondere auch Spekulanten zugelassen, ist eine Herausbildung von Marktmacht nicht zu befürchten. Der Energiemarkt sollte gleichzeitig möglichst von anderen ordnungsrechtlichen Vorgaben befreit werden.[232] Sondertöpfe sollten nicht zugelassen werden.

---

ben. Allerdings ist der Festpreis von 1.500 US-$ verglichen mit 122 US-$ und 150 US-$ der Auktionen von 1993 und 1994 sehr hoch (vgl. Hansjürgens / Fromm (1994) S. 485f.).

[228] Vgl. Hansjürgens / Fromm (1994) S. 496ff.

[229] Wird beim Verbrauch fossiler Energien angesetzt, entsteht kein Anreiz „end-of-pipe" Techniken zu entwickeln, mit denen CO_2 aus den Abgasen entfernt werden kann (vgl. Heister et al. (1990) S. 59).

[230] Es ist dann jedoch nicht auszuschließen, daß bei Mehrproduktunternehmen die Kosten auf nicht CO_2-emittierende Produkte überwälzt werden.

[231] Vgl. Heister et al. (1990) S. 62. Es ist natürlich anzunehmen, dass die Zahl der zertifikatpflichtigen Firmen im größeren Bundesgebiet höher sein dürfte.

[232] Dies gilt insbesondere für die Beseitigung der Festlegung der Kohlestoffmenge bei der Verstromung.

Die Erstausstattung sollte mittels einer Kombination von Grandfathering und Auktion erfolgen, in denen die Unternehmen für x% der Emissionen eines Basisjahres kostenlos Zertifikate mittels Grandfathering erhalten; für die darüberhinausgehenden Emissionen wird jedoch eine Auktion durchgeführt. Der Nachteil des Grandfathering, daß sich Emissionen vor der Erstausgabe rentieren, verbliebe zwar, aber in einem geringerem Umfang.[233] Der Nachteil der Auktion, daß der Staat hohe, einmalige Einnahmen erzielt, und die Unternehmen für Emissionen zahlen müssen, die sie nur unter sehr kostenintensiven Anstrengungen reduzieren können, würde jedoch gesenkt werden.

Abbildung 4: Emissionsreduktion auf einem Zertifikatmarkt

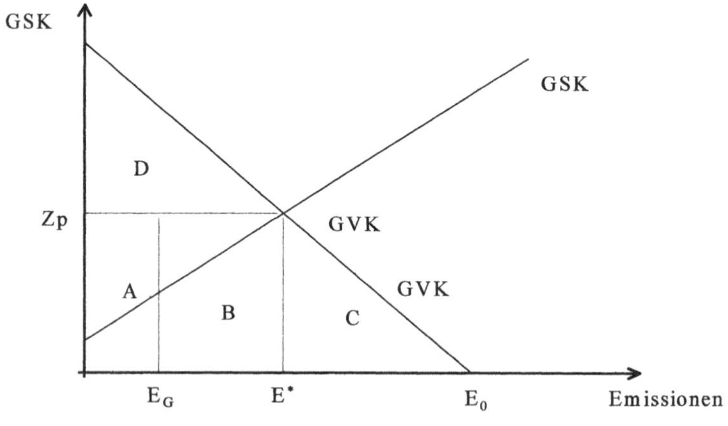

Quelle: eigene Darstellung

Allerdings kommt es bei Einführung eines Zertifikatmarktes zur Aneignung der Renten (vergleiche Abbildung 4). Betragen die ursprünglichen Emissionen E_0 und es besteht keine Zertifikatpflicht, ergibt sich die Rente für die Unternehmen aus der Fläche A+B+C+D. Kennt der Staat die Grenzschadens- und Grenzvermeidungskostenkurven, so werden Zertifikate in Höhe von E^* ausgegeben. Bei voll-

[233] Die Emissionen würden sich nur noch um x% rentieren.

ständiger Abgabe der Zertifikate über Grandfathering müssen die Emittenten Kosten in Höhe von C tragen, ihre Rente reduziert sich auf A+B+D. Für die E-missionen links von E^* fallen keine Kosten an. Werden die Zertifikate nur über eine Auktion ausgegeben, müssen die Emittenten für alle Emissionen Zertifikate erwerben und es fallen Kosten in Höhe der Flächen A+B+C an, d.h. die Rente wird auf die Fläche D reduziert. Werden hingegen nur Zertifikate in Höhe von E_G über Grandfathering ausgeben und müßten die übrigen Zertifikate bis zu einer Emission von E^* über Auktionen erstanden werden, so betragen die Kosten B+C und die Rente A+D.

Betrifft die Zertifikatpflicht nur die erste Handelsstufe und werden die Zertifikate zumindest teilweise über Grandfathering ausgegeben, so profitieren die Importeure und Produzenten aufgrund der Aneignung der Renten. Denn für sie sind die Emissionen in Höhe von E_G bzw. E^* kostenlos. Die eingeführte bzw. produzierte Menge an fossilen Energieträgern reduziert sich von E_0 auf E^*. Diese Angebotsverknappung dürfte zu einem Preisanstieg auf den nachfolgenden Handelsstufen führen, von der wiederum die Importeuer und Produzenten profitieren. Um dies zu vermeiden, müßte der Endverbraucher einer Zertifikatpflicht unterliegen. Doch dies würde zu zu hohen Transaktionskosten führen. Werden die Zertifikate jedoch über Auktionen versteigert, geht die Rente an den Staat, da dieser den Knappheitspreis abschöpfen kann.

Monitoring und Sanktionen sollten sich nach den Erfahrungen des CAAA in den USA richten, d.h. Messung der Art und Menge der in den Produktionsprozeß eingegangenen Produktionsfaktoren. Bei Ausfall des Meßsystems sollte die Aufsichtsbehörde die Meßreihe von sich aus mit Schätzungen vervollständigen, wobei die Schätzungen umso ungünstiger für das Unternehmen ausfallen sollten, je häufiger das Meßsystem ausgefallen ist. Bei nachgewiesenen falschen Angaben sollte das Unternehmen mindestens das doppelte des Zertifikatpreises als Strafe zahlen und zusätzlich die entsprechende Menge an Zertifikaten nachträglich kaufen müssen

Ein internationaler Zertifikatmarkt wäre natürlich einem nationalem vorzuziehen, da es dabei zu einem Ausgleich der Grenzvermeidungskosten zwischen verschiedenen Ländern kommt. Allerdings entstehen dabei neue Probleme. Erstens müssen sich mehrere souveräne Staaten auf ein Emissionsziel einigen, zweitens auf Monitoring- und Sanktionsmaßnahmen. Bei Unternehmen, die ihre auf nationaler Ebene ausgegebenen Emissionsrechte vorzeitig aufgebraucht haben und sich anschließend weigern, neue Zertifikate zu erwerben, kann der betreffende Staat dafür sorgen, daß die Produktion eingestellt wird. Die Staatengemeinschaft kann bei einem Staat, der sich weigert, auf einem internationalen Zertifikatmarkt ausreichende Emissionsrechte aufzukaufen, keine Produktionseinschränkung verfügen. Zwar könnte sie Sanktionen verhängen, im Extremfall sogar den Handel ganz einstellen, würde sich damit jedoch selbst schädigen. Sollte der Staat über eigene Energiereserven verfügen, würde auch dadurch das Umweltziel nicht erreicht werden.

2.4 Freiwillige Selbstverpflichtung

2.4.1 Einordnung der Selbstverpflichtungen in die Umweltökonomie

Wenn die Handlungsfähigkeit beider Seiten - Staat auf der einen und Industrie auf der anderen Seite - gewährleistet ist, können sie sich gegenseitig behindern, wodurch ein abgestimmtes Verhalten für beide von Vorteil wäre. In diesem Fall spricht man von einer korporatistischen Regelungsstruktur.[234] Gesellschaftliche Anspruchsgruppen bzw. Verbände können so stark sein, daß sie gesellschaftliche

[234] Vgl. Mayntz / Scharpf (1995) S. 24f. Neben Selbstverpflichtungen gehören auch Informationsverpflichtungen und Kooperationsabkommen zu Kooperationslösungen. Informationsverpflichtungen sind unverbindliche, freiwillige und einseitige Erklärungen der Wirtschaft zur Informationsmitteilung. Kooperationsabkommen sind hingegen vertraglich fixiert. Bei beiden

Entwicklungen mitbestimmen und diese nicht nur dem Staat- oder Marktmechanismus überlassen. Ihr besonderes Gewicht läßt einseitiges staatliches Handeln unmöglich werden und zwingt gerade umweltpolitische Instanzen wegen des hohen Einflusses umweltpolitischer Entscheidungen auf anderen Politikbereichen zur Kooperation.[235]

Verbände dürfen Aufgaben des Gemeinwohls übernehmen und damit Defizite ordnungsrechtlichen und marktwirtschaftlichen Handelns ausgleichen, wenn:[236]

- alle Mitglieder dieses Verbandes ein gemeinsames Interesse haben, das durch abgestimmte Handlungen der einzelnen Mitglieder realisiert werden kann,
- allen Mitgliedern deutlich wird, daß kollektives und individuelles Verhalten unterschiedlich rational ist und
- die Interessenvertretung die Möglichkeit hat, Anreize zu schaffen, damit die Mitglieder im kollektivem Interesse handeln.

Freiwillige Selbstverpflichtungen sind die instrumentelle Umsetzung des Kooperationsprinzips.[237] Man kann sie aber zumeist nur bedingt als freiwillig bezeichnen, da sich insbesondere die Industrie durch freiwillige Erklärungen einiges verspricht.[238] Die Unternehmen bzw. ihre Verbände wollen ein Vorgehen des Staates verhindern, bzw. wollen, dass dieser sich mit weniger restriktiven Anforderungen begnügt. In jedem Fall sind Kooperationslösungen vor diesem Hintergrund als Tauschbeziehung zu verstehen.[239]

Kooperationslösungen sind der Staat und eine oder mehrere Branchen beteiligt (vgl. Steger et al. (1992) S. 19).

235 Vgl. Hilbert / Voelzkow (1984) S. 146.

236 Vgl. Hilbert / Voelzkow (1984) S. 140f.

237 Vgl. Hansjürgens (1994a) S. 75.

238 Vgl. Hartkopf / Bohne (1983) S. 226. Dies ist aber nur eine Kritik an dem Terminus „Freiwilligkeit" nicht an den Selbstverpflichtungen an sich. Denn angenommen durch die Selbstverpflichtungen wird ein politisch vorgegebenes Umweltschutzziel kostengünstig erreicht, dann sind Selbstverpflichtungen positiv zu bewerten, unabhängig davon, ob die Industrie diese Erklärung freiwillig abgegeben hat oder nicht.

239 Vgl. Hartkopf / Bohne (1983) S. 226. Nach Kohlhaas / Praetorius ist diese Einteilung für den Fall der Selbstverpflichtung der Industrie zur Reduktion von CO_2 problematisch, da Ge-

Eine solche Kooperationslösung ist durch wesentliche Merkmale gekennzeichnet, die für alle Formen und damit auch für Selbstverpflichtungen gelten. Sie dürfen nicht durch verbindliche Verträge untermauert werden, sie streben ein bestimmtes Umweltziel an und sind auf einen festgelegten Zeitraum bezogen.[240] Außerdem sind sie nur dort möglich, wo keine Gesetze oder Verordnungen bestehen. Entweder steht eine gesetzliche Regelung in Aussicht und soll nicht in Kraft treten oder die Kooperation findet unabhängig von einer Gesetzesregelung statt.[241]

2.4.2 Selbstverpflichtungen als spezielle Kooperationslösung

Obgleich keine einheitliche Definition verschiedener Selbstverpflichtungen bekannt ist, können umweltbezogene Selbstverpflichtungen definiert werden als eine „rechtlich verbindliche oder unverbindliche Zusage von (Teilen) der Wirtschaft..., Maßnahmen zum Umweltschutz durchzuführen oder umweltbelastende Aktivitäten zu unterlassen oder zu reduzieren, um vorgegebene Umweltziele zu erreichen“.[242]

Zu unterscheiden sind rechtlich verbindliche Abkommen und unverbindliche Absprachen. Da erst ein einziges verbindliches Abkommen in Deutschland abge-

---

genstand dieser Tauschbeziehung die Ausnahme der Industrie von alternativen fiskalischen oder ordnungsrechtlichen Regelungen sein soll. Die Tatsache, ob mit dieser Ausnahme der Normvollzug bei gleichbleibendem Gesetzeserlaß oder eine Normvertretung mit inhaltlicher Neugestaltung einer Gesetzesvorlage angestrebt wird, geht nicht eindeutig hervor (vgl. Kohlhaas / Praetorius (1994) S. 50f.). Bei der „Aktualisierten Erklärung der deutschen Wirtschaft“ wird der normvertretende Charakter der Absprache deutlicher, da der Verzicht der Einführung einer CO_2-/Energiesteuer als Gegenleistung verlangt wird (vgl. BDI (1996) S. 3). Anders verhält es sich in den Niederlanden. Dort werden die energieintensiven Industriezweige aus der zu Beginn des Jahres 1996 eingeführten Abgabenlösung weitestgehend ausgenommen. Im Gegenzug hat sich die Industrie zu einer 50%-igen Verbesserung ihrer Energieeffizienz bis zum Jahr 2000 auf Basis des Jahres 1980 verpflichtet (vgl. BDI (1996) S. 18f.).

[240] Vgl. Steger et al. (1992) S. 19.

[241] Vgl. Rengeling (1988) S. 165.

[242] Vgl. Kohlhaas / Praetorius (1994) S. 49.

schlossen worden ist[243] und auch die aktuelle klimabezogene Erklärung der Industrie unverbindlicher Natur ist, soll lediglich die Betrachtung von Selbstverpflichtungen ohne rechtliche Bindungswirkung - im folgenden auch einfach als Absprachen bezeichnet - betrachtet werden. Trotz der angesprochenen Form der Unverbindlichkeit versprechen sich auch umweltpolitische Instanzen einen tatsächlichen Zwang für die Unternehmen. Wenn die Industrie Absprachen nicht einhält, soll sie mit härteren ordnungsrechtlichen Maßnahmen oder sonstigen Sanktionen rechnen müssen.

Ob das Instrument Selbstverpflichtung daher eigenständig Umweltprobleme lösen kann, muß im Einzelfall beurteilt werden, denn oftmals folgen im Anschluß an solche Absprachen auch gesetzliche Regelungen, die zum Zeitpunkt der Selbstverpflichtungserklärung eventuell nicht realisierbar waren oder deren umweltpolitische Relevanz noch nicht erkannt wurde. Seit 1970 waren in der chemischen Industrie (Lacke, FCKW, Aerosole, Waschmittel) 16 von 47 Vereinbarungen (34%) und in den übrigen Branchen (Druck & Papier, Verpackung, Auto, Baustoffe, Elektro) 5 von 46 (11%) hiervon betroffen. Zu einem späteren Zeitpunkt erreichten demnach etwa 23% aller Vereinbarungen Gesetzesform.[244]

Wie oben gesehen, ist es bei Verhandlungen für ein allokativ optimales Ergebnis irrelevant, ob die Verfügungsrechte über zu verhandelnden Güter auf Seiten der Schädiger oder der Geschädigten liegen. Allerdings dürfen keine Transaktionskosten bei den Verhandlungen auftreten. Gerade bei globalen Umweltproblemen können die Transaktionskosten jedoch prohibitiv hoch sein.[245]

---

243 Diese Ausnahme ist das rheinland-pfälzische Altlastsanierungsabkommen, vgl. Wicke (1993) S. 274.

244 Vgl. Clausen et al. (1995) S. 16f.

245 Vgl. Kreuzberg (1993) S. 306.

Bei Selbstverpflichtungen vertritt der Staat die „geschädigte" Bevölkerung, wodurch eine Zusammenführung der „Geschädigten" zu einer Organisation nicht mehr notwendig ist. Außerdem hat der Staat eher Einblick in die Kostenstruktur eines Unternehmens als ein einzelner Bürger.[246] Durch die Reduzierung auf zwei Verhandlungsparteien entsteht ein bilaterales Monopol, d.h. es wird von der Annahme der vollkommen Konkurrenz beim Coase-Theorem abgewichen.[247]

2.4.3 Motive für den Einsatz von Selbstverpflichtungen

Freiwillige Selbstverpflichtungen werden etwa seit 1970 in Deutschland vereinzelt eingesetzt. Seit den '80er Jahren wird von diesem Instrument verstärkt Gebrauch gemacht.[248] Für den Erfolg von Absprachen ist es wesentlich, daß die Ankündigung härterer ordnungsrechtlicher Maßnahmen oder sonstiger Sanktionen bei Nicht-Einhaltung des Abkommens auch glaubwürdig ist.

Beide Seiten, Staat und Industrie, versprechen sich, durch Kooperation ihre jeweilige Position zu verbessern. Die Industrie wird nicht auf die Abgabe einer Selbstverpflichtung verzichten, wenn diese für sie kostengünstiger ist als die alternative fiskalische oder ordnungsrechtliche Lösung. Staatliche Instanzen präferieren dann Absprachen, wenn alternative Lösungen mit einem kostenintensiven administrativen Aufwand oder einer unsicheren Rechtslage behaftet sind.[249]

Der Staat legt bei Verhandlungslösungen seine Opportunitätskosten offen, obwohl er die Hoheitsgewalt hat.[250] Hierfür lassen sich drei Motive nennen:

---

[246] Vgl Steger et al. (1992) S. 38. Wichtig ist dabei das Wort „eher", da auch der Staat in der Regel die Kostenstruktur einzelner Unternehmen nicht kennt. Er kann aber Studien in Auftrag geben, die ein einzelner Bürger kaum bezahlen könnte oder für ihn unvorteilhaft wäre, da die auf ihn persönlich entfallenden Schäden geringer sind, als die Kosten der Studie.

[247] Vgl. Endres (1977) S. 639ff.

[248] Eine detaillierte Auswertung über Art, Zielbereich, Zeitpunkt und Gelingen von 93 Selbstverpflichtungen der unterschiedlichen Branchen findet sich bei Clausen et al. (1995) S.12ff.

[249] Vgl. Benz (1991) S. 59.

[250] Vgl. Aschinger (1985) S. 99.

- Umweltpolitische Motive. Der Staat kann sich durch Kooperation mit der Wirtschaft deren Informationen und auch deren Kostenstrukturen zunutze machen. Er profitiert somit von einem Abbau an Informationsasymetrie, denn er erhält Informationen über Emissionsreduktionspotentiale[251] und -kosten der Wirtschaft. Anstatt durch Vollzugsdefizite alternativer ordnungsrechtlicher Eingriffsregelungen an Handlungsfähigkeit einzubüßen, kann der Staat der Öffentlichkeit schnelle umweltpolitische Fortschritte vermelden.[252]
- Ordnungspolitische Motive. Die Komplexität von umweltpolitischen Fragestellungen (naturwissenschaftlicher, technischer, wirtschaftlicher, sozialer, juristischer etc. Art) kann ein Zusammenwirken von staatlichen und privaten Stellen sinnvoll erscheinen lassen.[253]
- Ökonomische Motive. Finanzielle Mittel und der Personalbedarf, welcher der Staat für umweltpolitische Rechtssetzungsakte binden muß, sind grundsätzlich knapp. Auch in bezug auf eine Vereinfachung des Verwaltungsverfahrens spricht aus Sicht des Staates einiges für Absprachen. Sind marktwirtschaftliche Instrumente politisch nicht durchsetzbar, so ist der Vergleichsmaßstab das Ordnungsrecht. Dieses impliziert Genehmigungen und Regelungen für jede einzelne Emissionsquelle bzw. jedes einzelne Unternehmen, wodurch der dafür notwendige Aufwand erhöht wird. Bei Selbstverpflichtungen sollen diese Einzelbetrachtungen entfallen und die einzelwirtschaftliche Eigeninitiative bestimmen, wieviel und an welcher Stelle Emissionen vermieden werden.[254]

---

[251] Gleichwohl verspricht er sich eine gesamtwirtschaftliche Nutzenmaximierung, da Maßnahmen zur Emissionsreduktion von der Industrie nicht länger verschleppt, sondern ausgeschöpft werden können.

[252] Hierbei muß angemerkt werden, daß der Zeitaufwand der Initiierung einer ordnungsrechlichen Lösung mit dem der Absprache verglichen werden muß und daß die oben getroffene Annahme nur gilt, wenn sich Absprachen schnell realisieren lassen (vgl. Bohne (1982) S. 273; Steger et al. (1992) S. 172).

[253] Vgl. Bohne (1982) S. 273 f. Zumal der Staat auf eine sich veränderte öffentliche Meinung oder neue wissenschaftliche Erkenntnisse schnell reagieren kann, denn aufgrund des rechtlich unverbindlichen Charakters von Selbstverpflichtungen, ist auch der Staat an sie nicht gebunden (vgl. Bohne (1982) S. 272ff.).

[254] Vgl. Kohlhaas / Praetorius (1994) S. 60.

Die Industrie geht Selbstverpflichtungen in der Regel nicht aus freiwilligen Umweltschutzmaßnahmen ein. Tatsächlich müssen die Motive vor dem Hintergrund einer Kosten-Nutzen-Überlegung bzw. einer Optimierung der Wettbewerbsposition zu sehen sein:[255]

- Unsicherheit über das Verhalten des Staates. Durch die Mitwirkung der Industrie an der politischen Zielbestimmung und am Instrumenteneinsatz erhalten die Unternehmen Einfluß auf die Aufteilung der Verfügungsrechte und können Fehlinvestitionen vermeiden. Selbstverpflichtungen stellen eine Art Versicherung gegen zukünftige Entwicklungen dar.[256]
- Imagegewinn. Der Umsatz von einzelnen Unternehmen oder ganzen Branchen ist seit einiger Zeit nicht unabhängig von ihrem ökologischen Profil in der Öffentlichkeit. Nehmen nicht alle inländische Unternehmen an der Selbstverpflichtung teil, können sich die Teilnehmer hiervon eine bessere Wettbewerbsposition versprechen, selbst wenn sie höhere Kosten zu tragen haben.[257]
- Einbindung in die betriebswirtschaftliche Kostenstruktur. Aufgrund der rechtlichen Unverbindlichkeit dieser Abkommen besteht keine Möglichkeit für den Staat Sanktionen gegen einzelne Unternehmen zu verhängen, die sich nicht oder nicht in ausreichendem Maße an diesen Verpflichtungen beteiligen. Allenfalls können Sanktionen gegen die gesamte Branche verhängt werden. Somit wird ein Unternehmen nur Emissionen vermeiden soweit es seiner betriebs-

---

[255] Vgl. Clausen et al. (1995) S. 8; Benz (1991) S. 49.

[256] Vgl. Kohlhaas / Praetorius (1994) S. 57f.; Steger et al. (1992) S. 42. Fritsch et al. (1993) S. 208ff. ist nicht zuzustimmen, wenn sie erklären, daß dadurch die nicht-unternehmerische Unsicherheit gesenkt wird. Im Gegensatz zum Risiko, das über Erwartungswerte und Wahrscheinlichkeitsverteilungen abgebildet werden kann, bleibt Unsicherheit unkalkulierbar und kann in der individuellen Nutzenfunktion nicht abgebildet werden (vgl. Adam (1993) S. 194ff.). Da aber staatliches Verhalten grundsätzlich nicht unkalkulierbar ist, handelt es sich bei politischen Rahmenänderungen eher um Risiken als um Unsicherheiten für Unternehmen. Im übrigen lassen sich keine Risiken bzw. Unsicherheiten erkennen, die Unternehmen freiwillig übernehmen. Selbst Spekulanten, die vom Risiko und der allgemeinen Unsicherheit leben, versuchen ihre eigenes Risiko über die zukünftige Kursentwicklung möglichst gering zu halten.

wirtschaftlichen Kostenkalkulation entspricht. Bei ordnungsrechtlichen Instrumenten ist dies nicht der Fall.[258]

- Freifahrerverhalten. Unternehmen können natürlich auch für Selbstverpflichtungen plädieren, in der Hoffnung, daß das gesamte Reduktionsziel einer Branche von anderen Unternehmen übernommen wird. Falls alle Unternehmen die Position eines Freifahrers einnehmen wollten, würde die Selbstverpflichtung nicht eingehalten und die Position zumindest der Branche bei zukünftigen Verhandlungen mit dem Staat stark geschwächt werden.

2.4.4 Abwehrmechanismen gegen Freifahrerverhalten

Um Freifahrerverhalten zu unterbinden, sind zwei Voraussetzungen zu erfüllen: Erstens muß Freifahrerverhalten frühzeitig entdeckt werden, zweitens müssen anschließend Sanktionen ausgesprochen und durchgesetzt werden.

Zu erstens gehört vor allem ein geeignetes Monitoring zur Erfassung von Tendenzen und Entstehen von Mißständen, um sie zur Modifikation weiterzuleiten.[259] Dies ist vor allem für den Staat wichtig, da er feststellen möchte, ob die Selbstverpflichtung, auf die er sich eingelassen hat, auch eingehalten wird oder ob er andere Instrumente einsetzen muß. Darüberhinaus nimmt er Verbesserungen vor, wenn die Selbstverpflichtungen zwar eingehalten werden, aber trotzdem nicht ausreichend sind, um ein Umweltziel zu erreichen.[260]

---

[257] Vgl. Kohlhaas / Praetorius (1994) S. 53. Ebenso ist ein Imagegewinn gegenüber ausländischen Unternehmen bzw. inländischen Unternehmen aus anderen Branchen möglich.

[258] Die Belastung durch eine Umweltabgabe könnte Unternehmen in einem kurzfristigen Liquiditätsengpaß zu einem Ausscheiden aus dem Markt zwingen. Bei Selbstverpflichtungen, die in der Regel über mehrere Jahre dauern, kann ein Unternehmen seine Reduktionsanstrengungen auf einen späteren Zeitpunkt verschieben.

[259] Vgl. Hodler / Ritter (1987) S. 567f.

[260] Vgl. Hansjürgens (1994b) S. 42.

Aufgrund der Hoheitsstellung ist der Staat zweitens grundsätzlich in der Lage, sanktionierend einzugreifen, wenn Selbstverpflichtungen nicht eingehalten werden. Allerdings bedroht der so angedrohte Staatsakt das gesamte an der Absprache beteiligte Kollektiv. Dadurch entsteht die Gefahr, daß Unternehmen, die sich an die Absprache halten würden, aus ihrer Sicht rational handeln, wenn sie ihre Verpflichtung nicht erfüllen. Schließlich möchte man nicht umsonst bestraft werden. Nur durch Schaffung und glaubhafte Androhung selektiver, individueller Sanktionen bzw. Anreize kann der Staat die Einhaltung von Absprachen sicherstellen.[261] Dazu ist er aber aufgrund der unzureichenden Kenntnis über die individuellen Reduktionsanstrengungen eines Betriebes sowie des rechtlich-unverbindlichen Charakters der Selbstverpflichtungen nicht in der Lage.

Der Verband ist in einer besseren Position Leistungen oder Strafen auf einzelne Unternehmen zu übertragen.[262,263] Er kann ökonomische Anreize und Druckmittel einsetzen, um die Interessen der Mitglieder an seine eigenen zu binden. Dies können selektive Güter, wie rechtsberatende Tätigkeiten, Informations- und Beratungsdienstleistungen[264] sowie Versicherungsdienstleistungen und Forschungsein-

---

[261] Ein Beispiel für die selektive Bereitstellung von Leistungen bietet der „National Environmental Policy Plan" (NEPP) in den Niederlanden. Dieser gestattet staatlichen Instanzen, solche Unternehmen, die sich nicht an die Selbstverpflichtung zur effizienteren Energienutzung halten, selektiv zu bestrafen. Das geschiet im Rahmen einer verschärften Genehmigungs- und Zulassungssituation bei Umweltfragen. Allerdings ist eine derartige Ausgestaltung des deutschen Rechts problematisch (vgl. Kohlhaas / Praetorius (1994) S. 92f.).

[262] Allerdings muß er hierfür Informationen über die erzielten Reduktionen der Unternehmen haben. Doch der Staat hat das gleiche Informationsproblem. Liegen aber die Informationen vor, kann der Verband leichter Sanktionen gegen ein einzelnes Unternehmen ausführen als der Staat.

[263] Bei kleinen Unternehmen besteht jedoch für den Verband (wie für den Staat) das Problem der Ermittlung der CO_2-Emissionen. Bei großen Unternehmen können diese eher abgeschätzt werden, aber besteht in diesem Fall für den Verband das Problem darin, daß das große Unternehmen im Zweifelsfall aus dem Verband ausgeschlossen werden müßte. Dieser Ausschluß könnte die Stärke des Verbandes nach außen hin selbst beeinträchtigen.

[264] Im Rahmen der aktualisierten Erklärung der deutschen Wirtschaft zur Klimavorsorge leistet der VIK ein solches selektives Gut, indem er seine „mehrstufige und praxisorientierte Beratungsinitiative zur Förderung der rationellen Energieverwendung" mit in regelmäßigen Abständen stattfindenden Workshops durchführt. Auf diesen Workshops werden unternehmensspezi-

richtungen sein.[265] Andererseits stehen dem Verband autoritative Güter zur Verfügung, das sind Güter, die nur der Verband anbieten kann oder darf (z.B. Betriebsvergleiche, Urteilsfindung in strittigen Fragen oder die Zuteilung öffentlichkeitswirksamer Qualitätskennzeichen).[266]

Die Überprüfung der Emissionsangaben der vielen kleinen und mittelständischen Unternehmen dürfte jedoch die Möglichkeiten eines Verbandes übersteigen, so dass er diese Angaben nur akzeptieren kann. Sollte sich ein großes Unternehmen nicht an die Emissionszielen halten, könnte der Verband das Unternehmen letztlich sogar ausschließen. Da sich der Verband dadurch aber auch selbst schwächen würde, könnte sich dies auch als eine leere Drohung erweisen.

2.4.5 Kritik an der aktualisierten CO_2-Selbstverpflichtung

Am 27. März 1996 hat die deutsche Wirtschaft eine zweiteilige aktualisierte Erklärung zur Klimavorsorge abgegeben. Zum einen existiert eine Gesamterklärung des als Dachverband funktionierenden BDI. Darüber hinaus enthält sie Einzelerklärungen von 18 Branchenvertretungen (vergleiche Tabelle 8). Darin heißt es, daß „auf freiwilliger Basis .. die deutsche Wirtschaft bereit (ist), besondere Anstrengungen zu unternehmen, ihre spezifischen CO_2-Emissionen bzw. den spezifischen Energieverbrauch bis zum Jahr 2005 auf der Basis 1990 um 20% zu reduzieren."

Das Reduktionsziel der Gesamterklärung bezieht sich auf den spezifischen CO_2-Ausstoß, der die Emission von CO_2 bezogen auf eine Einheit BIP oder BWS angibt. Die von der Bundesregierung als Zielwert vorgegebene Reduzierung des

---

fische Konzepte vorgestellt und diskutiert, um die dem Verband angeschlossenen Unternehmen zur Energieeinsparung zu bewegen bzw. um einen Know-how Transfer einzuleiten.

[265] Hierdurch können jedoch eher mittelständische als große Unternehmen gebunden werden, da diese Güter auch außerhalb des Verbandes angeboten werden.

[266] Vgl. Vobruba (1992) S. 92f.

absoluten Ausstoßes, etwa angegeben in Millionen Jahrestonnen, steigt aber mit dem Produktionszuwachs, selbst wenn der spezifische Wert abnimmt. Im Gegenzug geht die Wirtschaft bei dieser normvertretenden Absprache von einem Verzicht auf die Einführung einer CO_2-/Energiesteuer aus.

Außerdem ist weiterhin die Rede vom „spezifischem Brennstoffeinsatz" (Zement), „spezifischem Energieeinsatz" (Zucker), „Energiebedarf und CO_2-Emissionen bezogen auf den Nettoproduktionsindex" (Textil) oder „spezifischem Heizölverbrauch im Raumwärmemarkt" (Mineralöl). Dies erhöht nicht gerade die Transparenz der Selbstverpflichtungserklärung. Nur sieben Einzelverbände geben absolute CO_2-Reduktionsziele an.

Als positives Merkmal gilt die Tatsache, daß die Kontrollierbarkeit durch ein neutrales Institut, das Rheinisch-Westfälische Institut für Wirtschaftsforschung (RWI) auch deswegen gegeben ist, weil sich alle Verbände und Branchen auf ein einheitliches Monitoringkonzept geeinigt haben. Gleichzeitig ist diese Selbstverpflichtung die erste, die einen eigenen Kontrollapparat besitzt. Es gilt dabei als sichergestellt, daß die Öffentlichkeit den Verlauf der Selbstverpflichtung korrekt nachvollziehen kann und dadurch die Glaubwürdigkeit der staatlichen Umweltpolitik untermauert wird.[267]

---

[267] Vgl. BDI (1996) S. 2.

Tabelle 8: Branchenverpflichtungen nach der „Aktualisierten Erklärung der deutschen Wirtschaft zur Klimavorsorge“

Branche	Art der Zusage	Bezugs-zeitraum	Transparenz	Reduktion
Zement-industrie	Versprechen	1990-2005	spez. Brenn-stoffverbrauch in Kilojoule/kg Zement	≈ 13%
Ziegel-industrie	Verpflichtung	1990-2005	spez. CO_2-Emissionen in kg CO_2/kg ge-branntem Zie-gel	Alte Bundes-länder 20 % Neue Bundes-länder 70%
Kalkindustrie	Verpflichtung	1987-2005	absoluter Energie-verbrauch	≈ 20 %
Feuerfest	Verpflichtung	1987-2005	spez. CO_2-Emissionen	Alte Bundesländer: 15-20%
Fliesen & Platten	Minderungs-potentiale	1990-2005	absolute CO_2-Emissionen	25 %
BV Glas	Bereitschaft	1987-2005	spez. CO_2-Emissionen	25 %
Kaliindustrie	Verpflichtung	1990-2005	absolute CO_2-Emissionen	78 %

Tabelle 8: Branchenverpflichtungen nach der „Aktualisierten Erklärung der deutschen Wirtschaft zur Klimavorsorge" (Fortsetzung)

Branche	Art der Zusage	Bezugs-zeitraum	Transparenz	Reduktion
Papier-industrie	Verpflichtung	1990-2005	Spez. CO_2-Emissionen	22 %
VCI (Chemie)	Zielsetzung	1990-2005	Absolute CO_2-Emissionen	35 %
Metalle	weitere Anstrengungen	1990-2005	spez. Energie	≈ 22 %
Stahl	erwartete Entwicklung	1990-2005	Absolute CO_2-Emissionen	21 - 27 %
Zucker	Zielsetzung	1990/91-2005/06	spez. Energie	20 %
Textil	Verpflichtung bezogen auf Energie-verbrauch	1990-2005	Absolute CO_2-Emissionen	18 %
Mineralöl	Zielsetzung	1990-2005	spez. Heizöl-verbrauch	25 %
Gas/Wasser	Zielsetzung	1990-2005	spez. CO_2-Emissionen	40 %
VIK	Zusage für Beratungen	keine Angaben	keine Angaben	keine Angaben
VKU	Bereitschaft	1990-2005	absolute CO_2-Emissionen	25 %

Tabelle 8: Branchenverpflichtungen nach der „Aktualisierten Erklärung der deutschen Wirtschaft zur Klimavorsorge" (Fortsetzung)

Branche	Art der Zusage	Bezugs-zeitraum	Transparenz	Reduktion
Papier-industrie	Verpflichtung	1990-2005	Spez. CO_2-Emissionen	22 %
VDEW	Potentiale	1990-2005	Absolute CO_2-Emissionen	8-10%

Quelle: Zusammenstellung nach BDI (1996)

Weiterhin sind nur 71% des industriellen Endenergieverbrauchs berücksichtigt worden.[268] Wichtig wäre aber die gesamte Industrie einzubinden, da Potentiale zur CO_2-Reduktion auch bei anderen Branchen ausgeschöpft werden müssen. Die Potentiale der weniger energieintensiven Bereiche sind nicht zu vernachlässigen.

Weil der Beteiligungsgrad an der Selbstverpflichtung unzureichend ist, sollte auch die gesamtwirtschaftliche Effizienz der aktualisierten klimapolitischen Selbstverpflichtung der Industrie in Frage gestellt werden. Mit der sektoralen Beschränkung sind hauptsächlich die Branchen einbezogen worden, für die ohnehin ein einzelwirtschaftliches Interesse besteht, Energie einzusparen.

2.5 *Vergleich der umweltpolitischen Instrumente*

Um die Geeignetheit der Instrumente bezüglich einer Klimaschutzpolitik zu beurteilen, müssen sie nach verschiedenen Kriterien untersucht werden.

[268] Allerdings 99% der öffentlichen Stromversorgung

[273] Vgl. Michaelis (1997) S. 35. Dies wird auch als ökologische Wirksamkeit oder Treffsicherheit bezeichnet.

2.5.1 Ökologische Effektivität

Unter ökologischer Effektivität wird der Grad der ökologischen Zielerreichung verstanden, die durch das gewählte Instrument erlaubt wird.[269] Ob dabei das Emissionsziel an sich sinnvoll ist, wird nicht weiter diskutiert. Somit ist das Ziel einer ökologischen Effektivität weniger anspruchsvoll als das der Pareto-Optimalität.

Bei einer Emissionsabgabe unterliegen die gesamten Emissionen eines Unternehmens der Abgabe. Kann das Unternehmen seine Emissionen verringern, muß es weniger Abgabe zahlen, allerdings muß es dann die Kosten der Emissionsreduktion tragen. Somit wird ein Unternehmen soweit seine Emissionen reduzieren, bis die Grenzvermeidungskosten dem Steuersatz entsprechen.[270] Durch eine Umweltabgabe kann das politisch vorgegebene Emissionsziel allenfalls zufällig erreicht werden, aufgrund:

- des Eintritts eines Neuemittenten. Tritt ein neues Unternehmen in den Markt ein, wird es zwar ebenfalls zu Steuersatz = Grenzvermeidungskosten emittieren, aber die Gesamtemissionen steigen dadurch bei zusätzlichen Steuereinnahmen.
- Inflation. Durch die allgemeine Geldentwertung sinkt die reale Höhe eines Steuersatzes. Eine Indexierung beseitigt dieses Problem nur nachträglich, da der jeweilige Index erst ermittelt werden muß. Außerdem dürfte die Wahl des korrekten Indexes Probleme aufwerfen.[271]
- Falsche Bemessungsgrundlage. So belastet z.B. eine Energiesteuer und eine CO_2-Steuer[272] auf die fossilen Energieträger ein an sich ökologisch unbedenk-

---

[269] Die dritte Möglichkeit, daß das Unternehmen keine Reduktion durchführt, aber dennoch weniger Abgabe zahlt, da es der Steuerbehörde eine Emissionsreduktion angibt, wird an dieser Stelle nicht betrachtet.

[271] Vgl. Endres (1985) S. 87.

[272] Mit „ökologisch unbedenklichem Produkt" ist Rohöl, Erdgas und Kohle gemeint. Als reine Naturprodukte sind sie nicht wirklich schädlich für die Natur. Der Schaden entsteht erst durch

liches Produkt. Die Umweltbelastung entsteht vor allem durch CO_2-Emissionen, daher wäre eine Steuer auf die CO_2-Emissionen vorzuziehen. Sollen aber die THG-Emissionen verringert werden, sollten natürlich alle Treibhausgase gemäß ihres GWP besteuert werden.[273]

Langfristig könnte das Emissionsziel auch durch eine Umweltabgabe erreicht werden, wenn der Abgabensatz so oft verändert wird, bis das Emissionsziel erreicht worden ist. Allerdings führt ein derartiger „trial-and-error" Prozeß zu hohen Kosten im Unternehmenssektor. Außerdem gilt dies nur für eine statische Welt. Verändert sich der Unternehmenssektor schneller, als die Regierung den Abgabensatz anpassen kann, wovon auszugehen ist, kann das Emissionsziel auch über einen „trial-and-error" Prozeß nicht erreicht werden.

Unproblematisch ist das Erreichen des Emissionsziels bei einer Zertifikatregelung, da nur soviel emittiert werden darf, wie Zertifikate vorhanden sind. Durch eine Inflation steigt lediglich der Zertifikatkurs, die Erreichung des Emissionsziels bleibt davon unberührt. Allerdings kann bei (zu) hohen Zertifikatpreisen der Druck auf den Staat durch den Unternehmenssektor zunehmen, das zu erreichende Emissionsziel zu lockern. In der Realität ist es daher durchaus denkbar, daß ein (zu) anspruchsvolles Emissionsziel auch bei Zertifikaten nicht erreicht wird.[274,275] Es könnte dann sogar rational sein, auf eine eventuelle „Aufweichung"

die gewählte Einsatzform. Hinzukommt, dass auch bei einer CO_2-Steuer nicht alle CO_2-Emissionen erfasst werden (z.B. Abholzung der Wälder, Zementproduktion). Unberücksichtigt bleiben auch die übrigen THG wie Methan und Lachgas.

[277] Vgl. Klemmer (1994) S. 303. Daß die Wahl einer falschen Bemessungsgrundlage zu unerwünschten Substitutionen führt, gilt allerdings für jedes umweltpolitisches Instrument.

[274] Vgl. Cansier (1993) S. 221.

[275] Lautet das Emissionsziel einen Schadstoff um x% verglichen mit einem Basisjahr zu reduzieren, liegt das Basisjahr noch in der Zukunft (bzw. haben die Unternehmen aufgrund perfekter Voraussicht rechtzeitig die Bedeutung eines Jahres erkannt) und werden die Zertifikate mittels Grandfathering verteilt, so besteht für die Unternehmen ein Anreiz ihre Emissionen zu

des Emissionszieles zu spekulieren. Erstens da anschließend der Zertifikatpreis stark sinken dürfte. Zweitens da durch eine Verschleppung der Reduktionsbemühungen der Regierung um so leichter deutlich gemacht werden kann, dass in der restlichen Zeit das Reduktionsziel nur zu unverhältnismäßig hohen Kosten zu erreichen ist. Drittens da das erfolgreich auf eine „Aufweichung“ spekulierende Unternehmen sich gegenüber der Konkurrenz besser stellt, wenn diese teure Reduktionsmaßnahmen durchgeführt hat, um das ursprüngliche Emissionsziel zu erreichen.

Im Gegensatz zu Steuern und Zertifikaten wird das Reduktionsziel bei Selbstverpflichtungen von den Unternehmensverbänden erklärt. Weicht dieses von dem vom Staat erklärten Ziel ab und läßt sich der Staat dennoch auf diese Absprache ein, so wird der Kompromiß deutlich. Allerdings müssen auch Steuern und Zertifikate bei ihrer Einführung einen Gesetzgebungsprozeß bestehen, in dem Unternehmensverbände Lobbyarbeit betreiben und versuchen werden, das vorher erklärte Reduktionsziel abzuschwächen. Insofern ist eine Verringerung des Reduktionsziels aufgrund des Kompromisses zwischen Staat und Verband bei Selbstverpflichtungen vielleicht deutlicher als bei anderen Instrumenten,[276] aber dies spricht nicht grundsätzlich gegen Selbstverpflichtungen.

Wenn allerdings die Drohung des Staates ein anderes Instrument einzusetzen, nicht glaubhaft ist, haben die Unternehmen keinen Anreiz, sich zu mehr zu verpflichten, als sie aufgrund des technischen Fortschritts ohnehin erreichen würden. Verpflichten sie sich zu mehr, dann ist es aufgrund der rechtlichen Unverbindlichkeit der Selbstverpflichtung leichter die Position eines Freifahrers einzunehmen, als bei Steuern oder Zertifikaten, wo der Staat viel leichter Sanktionen ge-

---

erhöhen. Dadurch wird zwar ebenfalls das Emissionsziel erreicht, aber es ist nicht ausgeschlossen, daß mehr emittiert wird als ohne Zertifikate emittiert worden wäre.

gen einzelne Unternehmen aussprechen kann. Somit besteht die Gefahr, daß es bei Selbstverpflichtungen zu geringeren Reduktionszielen kommt, als bei Steuern oder Zertifikaten und daß diese, sollten sie über „free-lunches" hinausgehen, nicht eingehalten werden.

2.5.2 Ökonomische Effizienz

Ein umweltpolitisches Instrument gilt als ökonomisch effizient, wenn es ein politisch vorgegebenes Emissionsziel zu den geringstmöglichen Kosten erreicht.[277] Ein einzelner Emittent wird bei einer Emissionsabgabe so lange seine Emissionen reduzieren, bis die Grenzvermeidungskosten dem Steuersatz entsprechen. Dadurch wird sowohl das einzel- wie auch das gesamtwirtschaftliche Kostenminimum erreicht.[278] Eine Emissionsabgabe ist also bei statischer Betrachtung effizient.

Bei dynamischer Betrachtung muß untersucht werden, ob das umweltpolitische Instrument auch in der Lage ist, einen technischen Fortschritt dergestalt anzuregen, daß das gegebene Emissionsziel zu geringeren Kosten zu erreichen ist. Bei einer Umweltabgabe hat ein Unternehmen einen Anreiz, möglichst die Emissionen ganz zu vermeiden, um keine Steuer bezahlen zu müssen. Bei statischer Betrachtung scheitert dies aber daran, daß die Grenzvermeidungskosten mit zunehmender Emissionsreduktion ansteigen. Können diese Vermeidungskosten jedoch durch ein neues technisches Verfahren gesenkt werden, werden beim gleichen Steuersatz mehr Emissionen verringert. Selbst in relativ kostenintensive Forschungen zur Emissionsvermeidung kann investiert werden, wenn das Unterneh-

---

[276] Insbesondere gilt dies für Steuern, wo kein leicht erkennbarer Zusammenhang zwischen der Steuerhöhe und dem Reduktionsziel besteht.

[277] Vgl. Endres (1985) S. 51.

[278] Vgl. Endres (1985) S. 52ff.

men hofft, das neue technische Verfahren auf dem Markt verkaufen zu können.[279] Damit erfüllen Umweltabgaben das Kriterium der ökonomischen Effizienz sowohl bei statischer, als auch bei dynamischer Betrachtung.

Abbildung 5: Auswirkung von Innovation auf die ökonomische Effizienz bei Steuern und Zertifikaten

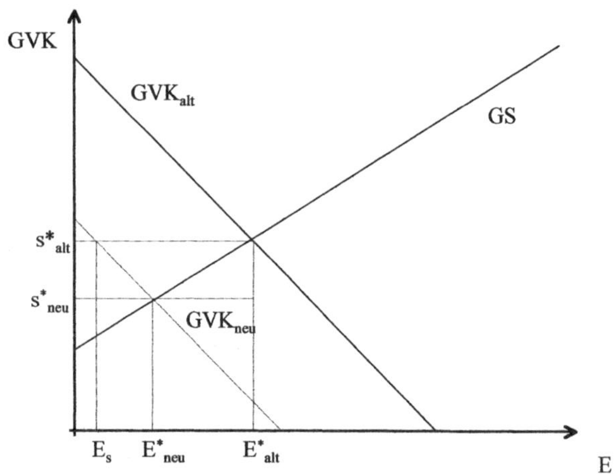

Quelle: eigene Darstellung

Eine ähnliche Argumentation kann bei statischer Betrachtung auch bei der Einführung von Zertifikaten geführt werden, da der Zertifikatkurs mit dem Abgabensatz zu vergleichen ist. Unternehmen werden soweit ihre Emissionen reduzieren, bis ihre Grenzvermeidungskosten den Zertifikatpreis ausgleichen. Durch einen emissionssparenden technischen Fortschritt können sie Zertifikate verkaufen, so daß wie bei Abgaben, Unternehmen mit niedrigen (hohen) Grenzvermeidungskosten mehr (weniger) Emissionen reduzieren. Wenn der Zertifikatkurs allerdings

[279] Gerade dies ist aber auch ein weiteres Argument gegen die ökologische Effektivität einer Umweltabgabe, da der Staat die Geschwindigkeit des technischen Fortschritts nicht vorhersehen kann.

stark sinkt, reduziert sich auch der Anreiz auf einen technologischen Fortschritt. D.h. der dynamische Anreiz bei Zertifikaten sinkt langfristig.[280]

An obiger Darstellung der ökonomischen Effizienz von Steuern und Zertifikate bei dynamischer Betrachtung muß jedoch eine Einschränkung gemacht werden (vergleiche Abbildung 5). Im Ausgangsfall gelten die Kurven GVK_{alt} und GS, die dem Entscheider bekannt sind. Im Steuerfall setzt der Staat den Steuersatz auf s^*_{alt}, so dass es zu Emissionen in Höhe von E^*_{alt} kommt. Bei Zertifikaten gibt der Staat Zertifikate in Höhe von E^*_{alt} aus, so dass sich ein Zertifikatpreis von s^*_{alt} ergibt. Innovationen können dazu führen, dass Emissionsreduktionen zu geringeren Kosten zu erzielen sind. Dies bedeutet, dass sich die Kurven der Grenzvermeidungskosten in Richtung Ursprung verschiebt, d.h. von GVK_{alt} zu GVK_{neu}. Ist dem Staat diese Veränderung bekannt, muß der Steuersatz auf s^*_{neu} bzw. die Menge der Zertifikate auf E^*_{neu} sinken. Bleibt der Steuersatz s^*_{neu} unverändert, sinken die Emissionen bis auf E_s, so dass weniger emittiert wird als dem Optimalniveau (E^*_{neu}) entsprechen würde. Verändert sich die Menge an Zertifikaten nicht, sinkt der Zertifikatpreis auf s, so dass die Emissionen dem Optimalniveau übersteigt. D.h. dass Steuern und Zertifikate Innovationsanreize setzen, wenn sich diese Innovationen jedoch durchsetzen und Steuersatz bzw. Zertifikatmenge unverändert bleiben, wird das optimale Emissionsniveau über- oder unterschritten.

Bei Selbstverpflichtungen bleiben dem Staat die einzelwirtschaftlichen Reduktionskosten verborgen. Auch innerhalb des Verbandes wird das Unternehmen mit relativ günstigen Emissionsvermeidungspotential nicht bestrebt sein, dieses den anderen Mitgliedern gegenüber zu offenbaren, um an der Lastenverteilung nicht übermäßig partizipieren zu müssen. Aufgrund der großen Anzahl an Emittenten und ihre Heterogenität lassen sich die einzelwirtschaftlichen Reduktionsmöglich-

[280] Vgl. Endres (1985) S. 69f.

keiten nicht ermitteln. Somit ist nicht anzunehmen, daß CO_2-Selbstverpflichtungen statisch effizient sind.[281]

Durch die Gewährung vieler Freiheitsgrade werden Selbstverpflichtungen als besonders dynamisch bezeichnet.[282] Ist jedoch ein umweltpolitisches Ziel erreicht und die Selbstverpflichtungserklärung vom Staat akzeptiert worden, so besteht kaum Anreiz, über das erreichte Vermeidungsniveau hinauszugehen.[283]

2.5.3 Wettbewerbswirkungen

Wenn aufgrund der Implementierung eines umweltpolitischen Instrumentes jedes Wirtschaftssubjekt für die Inanspruchnahme einer zusätzlichen Einheit Umwelt denselben Preis zahlt, wird dieses Instrument als wettbewerbsneutral bezeichnet.[284]

Da es sich bei Abgaben und Zertifikaten um marktwirtschaftliche Instrumente handelt, ist es nicht überraschend, daß diese mit der marktwirtschaftlichen Grundordnung als vereinbar angesehen werden.

Bei Zertifikaten wird allerdings eingewandt, daß durch Horten der Wettbewerb gestört werden könnte. Wie in II.2.3.1 gezeigt, kann ein Horten von Zertifikaten bei entsprechender Marktgröße ausgeschlossen werden. Zuzustimmen ist jedoch dem Einwand, daß durch Grandfathering die Alt-Emittenten bevorzugt werden,

---

[281] Obwohl natürlich - auch durch Druck des Verbandes - jedes Unternehmen bestrebt sein wird, seine „free-lunches" auszunutzen und kein Unternehmen Grund hat, darüber hinaus zu gehen. Wenn nun also alle Unternehmen nur ihre „free-lunches" ausnutzen, kann von statischer Effizienz gesprochen werden. Allerdings ist dies dann kein ökologisch anspruchsvolles Ziel mehr.

[282] Vgl. Keppler (1996) S. 54f.

[283] Die Öffentlichkeit könnte unterschiedlich reagieren. Als - aus Sicht der Unternehmen negative Reaktion - kann sie befinden, daß das ursprüngliche Ziel nicht schwer zu erreichen war oder - als positive Reaktion - daß die Unternehmen tatsächliche und mehr als notwendige Anstrengungen unternommen haben.

da Neu-Emittenten sich für ihre gesamte Emission auf dem Markt eindecken müssen. Unterliegen jedoch nur die Produzenten und Importeuere von fossilen Energieträgern einer Zertifikatpflicht und werden diese über Grandfathering verteilt, gibt es eine Rentenumverteilung zugunsten der Zertifikatpflichtigen. Bei einer Verteilung über Auktionen profitiert hiervon der Staat.

Sollen alle Emittenten einer Zertifikatpflicht unterliegen, könnte dies zu sehr hohen Transaktionskosten führen. Allerdings bestehen zumindest beim Autoverkehr schon technische Möglichkeiten, wie diese Transaktionskosten stark minimiert werden können. So wird die Kfz-Steuer in einem jährlichen Rhythmus ab Zulassungsdatum des jeweiligen Pkws gezahlt. Zu diesem Zeitpunkt könnte dem Autobesitzer seine erlaubte Emissionsmenge per Chipkarte zugeteilt werden. Dadurch kommen permanent Zertifikate auf dem Markt. Dieser Zertifikatpflicht sollten sowohl Haushalte als auch Unternehmen unterliegen, wobei die Emissionsmenge zwar für alle Haushalte, aber nicht alle Unternehmen, gleich sein sollte. Bei den Unternehmen müssten Unterscheidungen entsprechend der jeweiligen Branche getroffen werden. Außerdem sollten an dem Zertifikatmarkt auch Spekulanten teilnehmen dürfen. Da heute schon alle Tankstellen aufgrund der notwendigen Verbindung zur Kreditkartenzentrale online sind, dürfte es keine großen Kosten verursachen, an jeder Tankstelle ein Lesegerät für die Zertifikatchipkarten aufzustellen. Die Kosten für dieses System könnten durch einen Spread zwischen Ankaufs- und Verkaufspreis der Zertifikate gedeckt werden. Allerdings müsste dafür vorher abgeschätzt werden, wie viele Handelsbewegungen im Jahr stattfinden werden. Für ausländische Touristen, Personen, die ihre Chipkarte vergessen haben, o.ä. Sonderfälle könnten an den Tankstellen leere Chipkarten bereitgehalten werden. Der Hauptvorteil dieses System wäre, dass die Staatsquote nicht tangiert wird, sondern Gewinn durch den Verkauf sowie die Kosten für den Kauf der

[284] Vgl. Cansier (1993) S. 223.

Zertifikate bei den Kraftfahrzeugbesitzern verbleibt und die jeweilige Zahlungsbereitschaft genau ausgelotet wird. Außerdem gäbe es einen Anreiz Kraftfahrzeuge zu erwerben, mit denen man an diesen Zertifikatmarkt nicht teilnehmen müsste (Elektroautos, Brennstoffzellen etc.).

Da Selbstverpflichtungen als systemkonform umschrieben werden, könnte man sie folglich auch als marktgerecht bezeichnen. Selbstverpflichtungen werden allgemein auch als zeitlich und sachlich flexibel eingestuft und gelten daher als besonders marktkonform.[285]

In der Literatur werden zwei Merkmale zur Marktkonformität von Selbstverpflichtungen genannt. Zum einen gehen von Selbstverpflichtungen Signale aus, die die relativen Preise von Gütern ändern, und zum anderen ist ihre Freiwilligkeit ein Garant dafür, daß marktwirtschaftliche Mechanismen ausgenutzt werden. Ersteres trifft auf die CO_2-Selbstverpflichtung kaum zu, da die Unternehmen keinen Anreiz haben, Reduktionen durchzuführen, die über „free-lunches" hinausgehen.[286] Die Freiwilligkeit ist allerdings nur dann ein Garant für das Ausnutzen von Marktmechanismen, so lange überhaupt ein Markt existiert. Dies wird aber durch die Nichtausschließbarkeit in Frage gestellt. Daher müssen Selbstverpflichtungen weniger als ein marktwirtschaftliches als ein korporatistisches Instrument angesehen werden.

Die Wettbewerbskonformität wird in erster Linie hinsichtlich ihrer kartellrechtlichen Auswirkungen untersucht. Die Zulässigkeit von Absprachen ergibt sich daraus, daß das Gesetz gegen Wettbewerbsbeschränkungen nur zivilrechtliche

---

[285] Vgl. Steger et al. (1992) S. 17.

[286] In einem beschränkten Umfang können sich aber doch Preisänderungen ergeben. Wenn z.B. das Kriterium der Energieeffizienz verstärkt ein Argument bei der Entscheidung über den Kauf einer Maschine wird, können diese aufgrund economies of scales kostengünstiger produziert werden und sich leichter am Markt durchsetzen.

Verträge umfaßt. Die normvertretenden umweltpolitischen Absprachen sind aber öffentlich-rechtlich, sowohl was das Verhältnis zwischen Staat und Verband angeht als auch das Verhältnis der Verbandsmitglieder untereinander, da diese öffentlich-rechtliche Pflichten des Verbandes einnehmen. Absprachen betreffen exekutive Rechtssetzungsakte[287] und werden vor diesem Hintergrund mit behördlichen Verwaltungsakten und hoheitlichen Rechtssetzungsänderungen gleichgestellt.

Damit ein Verband politischen Einfluß gewinnen kann, ist es notwendig, daß dieser Verband einen großen Teil der Unternehmen einer Branche vertritt.[288] Andererseits entsteht ein hohes Konfliktpotential und damit hohe Transaktions- und Anpassungskosten, wenn innerhalb des Verbandes ein hohes Ausmaß an Heterogenität vorherrscht. Gleichzeitig steigt der Anreiz des Freifahrerverhaltens.[289]

Grundlegend anders beurteilt werden rechtlich verbindliche Abkommen, denen kartellrechtliche Bedenklichkeit unterstellt wird. Gerade bei verbandsinternen Übereinkünften über die Aufteilung der Emissionsreduktionen sind Störungen des Wettbewerbs zu vermuten.[290] Unabhängig von ihrer rechtlichen Beurteilung gelten Absprachen als äußerst bedenklich in bezug auf ihre Wettbewerbswirkungen, wenn sie einen großen Einfluß auf staatliche umweltpolitische Entscheidungen haben.

[287] Vgl. Bohne (1984) S. 362.

[288] Wobei es auch ausreichen kann, wenn die größten Unternehmen einer Branche sich in einem Verband zusammenschließen.

[289] In der Literatur wird eine optimale Gruppengröße (bezogen auf den durchschnittlichen Nettonutzen jedes Mitglieds aus einem Kollektivgut) von vier angegeben (vgl. Sandler / Tschirhart (1980) S. 1499f.). Die „Economic Theory of Clubs" basiert u.a. auf der Annahme, daß Freifahrerverhalten in dieser Gruppe nicht zu befürchten ist (vgl. Arnold (1992) S. 263).

[290] Vgl. Wicke (1993) S. 271.

2.5.4 Politische Durchsetzbarkeit

Für die Politiker ist eine Umweltabgabe sehr attraktiv, da sie Steuereinnahmen erhalten, über deren Verwendung sie frei bestimmen können.[291] Michaelis (1996) wendet ein, daß vor allem Finanzpolitiker gegen eine Umweltsteuer sind, wenn die Einnahmen aus der Umweltsteuer zur Senkung der Einkommenssteuer verwendet werden sollte.[292] Denn hierdurch würde eine sichere Einnahmequelle durch eine weniger sichere ersetzt. Betrachtet man hingegen, daß die Steuerausfälle der letzten Jahre vor allem aufgrund überraschend geringer Einnahmen durch die Einkommenssteuer zurückzuführen sind, kann dies Argument nicht mehr überzeugen.

Mitarbeiter in Ministerial- und Vollzugsbehörden hingegen befürchten nach Implementierung einer Abgabenlösung an Einfluß zu verlieren, da anschließende Regulierungen die Wirkungen des Marktinstrumentes eher behindern würden. Im übrigen haben sie relativ wenig Erfahrung mit Umweltabgaben, so daß sie zuerst auf bewährte Instrumente zurückgreifen.

Die großen Industrieverbände sprechen sich gegen eine Umweltabgabe vor allem im Energiebereich aus.[293] Bei einer Umweltabgabe muß ein Unternehmen für jede Emission Zahlungen leisten, auch wenn es sehr ökologisch wirtschaftet. Bei einer aufkommensneutralen Ausgestaltung erfolgt eine gesamtwirtschaftliche

---

[291] Das gilt natürlich nicht, wenn eine Partei ihr Image auf das Schlagwort einer „Steuersenkungspartei" aufbaut. Dann muß sie gegen die Erhöhung einer jeden Steuer argumentieren, unabhängig davon ob diese neue Steuer bzw. Erhöhung einer alten Steuer bei gleichzeitiger Senkung einer anderen Steuer sinnvoll ist oder nicht.

[292] Vgl. Michaelis (1997) S. 96.

[293] Krebs / Reiche (1996) S. 129ff. fassen BDI und DIHT unter den Typ des „Supranational" (Befürworter einer Umweltsteuer ohne nationalen Alleingang). Da aber die Einführung einer Klimasteuer innerhalb der gesamten OECD in absehbarer Zeit auszuschließen ist, versteckt sich hinter diesem Befürworten tatsächlich eine Ablehnung.

Rückerstattung der Steuereinnahmen.[294] Dies gilt natürlich nicht für jedes einzelne Unternehmen. Erhält das eine Unternehmen eine höhere Rückerstattung als es Steuerzahlungen geleistet hat und profitiert damit von einer Umweltabgabe, ist es bei einem anderen Unternehmen umgekehrt. In diesem Fall wird es im Unternehmenslager sowohl Befürworter als auch Gegner geben.[295] Wie in I.3.4 gezeigt, ist allerdings davon auszugehen, daß sich die Gegner lautstarker als die Befürworter zu Wort melden werden, vor allem wenn die Belastung auf eine kleine, aber relativ homogene Gruppe entfällt.

Bei Zertifikaten müssen sich Politiker zu einem Emissionsziel bekennen, das auch langfristig Bestand haben muß. Dies könnte Politiker abschrecken, vor allem wenn es sich um ein anspruchsvolles Ziel handelt. Sind die Reduktionen mit hohen Kosten verbunden, werden die Unternehmensverbände ein Aufweichen des Reduktionsziels fordern. Die Politiker müssen dann den Verbänden nachgeben oder das Reduktionsziel gegen starken Widerstand durchsetzen.

Auch die Mitarbeiter in Behörden verlieren an Einfluß. Allerdings kann dies durch eine - nicht sinnvolle - Kopplung der Zertifikate ans Ordnungsrecht wiederhergestellt werden. In Basel werden seit 1991 Zertifikate herausgegeben, wenn Unternehmen einen bestimmten Grenzwert unterschreiten und dieses nicht durch eine Drosselung oder Stillegung einzelner Produktionsbereiche erzielt worden ist. Vor allem letzteres ist schwer zu überprüfen und verschafft der Behörde wieder einen hohen Ermessensspielraum.

---

294 Allerdings gibt es Stimmen, die eine Aufkommensneutralität einer Steuer als verfassungswidrig betrachten (vgl. Arndt (1995) S. 35ff.). Tatsächlich gilt eine Steuer, die einzig und allein eine Lenkungsfunktion hat, als verfassungswidrig.

295 Als Befürworter einer Umweltabgabe unter den Unternehmen lassen sich die Verbände UnternehmensGrün und Bund Junger Unternehmer nennen (vgl. Krebs / Reiche (1996) S. 134).

Industrieverbände wenden sich vor allem gegen Erstausgabe von Zertifikaten in Versteigerungen, da sie dabei auch die Restemissionen zahlen müssen. Die Ausgabe von Zertifikaten in Grandfathering wird hingegen eher akzeptiert, da die bestehenden Emittenten hierdurch das Recht erhalten, zumindest einen Teil ihrer Emissionen weiterhin ohne zusätzliche Kosten an die Umwelt abgeben zu dürfen. Allerdings gibt es auch hierbei Unternehmen, die wie bei einer Umweltabgabe verlieren würden und daher auch diesen Weg bekämpfen.

Die Industrie wird in der Regel das Instrument einer Freiwilligen Selbstverpflichtung bevorzugen. Denn jeder Wirtschaftssektor kann dann die Höhe der CO_2-Emissionsreduktionen, die er zu erzielen hat, selbst bestimmen. Er wird kaum über „no-regrets"-Maßnahmen hinausgehen. Zusätzlich kann die Industrie vom Staat noch eine Gegenleistung einfordern (z.B. keine die Wirtschaft treffende Klimasteuer zahlen zu müssen).

Der Staat hat den Vorteil, daß dem Wähler die Umsetzung einer Klimaschutzpolitik ohne Konflikt mit der Industrie demonstriert werden kann. Dies gelingt jedoch nur so lange, wie der Staat keine scharfen THG-Emissionsreduktionsziele durchsetzen will.

Die Mitarbeiter in Behörden verlieren jedoch an Einfluß. Eine Überprüfung der Selbstverpflichtung wird von einem Wirtschaftsforschungsinstitut (hier: RWI) übernommen. Sollte die Selbstverpflichtung nicht eingehalten werden, wird zuerst der Verband und anschließend der Staat eingreifen.

2.5.5 Internationale Umsetzung

Eine weltweite oder zumindest OECD-weite Implementierung einer Klimaabgabe würde dazu führen, daß sich weltweit die Grenzvermeidungskosten ausgleichen, so daß die kosteneffizientesten Reduktionsmöglichkeiten genutzt werden würden. Weiterhin wäre eine Klimaabgabe statisch und mittelfristig dynamisch effizient.[296] Langfristig kann der Steuersatz jedoch aufgrund des technologischen Fortschritts nicht unverändert bleiben.

Allerdings ist es kaum vorstellbar, daß sich Industrieländer bereit finden würden, die Einnahmen einer Klimasteuer an eine supranationale Behörde weiterzuleiten, die diese anschließend aufgrund bestimmter Gerechtigkeitsvorstellungen weiterverteilt. Allenfalls könnten wegen einer internationalen Vereinbarung verschiedene Staaten gleichzeitig eine identisch ausgestaltete Klimaabgabe erheben, deren Einnahmen jedoch im nationalen Zuständigkeitsbereich verbleiben. Dies würde jedoch nicht zu identischen Belastungen der einzelnen Länder führen, da einige z.B. schon große Reduktionsanstrengungen unternommen haben. Berücksichtigt man, daß verschiedene Industrieländer nach dem Kyoto-Protokoll unterschiedliche Reduktionsziele haben, könnte auch ein unterschiedlicher Abgabensatz zwischen den einzelnen Staaten akzeptiert werden.[297] Dann hätte allerdings die Abgabe kaum noch etwas gemeinsam, außer vielleicht daß gleichzeitig verschiedene Staaten eine Klimaabgabe eingeführt haben würden.

Bei einer internationalen Implementierung eines Zertifikatsystem mittels Auktion würde, wenn auch nur in der Anfangsperiode, ein ähnliches Einnahmeproblem entstehen. Da vor der Auktion unbekannt ist, wieviel die jeweilig nationalen Unternehmen bereit sind, für die Zertifikate auszugeben, ist diese Einnahme auch kaum vorher abzuschätzen. Bei einer Grandfathering müßten sich die Staaten auf einen Vergabeschlüssel einigen. Besagt der Schlüssel, daß jedes Unternehmen so

[296] Verschiebt sich jedoch die Grenzvermeidungskostenkurve (z.B. aufgrund technischen Fortschritts), wird das optimale Emissionsniveau bei unverändertem Steuersatz bzw. Zertifikatmenge nicht erreicht (Vgl. II.2.5.2).

viele Zertifikate erhält, wie es im Zeitraum X emittiert hat, würden die Staaten mit ineffizienter Technologie profitieren.

Allerdings haben sich die Industrieländer im Kyoto-Protokoll schon auf ein Reduktionsziel geeinigt. Folglich könnte jeder Industriestaat eine entsprechende Menge an Zertifikaten erhalten, diese mittels dem oben vorgeschlagenen kombinierten Grandfathering/Auktion-System an seine Industrie verteilen und anschließend könnten diese Zertifikate international gehandelt werden. Dies würde jedoch zu hohen Kapitaltransfers führen von Ländern mit anspruchsvollen in Staaten mit weniger anspruchsvollen Reduktionszielen. Auch müßte eine internationale Kontrolle erlaubt sein. Denn wenn ein Staat die Emissionen seiner Unternehmen weniger stark kontrolliert als andere, könnten die Unternehmen dieses Staates ungestraft falsche Angaben machen und einen Teil ihrer Zertifikate verkaufen bzw. weniger als notwendig aufkaufen. Um das Vertrauen in den Zertifikathandel zu zerstören, reicht es schon, wenn Unternehmen die Vermutung haben, daß Unternehmen in einem anderen Staat, in dem die Kontrollen weniger stark sind, ungestraft falsche Angaben machen könnten.

Freiwillige Selbstverpflichtungserklärungen sind vor allem ein nationales Instrument. Schon allein deshalb, weil keine supranationalen Unternehmensverbände existieren, die über genügend Autorität verfügen, daß sie solche Erklärungen glaubhaft abgeben könnten. Allenfalls könnten verschiedene nationale Verbände ein gemeinsames Emissionsziel abgeben. Doch dies würde zu hohen Transaktionskosten aufgrund der hohen Zahl an Verhandlungspartnern führen. Schon in Deutschland waren 19 Verbände an der Selbstverpflichtungserklärung beteiligt und mußten sich mit den staatlichen Instanzen einigen.

---

[297] Nicht zwingend, da auch argumentiert werden könnte, daß mit einem international gleichen Abgabensatz aufgrund international unterschiedlicher Grenzvermeidungskosten gerade ein identisches Emissionsziel erreicht werden könnte.

2.6 Zusammenfassung

In diesem Kapitel wurden die drei umweltpolitischen Instrumente Abgaben, Zertifikate und freiwillige Selbstverpflichtungen insbesondere auf ihre Geeignetheit zur Anwendung in der Klimapolitik untersucht:

- Zertifikate sind ökologisch effektiv, wenn die Kontrolle- und Sanktionsmaßnahmen ausreichend scharf sind. Da den freiwilligen Selbstverpflichtungen auch ein kontrollierbares Emissionsziel zugrunde liegen muß, sind sie ökologisch effektiv, wenn die Unternehmen ihre Verpflichtungen einhalten. Allerdings ist diese Einhaltung schwieriger sicherzustellen als bei einem Zertifikatsystem. Klimasteuern sind hingegen höchstens zufällig ökologisch effektiv.
- Hingegen ist eine Klimasteuer ökonomisch effizient, da die Unternehmen bestrebt sein werden, ihre Investitionen in Reduktionsmaßnahmen so zu setzen, daß der Abgabensatz die Grenzvermeidungskosten ausgleicht. Zertifikate sind ähnlich ökonomisch effizient wie Abgaben (mit Zertifikatpreis = Grenzvermeidungskosten), allerdings bei langfristig geringerem technologischem Fortschritt in Vergleich zu einer Abgabenlösung. Auch bei Einhaltung der Erklärung einer freiwilligen Selbstverpflichtungserklärung ist diese höchstens statisch effizient.
- Bei Abgaben sind keine negativen Wettbewerbswirkungen zu erwarten. Bei Zertifikaten werden die Alt-Emittenten in einem Grandfathering-System bevorzugt. Setzt die Zertifikatpflicht nur auf die erste Handelsstufe an, kommt es bei Grandfathering zur Rentenumverteilung an die Produzenten und Importeure fossiler Energieträger, bei Auktionen profitiert der Staat. Sollen alle Emittenten berücksichtigt werden, kann dies zu hohen Transaktionskosten führen. Dies können jedoch durch die neuen technologische Entwicklungen auf den Kommunikationssektor minimiert werden. Bei freiwilligen Selbstverpflichtungen können negative Wettbewerbswirkungen entstehen, wenn aufgrund einer solchen Absprache sich kartellrechtliche Strukturen herausbilden.

- Abgaben haben die geringsten Transaktionskosten. Diese steigen bei Zertifikaten je nach Anzahl der Teilnehmer. Allerdings lassen sich heute schon technische Möglichkeiten denken, die Zertifikathandel auch bei Einbezug der gesamten Bevölkerung bei relativ geringen–Transaktionskosten denken läßt. Die Transaktionskosten bei freiwilligen Selbstverpflichtungen dürften – vor allem bei einem ökologisch anspruchsvollen Ziel – recht hoch sein.
- Freiwillige Selbstverpflichtungen sind leicht umzusetzen, da sich beide Seiten hierdurch Vorteile versprechen. Da bislang sowohl national als auch international schon umfangreiche Erfahrungen mit Umweltabgaben vorliegen, dürfte auch eine Klimaabgabe noch relativ gut umsetzbar zu sein. Gegen den Einsatz von Zertifikaten spricht, daß sowohl national als auch vor allem international noch wenige Erfahrungen mit dem Instrument vorhanden sind.
- Alle drei Instrumente dürften an ihre Grenzen stoßen, sollten sie international eingesetzt werden.[298] Eine Einigung über die Verteilung des Abgabenaufkommens ist kaum vorstellbar. Vor allem bei Zertifikaten (aber auch bei den beiden anderen Instrumenten) müßte eine strikte Emissionskontrolle durchgeführt werden. Schon die Vermutung, daß im Ausland die Kontrolle nicht so streng ist wie im Inland, könnte zum Scheitern des Zertifikatsystems führen. Gegen das Instrument der freiwilligen Selbstverpflichtung spricht, daß zu viele verschiedene Teilnehmer sich auf eine zumindest in den Grundzügen vergleichbare Erklärung einigen müßten.
- Vor allem in den Entwicklungsländern sind aber eine große Anzahl kostengünstiger Reduktionsmöglichkeiten vorhanden. Um dieses zu nutzen, wurden die Kyoto-Mechanismen in die Diskussion eingeführt. Ob der Einsatz dieses Instrumentes auch in der Praxis dazu führen würde, daß diese Reduktionspotentiale genutzt werden könnten, soll im nächsten Kapitel untersucht werden.

---

[298] Dabei wird ein Gebiet betrachtet, das größer ist als die EU, da aufgrund schon vielfältiger Vereinbarungen eine EU-weite Einführung eines dieser drei Instrumente durchaus vorstellbar wäre.

3 *KYOTO-MECAHNISMEN*

Aufgrund der oben beschriebenen Probleme der umweltpolitischen Instrumente Abgaben, Zertifikate und freiwillige Selbstverpflichtungen im Rahmen einer internationalen Vereinbarung zum Schutz des Klimas wurden die zwei Kompensationsinstrumente Joint Implementation (JI) und Clean Development Mechanismen (CDM) sowie handelbare Emissionsrechte (ER) in das Kyoto-Protokoll aufgenommen. Diese werden in diesem Kapitel in ihren Grundzügen skizziert. Im ersten Abschnitt dieses Kapitels werden die Kompensationsinstrumente dargestellt, der zweite Abschnitt befaßt sich mit den handelbaren Emissionszertifikaten. Im dritten Abschnitt erfolgt ein Vergleich der Instrumente und eine Analyse ihres Zusammenwirkens.

3.1 Kompensationslösungen

Im Rahmen der verschiedenen Conferences of Parties hat der Begriff „Joint Implementation" eine Änderung erfahren. Im ersten Unterabschnitt werden die verschiedenen Definitionsmöglichkeiten des Begriffes „Kompensation" aufgezeigt. Im zweiten Unterabschnitt wird das Verständnis von JI bis zur CoP3 untersucht. Dabei werden auch die Vorteile und Probleme dieses Kompensationsinstrumentes dargestellt. Die sich aus dem Berliner Protokoll ergebenden Pilotprojekte werden im dritten Unterabschnitt betrachtet. Der vierte Unterabschnitt beschäftigt sich mit „Joint Implementation", wie es nach dem Kyoto-Protokoll verstanden wird, während der fünfte Unterabschnitt CDM behandelt.

3.1.1 Kompensation in der wirtschaftswissenschaftlichen Theorie

Kompensationen können einem System von Auflagen, Abgaben oder Zertifikaten hinzugefügt werden und diese weiter flexibilisieren.[299] Dabei ist der Terminus „Kompensation" in der Umweltökonomie nicht eindeutig definiert. Zum

---

[299] Vgl. Düngen / Schmitt (1993) S. 653.

Teil wird Kompensation mit Zertifikaten gleichgesetzt,[300] in der Klimapolitik wird Kompensation oft auch als Synonym für Joint Implementation benutzt.[301]

In der Wohlfahrtsökonomie werden sogenannte Kompensationstest als Kriterien zur Beurteilung der Vorteilhaftigkeit verschiedener gesellschaftlicher Zustände vorgeschlagen. Nach dem Kaldor-Hicks-Kriterium ist eine ökonomische Veränderung dann positiv zu beurteilen, wenn der Gewinner den Verlierer entschädigen könnte und trotzdem mindestens gleich gut stünde wie vor der Veränderung.[302] Die Entschädigung muß nicht monetär erfolgen. Das Kaldor-Hicks-Kriterium ist auch erfüllt, wenn die Kompensation lediglich theoretisch möglich wäre, tatsächlich aber gar nicht erfolgt.[303]

3.1.2 Kompensation im Klimaschutz

Kompensationen im Bereich des Klimaschutzes bedeuten, daß im Ausland erzielte Reduktionen auf inländische Emissionsziele angerechnet werden können.[304] Inländische Emittenten werden bei Nachweis einer Reduktion im Ausland im Inland entlastet. Damit werden weltweit die kostengünstigsten Reduktionsoptionen genutzt, ohne daß ein globales Ziel vorgegeben wird. Allerdings muss es nationale bzw. regionale Emissionsminderungsverpflichtungen geben.

Dabei kann Kompensation als eine Vorstufe für ein globales System handelbarer Emissionsrechte dienen.[305] Zumindest theoretisch können Unternehmen, Nichtregierungsorganisationen und Individuen in die Reduktionsverpflichtungen über ein Kompensationsinstrument eingebunden werden.[306]

---

300 Vgl. Rentz (1995) S. 88.
301 Vgl. Michaelowa (1997) S. 31ff.
302 Vgl. Linde (1988) S. 204.
303 Das Kaldor-Hicks-Kriterium wurde ergänzt und erweitert durch das Little-Kriterium, Mishan-Kriterium, Samuelson-Kriterium und Scitovsky-Kriterium (vgl. Ng (1983) S. 61ff.).
304 Vgl. Michaelowa (1997) S. 31ff.
305 Vgl. Simonis (1997) S. 137.
306 Vgl. Michaelowa (1997) S. 102ff.

Der Terminus „Kompensation" wird hier nicht in der angelsächsischen Tradition der Entschädigung für einen Schaden oder Verlust verstanden, sondern im Sinne des Ersatzes einer ansonsten staatlich erzwungenen Verhaltungsweise (Ordnungsrecht) oder Zahlungspflicht (Steuerrecht) durch Möglichkeiten gezielter Ersatzmaßnahmen bzw. der gewollten Steuervermeidung. Dies wird durch den Ausdruck „emission reduction crediting" an und für sich treffender dargestellt.[307]

Dies ist auch ein wichtiger Unterschied zu verwandten Instrumenten wie Zertifikaten und „tradable permits". Zertifikate bilden ein selbständig anwendbares mengenbezogenes Instrument, während Kompensation nicht selbständig dafür aber flexibler ausgestaltet werden kann. So können selbst Unternehmen wie Kraftwerksbauer, die im Inland nur geringe Emissionen erzeugen, als Träger für Kompensationsmaßnahmen in anderen Unternehmen in Frage kommen. Auf diese Weise könnte auch eine Einbeziehung von Energiedienstleistungsunternehmen in Kompensationsaktivitäten erfolgen. Letztlich könnten sogar Energiebroker die Vermittlung von nationalen und internationalen Kompensationsgeschäften übernehmen.[308]

3.2 Joint Implementation

3.2.1 Joint Implementation bis Kyoto

3.2.1.1 Grundsätzliche Bemerkungen

1989 brachte die Unternehmensberatung McKinsey auf der Konferenz von Noordwjik (Niederlande) zum ersten Mal die Idee einer internationalen Kompensationslösung ein. Zwei Jahre später wurde dieses Konzept als ein Instru-

[307] Vgl. Schmitt / Düngen (1992) S. 271.
[308] Vgl. Schmitt / Düngen (1992) S. 272.

ment zur Förderung der Effizienz und Kosteneffektivität unter dem Namen „Joint Implementation“[309] von Norwegen[310] in die Verhandlung eingebracht.[311]

1992 wurde Joint Implementation in die Klimarahmenkonvention (FCCC) aufgenommen, ohne allerdings genau definiert zu werden.[312] In Art. 3.3 FCCC gab es den ersten indirekten Hinweis auf Joint Implementation. Die Vertragsparteien „taking into account that policies and measures to deal with climate change should be cost-effective so as to ensure global benefits at the lowest possible cost. To achieve this, such policies and measures should take into account different socio-economic contexts, be comprehensive, cover all relevant sources, sinks and reservoirs of greenhouse gases and adaption, and comprise all economic sectors. Efforts to address climate change may be carried out cooperatively by interested Parties.“[313] Joint Implementation bezieht sich also auf alle Quellen, Senken und Speicher sowie die Anpassungsmaßnahmen. Es wurde kein Unterschied bezüglich JI zwischen zwei Industrieländern als auch zwischen einem Industrie- und einem Entwicklungsland gemacht.

---

309 Das englische Wort „implementation“ leitet sich vom lateinischen Wort „implere“ (=füllen, erfüllen, entladen) ab und war noch in den 30er Jahren dieses Jahrhunderts in England relativ unbekannt. Gegenwärtig kann es jedoch als eine Art Modewort innerhalb der UN bezeichnet werden (vgl. Kuik et al. (1994) S. 3). So wurde der bosnische Militäreinsatz der UN „Implementation Force“ genannt. Ins Deutsche übersetzt bedeutet „Implementation“ Vollzug, Erfüllung, Ausführung oder Durchführung (vgl. Breitsprecher et al. (1993) S. 580). Dennoch hat sich die Übersetzung „gemeinsame Umsetzung“ durchgesetzt.

310 Daß die Idee „Joint Implementation“ gerade von Norwegen in die Debatte eingebracht wurde, ist nicht überraschend. Erstens besaß Norwegen mit dem hohen Anteil an Wasserkraftwerken schon eine relativ CO_2-freie Energieproduktion, so daß eine weitere CO_2-Reduktion für Norwegen relativ teuer geworden wäre. Nicht zufällig ist Norwegen auch eins der drei Industrieländer (außerhalb der Europäischen Union), dem in Kyoto ein Emissionsanstieg zugestanden worden ist. Zweitens ist Norwegen ein Öl- und Gasexporteur. Durch eine konsequente Klimaschutzpolitik könnte die Nachfrage nach Öl (für Kohle) und vor allem nach Gas zunehmen. Drittens würde Norwegen durch einen Anstieg des Meeresspiegels aufgrund einer Klimaerwärmung Schäden erleiden, könnte dies aber durch eigene Emissionsreduktionen nicht verhindern. Somit ist der Wunsch Norwegens nach einem Instrument zum Schutze des Klimas, das möglichst effizient ist, verständlich (vgl. Selrod et al. (1995) S. 5).

311 Vgl. Borione / Ripert (1994) S. 87

312 Vgl Anhang 1.

313 Vgl Anhang 1.

Nach Artikel 3.1 FCCC sollen „the developed country Parties .. take the lead in combating climate change and the adverse effects thereof."[314] Die Annex 1-Staaten haben in Art. 4.2 FCCC weitergehende Verpflichtungen übernommen:[315]

- „These Parties may implement such policies and measures jointly with other Parties and may assist other Parties in contributing to the achievement of the objective and, in particular, that of this subparagraph" (Art. 4.2a FCCC). An keiner Stelle der Klimarahmenkonvention wurde „Joint Implementation" genauer definiert. Allerdings sollten gemäß Art. 4.2d FCCC Kriterien bezüglich JI auf der ersten Vertragsstaatenkonferenz 1995 in Berlin erzielt und bis 1999 überprüft werden.
- Ein eindeutiges Emissionsziel besteht für die Annex 1-Staaten nicht. Zwar sollten sie die nicht durch das Montrealer Protokoll geregelten Treibhausgase bis zum Ende dieses Jahrzehntes auf ein früheres Niveau reduzieren (Art. 4.2a FCCC) und einzeln oder gemeinsam die anthropogenen Emissionen von Kohlendioxid und anderer nicht durch das Montrealer Protokoll geregelten Treibhausgase auf das Niveau von 1990 zurückführen (Art. 4.2b FCCC). Doch dieses Ziel war völkerrechtlich nicht verbindlich.[316]

Nach FCCC läßt sich eine weite und eine enge Definition von JI finden. Nach der weiten Definition handeln zwei oder mehrere Parteien zum Zweck der Austragung einer Verpflichtung oder einer bestimmten Aufgabe zusammen. Nach der engeren Definition trägt ein Staat eine Verpflichtung aus FCCC (teilweise)

---

314 Vgl Anhang 1.

315 Vgl Anhang 1.

316 Im übrigen bedeutet eine Stabilisierung der CO_2-Emissionen nicht eine Stabilisierung der CO_2-Konzentration in der Atmosphäre sondern einen weiteren Anstieg. Eine Stabilisierung der CO_2-Konzentration in der Atmosphäre bis 2050 würde eine Halbierung der weltweiten CO_2-Emissionen bedeuten. Da allgemein akzeptiert ist, daß die Entwicklungsländer ihre Emissionen weniger stark reduzieren müssen wie die Industrieländer, bedürfe zur Erreichung des Ziels einer Stabilisierung der CO_2-Konzentration in der Atmosphäre bis 2050 eine Reduktion der CO_2-Emissionen in den Industrieländern um 80% (vgl. Troge (1995) S. 12). Würde

im Territorium eines anderen Staat aus und wird anschließend gemäß der durch CoP vereinbarten Kriterien hierfür kompensiert.[317] Nach der engen Definition, die sich durchsetzte, kann Joint Implementation bis zum KP wie folgt definiert werden:[318]

> Ein Investor oder eine Gruppe von Investoren (ein oder mehrere Industriestaaten, ein oder mehrere Unternehmen, ein oder mehrere Nicht-Regierungsorganisation) investieren in Maßnahmen, Projekte oder Programme im Ausland (dem Gastgeberland), um Treibhausgasemissionen zu reduzieren oder die Bildung und Erhaltung von CO_2-Senken oder –Speichern zu fördern. Gemäß dieses Beitrags erhalten der oder die Investor(-en) eine Gutschrift für den im Gastgeberland erzielten Umweltvorteil in Bezug auf die Abschwächung der Klimaänderung. Die Gutschrift muß gegen die Verpflichtung zur Emissionsreduktion gerechnet werden, die anderenfalls der oder die Investor(en) zu tragen gehabt hätte(n). Unterliegen der oder die Investor(en) keiner Verpflichtung zur Emissionsreduktion (z.B. Nicht-Regierungsorganisationen) muß die Kompensation auf einem anderen Weg erfolgen (z.B. Steuervergünstigung, Subvention).

Theoretisch ergibt sich hieraus eine „win-win-win“ Situation. Das Industrieland profitiert, da es seine eingegangenen Reduktionsverpflichtungen durch kostengünstige Optionen in anderen Staaten erfüllen kann. Das Entwicklungsland hat (bei einem Energieprojekt) den Nutzen, dass sein Energiesystem zur für ihn geringeren Kosten umgestellt wird, als hätte es das Projekt in Eigenregie durchgeführt, und es außerdem eine modernere Technologie erhält. Bei einem Senkenprojekt hat das Entwicklungsland den Vorteil, daß das Industrieland ihm den

---

gar ein Rückgang der CO_2-Konzentration auf den vorindustriellen Wert angestrebt werden, müßten die CO_2-Emissionen noch stärker reduziert werden.

[317] Präzedenzfälle für JI sind vor allem die 1985er Wiener Konvention zum Schutz der Ozonschicht sowie die 1976er Konvention betreffs des Schutzes des Rheins gegen Chlorverschmutzung (vgl. Schrijver (1995) S. 134ff. und Arts et al. (1994) S. 4ff.).

[318] In Anlehnung an Michaelowa, A. (1995) S.33ff.

Schutz seiner Wälder finanziert. Die Natur hat den Vorteil, daß zu dengleichen Kosten schärfere Reduktionsbeschlüsse gefaßt werden können.[319]

Das Prinzip ist leicht einsichtig (siehe Abbildung 6). Angenommen ein Staat unterliegt einer Reduktionspflicht in Höhe von AB und die Erfüllung dieser Pflicht im eigenen Land würde Kosten in Höhe von C_i verursachen. Kann der Staat Reduktionen in gleicher Höhe im Ausland zu Kosten von $C_g = \alpha\ C_i$ mit $\alpha<1$ erfüllen und handelt es sich um einen globalen Schadstoff, so werden Kosten gespart, ohne daß das Umweltniveau gesenkt wird.

Abbildung 6: Kostenersparnis durch Joint Implementation

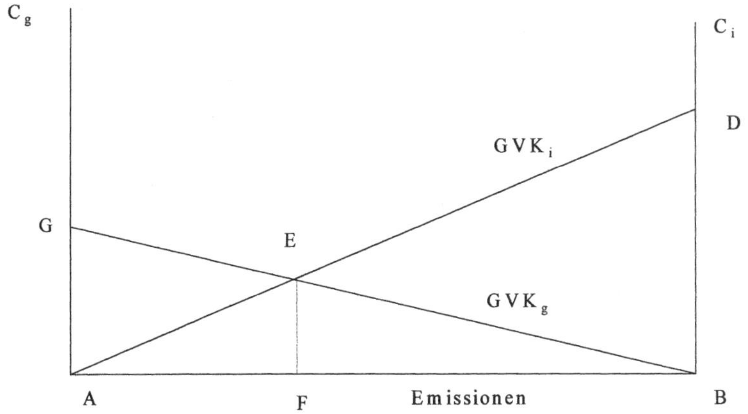

Quelle: nach Pearce (1995) S. 19

Die Grenzvermeidungskosten des Investorlandes GVK_i sind von links nach rechts, die des Gastgeberlandes GVK_g von rechts nach links zu lesen. Muß der Investor die Reduktionen lediglich im Inland vornehmen, so fallen Kosten in

[319] Damit bedarf es nicht zwingend einer internationalen Vereinbarung sondern lediglich heimischer Anreize zur Einführung von JI (vgl. Michaelowa (1995) S. 1327). Eine internationale Vereinbarung ist jedoch notwendig, wenn die hierdurch erzielten Emissionsreduktionen auf international gültige Emissionsziele angerechnet werden sollen.

Höhe von ABD an. Bei Joint Implementation wird der Investor Emissionen in Höhe von BF im Ausland und von AF im Inland reduzieren. Die dann anfallenden Kosten liegen bei BEF für die inländischen und bei AEF für die ausländischen Emissionsreduktionen. Die Gesamtkosten also bei ABE. Die Kostenersparnis beträgt BDE, die zwischen Inland und Gastgeberland aufgeteilt werden können.[320]

Eine Kostenersparnis mittels Joint Implementation ist auc
sich bei GVK_g um die Grenzvermeidungskosten des Investo
die Grenzvermeidungskosten des Gastgeberlandes handeln
mische Reduktionsmöglichkeiten angewiesen, müßte das
Kosten in Höhe von ABG tragen. Durch Joint Implementati
torland dann die Emissionsreduktionen in Höhe von BEF
AEF im Ausland vornehmen. Die Gesamtkosten betrügen
Kostenersparnis AEG.

Dies ist der Fall, weil durch Joint Implementation die k
duktionsmöglichkeiten genutzt werden, unabhängig davon
Reduktionsverpflichtung zu tragen hat. Die Kostenersparnis
mentation ist also auch gegeben, wenn das Investorland ins
gere Reduktionsmöglichkeiten hat als das Gastgeberland.
die Kosten pro Menge der reduzierten Emissionen
kostengünstigste Reduktionsmöglichkeit im Ausland
verursacht als die teuerste Reduktionsoption, die das Inv
hätte, wenn es seine Emissionsreduktionen ausschließlich i
würde.

[320] Vgl. Pearce (1995) S. 19.

3.2.1.2 Vorteile der Kompensationsinstrumente zum Schutze des Klimas

Kompensationsinstrumente an sich sind keine neuen umweltpolitischen Instrumente. In Form der Ausgestaltung von Joint Implementation (und später Clean Development Mechanismen) und aufgrund der internationalen Umsetzung sind aber so vielfältige Unterschiede zu einem üblichen Kompensationsinstrument auf nationaler Ebene entstanden, so daß eine Betrachtung der Vorzüge von Joint Implementation zum Zwecke des Klimaschutzes notwendig ist:[321]

- Kosteneffizienz: Dies ist das Hauptargument für Joint Implementation und gilt in zweifacher Hinsicht. Erstens vermeidet der Investor kostenungünstigere Emissionsreduktionen im Inland bzw. im heimischen Unternehmen.[322] Der Gastgeber hat z.B. bei einem Projekt zur Steigerung der Energieeffizienz den Vorteil der Ersparnis aufgrund eines geringeren Einsatzes fossiler Brennstoffe.[323] Bezüglich der möglichen Kostenersparnis aufgrund der Durchführung von JI-Projekten existieren sehr recht hohe Schätzungen: Barrett (1992) gibt an, daß die Kosten der Umsetzung des CO_2-Stabilitätsziels mittels Joint Implementation nur 2% der Kosten ausmacht, als wenn jeder EU-Staat seine Emissionen national stabilisieren müßte. Burniaux et al. erklären, daß die weltweiten Reduktionskosten durch Joint Implementation halbiert werden können.[324]
- Geringere Abhängigkeit von fossilen Energieträgern: Sinkt durch ein JI-Projekt der Bedarf nach einem fossilen Energieträger, den das Gastgeberland

[321] Der nationale Anteil an einer Abschwächung der globalen Erwärmung wird hier - im Gegensatz z.B. zu Selrod et al. (1995) S. 12 - nicht als Vorteil von JI betrachtet, da dies ein Ertrag der Emissionsreduktion unabhängig von der Wahl des ökonomischen Instrumentes ist.
[322] Wäre die Emissionsreduktion im Inland bzw. im heimischen Unternehmen im Vergleich zum alternativen JI-Projekt nicht teurer, würde dies Projekt nicht durchgeführt werden.
[323] Da die Teilnahme am JI-Projekt für beide Parteien freiwillig ist, ist ein ökonomischer Vorteil für beide Parteien aufgrund des JI-Projektes stets anzunehmen. Fraglich ist lediglich die Höhe und Art des Vorteils sowie ob das Projekt auch für die dritte Partei, der Umwelt, von Vorteil ist.
[324] Zitiert nach: Jones (1993) S. 4.

vorher importieren mußte, so sinkt die Importabhängigkeit des Landes[325] und die Außenhandelsbilanz verbessert sich.

- Steigende Bedeutung der Entwicklungsländer: Während der Energieverbrauch in den Industrieländern mittelfristig auch ohne klimapolitische Maßnahmen allenfalls nur leicht zunehmen wird, dürfte er in den Entwicklungsländern stark ansteigen.[326] Reduktion der CO_2-Emissionen in den Industrieländern, ohne daß in den Entwicklungsländern ähnliche Maßnahmen stattfinden, könnte global sogar einen Anstieg der CO_2-Emissionen zur Folge haben (Stichwort: Leakage-Effekt).
- Finanz- und Technologie-Transfer: Die Förderung des Verkaufs energieeffizienter Anlagen in die Entwicklungsländer kann einen Beitrag zu einer Steigerung des technologischen Fortschritts in den Entwicklungsländern leisten. Durch Ausbildung, Bautätigkeit und lokale Beteiligung können die Entwicklungsländer wirtschaftlichen Nutzen aus Joint Implementation ziehen. Entscheidend ist hierbei, daß dies außerhalb der „traditionellen Entwicklungshilfe" vonstatten geht.[327]
- Steigende private Investitionen in die Entwicklungsländer: Vor allem die derzeit unproduktivsten Entwicklungsländer haben im Zeitalter von Joint Implementation mit ihren kostengünstigen THG-Emissionsreduktionsoptionen eine

[325] Vgl. Selrod et al. (1995) S. 12.

[326] 1990 betrugen die weltweiten CO_2-Emissionen 21,1 Mrd. t. Das DIW (DIW Wochenbericht 1995, S. 372) geht im business-as-usual Szenario von CO_2-Emissionen für Asien (ohne Japan), Lateinamerika sowie Afrika/Mittlerer Osten von insgesamt 13,4 Mrd. t im Jahr 2010 aus (verglichen mit 6,5 im Jahr 1990 für diese Region). Die Emissionen der Industrieländer betrugen 1990 14,6 Mrd. t und werden 2010 ohne Reduktionsanstrengungen schätzungsweise 17,3 Mrd. t betragen. Das heißt, müßten die Industrieländer das Ziel der weltweiten Stabilisierung der CO_2-Emissionen im Vergleich zu 1990 auf eigenem Territorium erreichen, so dürften sie im Jahr 2010 nur 7,7 Mrd. t CO_2 emittieren, d.h. verglichen zu 1990 müßten die Industrieländer ihre Emissionen bis 2010 um 47% und verglichen zu 2010 im business-as-usual Szenario um 55% reduzieren. Eine derartiger Reduktionserfolg ist zumindest unter realistischen Annahmen auszuschließen.

[327] Vgl. Schmitt / Düngen (1992) S. 272.

neue Ressource anzubieten, so daß ein Anreiz zur Investition gerade in den ärmsten Entwicklungsländern besteht.[328]

- Förderung „grüner Technologien“: Bestehen keine Joint Implementation Projekte, spielen die THG-Emissionen bei Investitionen in Entwicklungsländern bestenfalls eine untergeordnete Rolle. Durch JI werden Techniken, die zu einer Reduktion der CO_2-Emissionen beitragen (z.B. PV-Anlagen), gefördert. Lassen sich hierdurch economies of scale in der Produktion erzielen, könnten umweltfreundliche Energietechniken auch in den Industrieländern konkurrenzfähiger werden.
- Schärfere Emissionsziele: Da mit Hilfe von JI die Industrieländer ein bestimmtes Emissionsziel zu geringeren Kosten erreichen können als ohne JI, kann auch der gegenteilige Ansatz gewählt werden: Zu den gleichen Kosten können sich mit Hilfe von JI die Industrieländer schärfere Emissionsziele auflegen als ohne JI.[329]
- Andere positive Umwelteffekte:[330] In vielen Entwicklungsländern werden Kohlekraftwerke ohne Entschwefelungsanlagen betrieben. Durch einen geringen Einsatz von Kohle (über Effizienzsteigerung der Kohlekraftwerke, Substitution auf andere Energieträger oder geringeren Energiebedarf) wird weniger Schwefel ausgestoßen, wodurch auch die inländischen Schäden aufgrund Sauren Regens sinken..
- Stärkung des Nord-Süd Dialoges: Durch JI könnte die Kooperation zwischen Nord und Süd auch in anderen Umweltbereichen und darüberhinaus zunehmen.[331]

---

[328] Allerdings wäre es naiv anzunehmen, daß das einzige Kriterium zur Auswahl eines Gastgeberlandes bei Joint Implementation die Ineffizienz des bisherigen Energiesystems wäre. Die Investitionssicherheit, Infrastruktur des Landes, der Ausbildungsgrad der Bevölkerung, der Wunsch nach Steigerung der Geschäftsbeziehung in diesem Land etc. sind sicherlich in ihrer Bedeutung nicht zu unterschätzen.

[329] Vgl. Pearce (1995) S. 16.

[330] Vgl. Vellinga / Heintz (1995) S. 71ff.

[331] Vgl. Wisaksono (1995) S. 199.

- Verringerung der Wettbewerbsvorteile für Entwicklungsländer: Würden nur Emissionsreduktionen in den Industrieländern vorgenommen, könnten die Entwicklungsländer mittels geringer Umweltauflagen um die emissionsreichen Industrien der Industrieländer konkurrieren. Durch JI können sich diese Industrien zwar auch in den Entwicklungsländern ansiedeln, aber es besteht ein Anreiz diese so emissionsarm wie möglich zu gestalten.[332]
- Bewußtseinsteigerung für Umweltschutz in den Entwicklungsländern: Durch einen Einsatz verschiedener JI-Projekte zum Klimaschutz wird auch das Bewußtsein für den Klimaschutzmaßnahmen außerhalb von JI sowohl bei der Bevölkerung als auch bei der Regierung in den Entwicklungsländern gesteigert.
- Realtransfers: Im Gegensatz zu monetären Transfers können Realtransfers, wie JI-Projekte, nur schwer umgewidmet werden. Realtransfers sind Transfers, „die in Form einer realen Güterübertragung geleistet werden, wohingegen monetäre Transfers in Zahlungsmitteln geleistet werden.“[333] Allerdings handelt es sich bei Realtransfers nicht per se, um zusätzliche Maßnahmen, wie Heister/Stähler erklären. Sie argumentieren, daß China nicht gezwungen werden kann, ein Kraftwerk zu schließen, wenn die Industrieländer ein effizientes in China errichten. Dies ist zwar so weit richtig. Allerdings kann die Kontrollbehörde erklären, daß sie das Projekt nicht als ein Joint Implementation Projekt anerkennt,[334] wenn China nicht dafür ein ineffizientes schließt. Der Investor würde eventuell dann auf die Errichtung des effizienten Kraftwerkes verzichten bzw. von China die Zahlung der Investionskosten verlangen.

[332] Vgl. Michaelowa (1995) S. 260.
[333] Heister / Stähler (1995) S. 212f.
[334] Genauer wäre Clean Development Mechanismen, wie weiter unten deutlich wird.

3.2.1.3 Kritik an den Kompensationsinstrumenten zum Schutze des Klimas

Kritik ist bei einem Instrument, bei dem vielfach neue, unbekannte Wege eingeschlagen werden müssen, unvermeidlich. In dieser Arbeit können nicht alle Kritikpunkte untersucht werden. Teilweise kann diese Kritik hier auch unberücksichtigt bleiben, da sie mehr auf moralischen als auf ökonomischen Argumenten beruht.[335]

Die auf ökonomische Kategorien beruhende Gegenargumente zu JI sind so umfangreich, daß sie zur Erleichterung des Überblicks thematisch geordnet werden müssen.[336] Negative Auswirkungen, die sich unabhängig von der gewählten Ausgestaltung von JI, grundsätzlich ergeben, werden in 3.2.1.3.1 betrachtet. Durch eine geschickte Form der Ausgestaltung können diese Nachteile allenfalls in ihrer Wirkung abgemildert, aber keinesfalls vollständig aufgehoben werden. In 3.2.1.3.2 werden politische Probleme behandelt, die - je nach Ausgestaltung - entweder in einer Art Laissez-faire unberücksichtigt bleiben können oder so stark reglementiert werden, so daß JI praktisch ausgeschlossen wird. Wird JI als Instrument zur THG-Emissionsreduktion zugelassen, so müssen die Probleme bei der Auswahl der JI-Projekte beachtet werden. Diese werden in 3.2.1.3.3 betrachtet. Die Probleme, die bei der Durchführung eines JI-Projekte auftreten

---

[335] Das bedeutet natürlich nicht, daß dieser Kritik geringes Gewicht eingeräumt werden sollte. Nur Argumente, die sich außerhalb der ökonomischen Theorie befinden, können in einer Arbeit, in der vorangig mit ökonomischen Begriffen argumentiert wird, nur schwer beurteilt werden. Hierzu gehören u.a. die Vorwürfe von Ablaßhandel und Öko-Kolonialismus. Erstere besagt, daß die für die Klimaänderung verantwortlichen Industrieländern sich von ihrer Verantwortung mit Maßnahmen im Ausland freikaufen. Geht man davon aus, daß anspruchsvolle Reduktionsziele in den Industrieländern nur über eine unbequeme Änderung der Konsumweise zu erreichen wäre, so erzielen die Industrieländer mittels JI einen Nutzen, der in ihrer Kostenkalkulation nicht erscheint. Lezteres bedeutet, daß die Industrieländer mittels JI Einfluß auf die Energiestruktur der Entwicklungsländer nehmen. Allerdings ist jedes Land frei, die Durchführung eines JI-Projektes in seinem Staatsgebiet zu untersagen, wenn es seine Souveränitätsrechte nicht ausreichend berücksichtigt findet (vgl. Rentz S. 18f.).

[336] Allerdings kann nicht lediglich aufgrund der Anzahl der Argumente bzw. Gegenargumente zu Joint Implementation keine Aussage getroffen werden, ob JI anzunehmen oder abzulehnen ist.

können, werden in 3.2.1.3.4 behandelt. Das Problem der Kontrolle und Verifikation der Reduktionen wird in 3.2.1.3.5 analysiert.

3.2.1.3.1 Grundsätzliche Nachteile

- Verringerung des technologischen Fortschrittes: Durch eine Verringerung der Reduktionskosten durch JI sinkt der Druck nach innovativen emissionsärmeren Technologien. Allerdings nimmt durch JI der technische Fortschritt in den Entwicklungsländern zu, so daß es insgesamt zu einer Angleichung der technologischen Entwicklung kommt. Da dieser aber in den Industrieländern zurückgeht, wird sich dies langfristig auch in den Entwicklungsländern negativ auswirken.[337]
- „Cheap-buy-out“: Noch besitzen die Entwicklungsländer keine Emissionsziele. Wenn sich aber eines Tages die Schwellenländer Emissionsziele setzen, dann sind, so die Kritiker, in ihren Ländern schon die kostengünstigsten Reduktionsmöglichkeiten aufgebraucht worden.[338] Diese Argumentation kann jedoch nicht überzeugen. Erstens dürften aufgrund des technologischen Fortschritts zumindest mittelfristig immer wieder neue kostengünstige Reduktionsmöglichkeiten entstehen. Zweitens ist dies kein sinnvolles Umweltschutzverständnis, wenn die Entwicklungsländer so lange unkontrolliert CO_2 ausstoßen dürfen, bis sie irgendwann in der Zukunft sich Emissionsziele setzen.[339]
- Export gebrauchter Technologien: Die Firmen aus den Industrieländern könnten lediglich bereit sein, ihre veralterte Technik in die Entwicklungsländer zu exportieren. Diese Techniken können dort durchaus zu Energieeffizienzstei-

---

[337] Vgl. Dubash (1994) S. 42.
[338] Vgl. Dubash (1994) S. 42.
[339] Natürlich könnten Entwicklungsländer heute schon auf eigene Kosten ihre Emissionen auch ohne Emissionsziel reduzieren und diese Reduktionen bis zu dem Zeitpunkt ansparen, an dem sie sich ein Emissionsziel setzen. Allerdings wären solche Maßnahmen von Mitnahmeeffekten kaum noch zu unterscheiden. Im übrigen würden diese Länder ihre Verhandlungspositionen schwächen. Die anderen Vertragspartner dürften über die angesparten Reduktionen informiert sein und von dem Staat ein schärferes Emissionsziel verlangen.

gerungen führen (Substituierung der Techniken von vorgestern durch Techniken von gestern). Um zu vermeiden, daß Entwicklungsländer nur die ausrangierten Technologien erhalten, könnte die CoP beschließen, daß für JI stets die technologisch fortschrittlichsten Anlagen eingesetzt werden müßten. Allerdings ist die Einführung modernster Anlagen in Entwicklungsländer nicht immer sinnvoll. Aufgrund der hohen Arbeitslöhne in den Industrieländern sind diese Anlagen häufig kapitalintensiver als es für Entwicklungsländer notwendig wäre. Auch sind die technologischen Kenntnisse der (Fach-) Arbeiter in den Entwicklungsländern geringer als in den Industrieländern, so daß entweder teure Weiterbildungsmaßnahmen durchgeführt oder die Positionen mit Arbeitern aus den Industrieländern besetzt werden müßten. Aus diesem Grund dürfte eine Auflage, daß stets die fortschrittlichste Technik einzusetzen werden muß, nicht sinnvoll sein.

3.2.1.3.2 Politische Probleme

- Kürzung der Entwicklungshilfe: Die Industrieländer könnten die JI-Projekte über eine Kürzung der Entwicklungshilfe finanzieren. Dadurch würden sie lediglich durch eine Umwidmung finanzieller Ressourcen Emissionsgutschriften erhalten. Der Forderung, daß nur Industrieländer JI-Projekte durchführen dürfen, die mindestens 0,7% ihres BSP für Entwicklungshilfe ausgeben, ist aber nicht zuzustimmen[340] Gegenwärtig liegt die Entwicklungshilfe im Durchschnitt der OECD-Länder bei 0,35% des BSP. Eine Verdopplung aufgrund von JI müßte den Kosten der JI-Projekte zugerechnet werden. Es ist zweifelhaft, ob sich die Projekte unter diesen Bedingungen noch rentieren würden. Dieses Problem ist natürlich nicht vorhanden, wenn die Projekte von privaten Investoren finanziert werden.
- Demokratische Beteiligung: Einerseits sollten Projekte, in deren Verlauf die Bevölkerung umgesiedelt werden muß (Senkenprojekte, Bau von Wasser-

[340] Vgl. Herold (1995) S. 8

kraftwerken etc.), nicht ohne Beteiligung der lokalen Bevölkerung durchgeführt werden. Andererseits sollte Joint Implementation nicht mit Forderungen überfrachtet werden. Von einem Investor sollte daher lediglich verlangt werden, daß er sich an Recht und Gesetz des Gastgeberlandes hält. Wenn dies keine lokale Beteiligung vorsieht, sollte dies vom Investor auch nicht verlangt werden.[341]

3.2.1.3.3 Auswahl der JI-Projekte

- Zulässigkeit von THG:[342] Aus Effizienzgründen sollten grundsätzlich alle sechs in Kyoto bestimmten THG für JI-Projekte zulässig sein. Allerdings ist die Kontrolle der Emissionen bei verschiedenen THG unterschiedlich leicht. Daher sollte Aufgabe des Investors sein, die Reduktionen von THG durch sein JI-Projekt nachzuweisen. Kann die exakte Höhe der THG-Emissionsreduktionen durch das Projekt nicht ermittelt werden und ist dies nicht durch einen Vertragspartner des Projektes zu verantworten, sondern auf die Art des Projektes zurückzuführen, sollte eine Clearingstelle die wahrscheinliche Reduktionshöhe ermitteln. Kommt ein unabhängiges Gutachten zu dem Ergebnis, daß mit einer Wahrscheinlichkeit von 50% die Reduktionen der THG-Emissionen bei 100 Einheiten und mit dergleichen Wahrscheinlichkeit bei 110 Einheiten gelegen haben könnte, sollte die Clearingstelle die Reduktionen der THG-Emissionen bei 105 Einheiten annehmen. Sinnvoll wäre jedoch einen festen Abschlag einzubauen und nur Reduktionen von z.B. auf 103 oder 104 Einheiten anzurechnen, damit die Unternehmen einen Anreiz

---

341 Ausgeschlossen ist eine Umsiedlung der Bevölkerung aufgrund eines Industrieprojektes ja auch in Deutschland nicht (siehe z.B. die Diskussion um Garzweiler II, aber auch anderer Braunkohlegebiete in Ostdeutschland), so daß einer Forderung nur JI-Projekte zuzulassen, die keine negativen sozialen Auswirkungen haben, sicherlich nicht zuzustimmen ist. Natürlich ist dies rechtsstaatliche Verfahren, mit dem Bürger in Deutschland vor staatlichen Zwangsumsiedlungen geschützt werden, in vielen Entwicklungsländern nicht vorgeschrieben. Aber das deutsche Rechtssystem kann nicht als Maßstab für internationale JI-Projekte genommen werden.

342 Vgl. Michaelowa (1997) S. 80ff.

haben, eine Technologie zur exakteren Bestimmung der THG-Reduktionen zu entwickeln.

- Zulässigkeit von Projekten: Auch hier gilt, daß grundsätzlich alle Projektkategorien für JI-Projekte zugelassen werden sollten, wobei die Projekte unter dem Vorbehalt stehen, daß der Investor die Reduktionen auch nachweisen kann. Problematisch ist dies vor allem für Senken bzw. Speicherprojekte. Bei Senken- und Speicherprojekten ist die Bestimmung der Emissionsreduktion möglich, wenngleich relativ unsicher.[343] Problematisch ist außerdem, daß der Wald bei einem Senkenprojekt quasi unter einem ewigen Schutz stehen müßte.[344] Tatsächlich laufen die Verträge von AIJ-Senkenprojekte über 15-60 Jahre. Doch ob eine derartige Garantie auch tatsächlich eingehalten werden kann, ist fraglich. Erstens kann keine Organisation garantieren, daß sie selbst einen Zeitraum von 60 Jahren übersteht. Zweitens könnte - z.B. aufgrund eines stärkeren Bevölkerungsdrucks, wie er gerade in den Ländern, die über geeignete CO_2-Senken verfügen, nicht auszuschließen ist - das Gastgeberland den Bestandschutz des Waldes (gezwungen werden) wieder auf(zu)heben. Drittens sind Naturkatastrophen nie auszuschließen. Aufgrund dieser Schwierigkeiten sollte zumindest in der Anfangsphase auf Senken- und Speicherprojekte verzichtet werden.[345]
- No-regrets: In der umweltpolitischen Literatur werden eine Vielzahl von Alternativen gehandelt, mit denen auch in den Industrieländern kostengünstig CO_2-Emissionen reduziert werden können. Die Existenz solcher no-regrets ist

[343] Die CO_2-Aufnahme muß für jedes Projekt einzeln abgeschätzt werden, da sie abhängt von Faktoren wie Waldtyp, Baumart, Pflegemaßnahmen, Witterungs- und Klimabedingungen sowie andere Standorteigenschaften (vgl. Herold (1995) S. 28).

[344] Oder, wenn der Wald seinen geschützten Status wieder verlieren sollte und das gebundene CO_2 wieder freigesetzt wird, müßte in gleicher Höhe an anderer Stelle ein Senken-, Speicher- oder Reduktionsprojekt durchgeführt werden.

[345] Dazu gehört auch das Problem der „Opportunitätskosten“ (vgl. Rentz S. 18). Die Flächen, die für Senkenprojekte genutzt werden, stehen für andere Verwendungen (Industrieansiedlung, Holznutzung, Ackerbau, Siedlungen etc.) nicht mehr zur Verfügung. Da Staaten aber freiwillig an JI-Projekten teilnehmen, ist davon auszugehen, daß die Gastgeberländer diese Kosten kurz- und mittelfristig berücksichtigt haben. Ob diese Länder allerdings auch die Opportunitätskosten über mehrere Jahrzehnte berücksichtigen, ist allerdings fraglich.

ein Zeichen dafür, daß kein vollkommener Markt ohne Transaktions- und Informationskosten vorhanden ist. Ansonsten würden nämlich auch im Zeitalter von JI erst die no-regrets genutzt werden. Dürften die Industrieländer nur einen Teil ihrer Reduktionspflichten im Ausland erfüllen, würde der Druck zunehmen inländische no-regrets Optionen auszubeuten. Allerdings läßt sich diese Forderung nicht ökonomisch sondern allenfalls moralisch begründen.[346] Umgekehrt können aber auch Projekte in Entwicklungsländer existieren, die negative Kosten aufweisen.[347] Führt Land A ein JI-Projekt in B durch, unterliegt nur A einem Emissionsziel und handelt es sich um ein Projekt mit negativen Kosten, so besteht die Gefahr, daß dies Projekt nicht „zusätzlich" ist. Das heißt, ohne die Möglichkeit der Investition von A hätte B diese Reduktionen in Eigenregie durchgeführt, so daß tatsächlich keine Reduktionen durch dies Projekt erzielt worden sind. Andererseits sind gerade im Energiebereich viele Entwicklungsländer z.B. aufgrund technologischer Unkenntnis oder unzureichender Kapitalausstattung nicht in der Lage technologisch fortschrittliche Kraftwerke einzusetzen, selbst wenn diese negative Kosten verursachen. So können durchaus auch Projekte mit negativen Kosten existieren, die zusätzlich sind.[348] Folglich sollte zu jedem JI-Projekte eine unabhängige Studie erstellt werden, ob das Projekt auch tatsächlich zusätzlich ist. Bei 100 Einheiten THG-Reduktionen und einer Wahrscheinlichkeit von 60%, daß das Pro-

---

[346] Hanish et al. (1992) S. 5 ist zu widersprechen, wenn sie schreiben, daß „joint implementation would only appear if some countries will not have any 'no regrets' options for meeting their commitments nationally." Es ist auch denkbar, daß ein Staat seine „no regrets" nicht ausschöpfen möchte (z.B. Tempolimit auf bundesdeutschen Autobahnen) und daher auf teurere JI-Projekte zurückgreift (dies impliziert allerdings, daß nicht alle Kostenparameter in den „no-regrets" Optionen berücksichtigt worden sind).

[347] Führt Land A in B ein JI-Projekt und unterliegen beide Staaten einem Emissionsziel, ist dies unproblematisch. Ohne Joint Implementation hätte B das Projekt selbst durchgeführt und die erzielten Reduktionen auf sein eigenes Emissionsziel angerechnet. Mit Joint Implemention werden die Reduktionen A zugerechnet und B muß ein anderes Reduktionsprojekt in gleicher Höhe durchführen (vgl. van der Burg (1994) S. 80).

[348] Vgl. van der Burg (1994) S. 81.

jekt zusätzlich ist, sollten lediglich 60 Einheiten THG-Reduktionen angerechnet werden.[349]

3.2.1.3.4 Durchführung der JI-Projekte

- Ermittlung der Baseline: Der Bau eines neuen Kraftwerkes als JI-Projekt erzeugt sowohl während der Bau- als auch in der Betriebsphase CO_2-Emissionen.[350] Reduktionen ergeben sich nur, wenn dadurch der Output eines ineffizienteren Kraftwerks zurückgefahren, dieses stillgelegt oder nicht errichtet wird. Um diese Reduktionen zu ermitteln, benötigt man jedoch ein projektbezogenes Referenzszenario.[351] Reduktionen, die sich aufgrund existierender oder zukünftiger Politik automatisch ergeben, sollten nicht dem JI-Projekt zugerechnet werden. So rentieren sich in vielen Entwicklungs-, aber auch einigen Industrieländern, keine Investitionen in Energiesparmaßnahmen aufgrund staatlicher Energiesubventionierung. Plant die Regierung den Abbau dieser Subventionen, ist mit einem Anstieg des Energiepreises und verstärkten Investitionen in Energiesparmaßnahmen auch ohne JI-Projekte zu rechnen. Außerdem sollte verhindert werden, daß Staaten belohnt werden, die bewußt ihre Umweltsituation zur Steigerung ihrer Attraktivität als JI-Partner verbessern.[352] Allerdings sind diese Informationen nicht leicht zu erhalten, allenfalls grobe Fehlentwicklungen können verhindert werden. So sollte z.B. die Energieeffizienz der JI-Projekte keinesfalls geringer sein als die Energieeffizienz eines zeitgleich nicht als Joint Implementation errichteten Kraftwerks im Gastgeberland. Die Ermittlung einer korrekten Baseline über eine

[349] Je nach der Risikobereitschaft der Weltgemeinschaft kann die Wahrscheinlichkeit der Zusätzlichkeit des Projektes höher oder niedriger gewichtet werden. Für die Unternehmen würde die unsichere Gewichtung der Zusätzlichkeit Teil ihres unternehmerischen Risikos bei Investitionsentscheidungen sein. Es ist natürlich anzunehmen, dass Projekte, bei denen es keinen oder nur geringen Zweifel an der Zusätzlichkeit gibt, aufgrund einer derartigen Regelung verstärkt durchgeführt werden.

[350] Unter der Voraussetzung natürlich, daß das Kraftwerk fossile Energieträger nutzt.

[351] Vorstellbar sind auch Referenzszenarien, in der die gesamte wirtschaftliche Entwicklung abgebildet wird. Diese Herstellung dieser Szenarien sind teuer und daher allenfalls zur Bewertung von Großprojekten geeignet.

unabhängiege Studie könnte jedoch schnell zu Gegenstudien führen, was Kosten und Zeitaufwand der Investitionsmaßnahme erhöht, ohne daß schließlich unzweifelhaft die korrekte Baseline ermittelt werden könnte. Doch selbst wenn bezüglich der Baseline Übereinstimmung besteht, muß noch der business-as-usual Pfad bestimmt werden. Wie lange wäre das alternative Kraftwerk betrieben worden? Bleibt z.B. das neue Kraftwerk 25 Jahre bestehen, das alte wäre aber nach 5 Jahren abgeschaltet worden, soll dann die Emissionsgutschriften 25 Jahre oder nur 5 Jahre gezahlt werden? Dies dürfte vor allem davon abhängen, welches Kraftwerk das Land ohne die Möglichkeit eines JI-Projektes installiert hätte. Unwahrschlich ist, daß es die gleiche geringe Effizienz haben würde wie das abgeschaltete Kraftwerk. Möglich ist, daß es die gleiche Effizienz haben würde wie das JI-Projekt, vielleicht würde die Effizienz aber auch dazwischen liegen. Möglich ist aber auch, daß es eine bessere Effizienz haben würde als das JI-Projekt und damit nach 5 Jahren die Energieeffizienz in dem Lande aufgrund von JI sogar niedriger ausfällt als es ohne JI gewesen wäre. Selbst wenn alle Beteiligten versuchen, korrekte Informationen zu liefern, dürfte dies nicht leicht zu verifizieren sein.[353]

- Auszahlung:[354] Soll die Kompensation eines JI-Projektes vollständig am Beginn oder am Ende der Investition oder jährlich entsprechend der jeweiligen CO_2-Reduktionen erfolgen? Letzteres wäre zu befürworten, würde aber auch zu höheren Kontrollkosten führen. Denn es müßten nicht nur die THG-Emissionen vom JI- und Referenzprojekt bestimmt werden sondern auch wann diese Emissionsreduktionen angefallen sind oder wären. In den anderen beiden Fällen muß diese Berechnung nur einmal am Anfang oder Ende der Investition durchgeführt werden. Allerdings würde zu Beginn der Investition der Investor Gutschriften erhalten, deren Gegenleistung er tatsächlich noch nicht erbracht hat. Treten seine Reduktionsprognosen nicht ein, müssen die

[352] Vgl. Merkus (1992) S. 3.
[353] Vgl. Herold (1996) S. 25.
[354] Vgl. Michaelowa (1997) S. 94ff.

erhaltenen Zahlungen zurücküberwiesen werden. Dies hieße jedoch im Extremfall, daß der Investor mehrere Jahrzehnte (z.B. bei einem Senken- bzw. Speicherprojekt) mit dem Kapital arbeiten kann. Erhielt der Investor die Kompensation erst am Ende des Projektes, müßte er je nach Art des Projektes Jahre oder Jahrzehnte in Vorleistung treten. Da beides nicht sinnvoll ist, sollten die Reduktionen jährlich ermittelt bzw. abgeschätzt werden und die Kompensation jährlich erfolgen. Bei Feststellung zu hoher (niedriger) Kompensationszahlungen können die zu viel geleisteten Zahlungen mit den Zahlungen des Folgejahres verrechnet werden bzw. es erfolgt bei zu geringer Auszahlung ein Nachschlag.

- Zusatzertrag:[355] Neben der CO_2-Reduktion kommt es häufig auch zu einer Verringerung anderer Schadstoffe wie der Stickstoff- und Schwefelemissionen. Durch die Verringerung dieser Schadstoffe erhalten die Entwicklungsländer einen lokalen und regionalen Vorteil, so daß sie einen zusätzlichen Anreiz haben, JI-Projekte in ihr Land zu holen. Folglich sollten diese Länder auch einen Teil der Kosten übernehmen. Es ist aber schwer diesen Zusatzertrag abzuschätzen, denn hierunter fallen u.a. so schwer faßbare Güter wie die Verbesserung der städtischen Luftqualität, die Gesundheit der Bevölkerung, weniger Verkehrsunfälle, Stau, Müll, Lärm und Korrosion sowie geringere Schäden an Pflanzen, Wälder und Fischen.
- Zusatzkosten:[356] Andererseits bestehen auch zusätzliche Kosten für ein Entwicklungsland. Dies sind vor allem die notwendigen Infrastrukturmaßnahmen, wie der Bau einer Straße zu einem Kraftwerk oder der Anschluß an das regionale Stromnetz. Auch diese Kosten sind schwer zu quantifizieren und z.B. beim Straßenbau nicht zwingend einem Projekt zuzurechnen. Letztlich muss auf dem Verhandlungsweg zwischen Investor und Gastgeberland die Aufteilung der Projektkosten geklärt werden. Dabei sollte sowohl die Höhe

[355] Vgl. Pearce (1995) S. 28.
[356] Vgl. Pearce (1995) S. 28.

der geschätzten Zusatzerträge für das Gastgeberland als auch der Zusatzkosten eine Rolle spielen.

- Verteilung der Kredite: Es ist umstritten, ob die Reduktionen vollständig angerechnet werden sollten. Hiergegen spricht sich Merkus aus, da Joint Implementation nicht nur kostengünstig sein, sondern auch zusätzliche weltweite Emissionsreduktionen bringen soll. Außerdem kann dies als eine Sicherheitsmarge für Fehlmessungen angesehen werden.[357] Dies ist abzulehnen. Die Reduktionen durch das Projekt sollten - unter Berücksichtigung der Kosten - möglichst exakt erfolgen. Fehlmessungen sollten so ausgelegt sein, daß sie normalverteilt zu beiden Seiten entstehen können. Dann sollten aber auch die so ermittelten Reduktionen vollständig angerechnet werden.

3.2.1.3.5 Kontrolle und Verifikation

Sowohl für ein Gastgeberland als auch für einen Investor besteht ein Anreiz zur Überbewertung der Reduktionen, wenn auch zu unterschiedlichen Zeitpunkten. Das Gastgeberland hat vor allem vor der Investition in das Projekt einen Anreiz die Reduktionsmöglichkeiten überzubewerten, um Investoren anzulocken, während der Investor in dieser Phase versuchen wird, die tatsächlichen Reduktionsmöglichkeiten herauszufinden. Dies bedeutet jedoch nicht, daß der Investor bereit sein wird, sein Ergebnis einer dritten Partei mitzuteilen. Denn nach der Investition wird der Investor eher zu hohe Reduktionen angeben, um möglichst hoch kompensiert zu werden. In dieser Phase hat das Gastgeberland keinen direkten Anreiz mehr die Reduktionen überzubewerten. Allerdings wird es sich den Angaben des Investors anschließen, wenn es noch weitere Investitionen von diesem Unternehmen wünscht. Eine Kontrolle der Reduktionsangaben ist daher notwendig.

[357] Merkus nennt einen Wert von 90% (vgl. Merkus (1996) S. 4).

Tabelle 9: Beispiel für ein JI-Projekt

	Anlage 1	Anlage 2	Anlage 3
Investition (in Mrd. $)	0,8	1,1	0,6
Effizienz (in %)	35	45	25
CO_2-Emissionen (normalisiert)	1	0,78	1,4
CO_2-Emissionen verglichen mit Anlage 2	0,22		0,62
		0,3	0,5
Zusatzkosten für Land B			

Quelle: Huber et al. (1995) S. 5.

Ein einfaches Beispiel hierfür stammt von Huber et al. (1995) (siehe Tabelle 9). Angenommen wird, daß Land A den Bau eines Kraftwerks von Anlage 1 plant. Auf dem Weltmarkt existiere eine Anlage 2 mit einem höheren Wirkungsgrad, die aber eine höhere Anfangsinvestition als Anlage 1 verursacht, sowie eine kostengünstige Anlage 3, die aber auch für A zu ineffizient ist. Im Zeitalter von JI und bei wahrheitsgemäßen Aussagen aller Beteiligten kann Land B die vollen Zusatzkosten von $0,3 Mrd. übernehmen und hierfür eine Gutschrift bezüglich der CO_2-Reduktion von 0,22 Einheiten CO_2 erhalten. Allerdings stellen sich beide Staaten besser, wenn A erklären würde, es plane den Bau eines Kraftwerks des Typs 3. B muß nun für den Bau der Anlage 2 die vollen Zusatzkosten von $0,5 Mrd. übernehmen und erhält hierfür eine Emissionsgutschrift von 0,62 Einheiten CO_2, obgleich unter Berücksichtigung der „wahren" Aussage nur eine Reduktion von 0,22 Einheiten CO_2 stattgefunden hat.

Damit verschiebt sich die „win-win-win"-Situation in eine „loose-win-win"-Situation oder sogar „loose-loose-loose"-Situation. Denn während die Umwelt auf jeden Fall verliert, gewinnen Investor und Gastgeberland nur scheinbar. Langfristig schaden sie sich aufgrund der Zunahme des Treibhauseffektes selbst. Das Problem ist, daß bei Joint Implementation das Verhalten von Gastgeberländern, sich nicht um ihre Energieeffizienz zu kümmern, belohnt wird. Da die Industriestaaten von diesem Verhalten ebenfalls profitieren, ist die Wahrscheinlichkeit, daß ein solches Verhalten aufgrund asymmetrischer Informationen gewählt wird, recht hoch.[358]

Bei dem Kontrollproblem handelt es sich um ein klassisches „principal-agent" Problem. Der „Agent" führt Handlungen aus, die der „Principal" nicht direkt kontrollieren kann und die ein finanzielle Abkommen zwischen den beiden Parteien betreffen. Beispiele sind Versicherungsgesellschaften, die das Verhalten der Versicherten nicht exakt kontrollieren können und das Unternehmensmanagement, das seine Beschäftigten nicht kontinuierlich überwachen kann und will.[359]

Avenhaus unterscheidet zwischen „simultanen" und „Inspektor Leadership" Spielen. Im ersten Fall handeln beide Spieler unabhängig und ohne Wissen des anderen, im zweiten Fall kündigt der Inspektor seine Strategie an. Hier soll nur das „Inspektor Leadership" Spiel betrachtet werden, denn es ist anzunehmen, daß im Fall von JI die Principal, d.h. die Staatengemeinschaft, ihre Bewertungsmaßstäbe und die Art ihrer Kontrollbesuche (Häufigkeit, angekündigt oder überraschend etc.) offenlegen wird.

Das Überwachungssystem kann durch vier Aktivitäten charakterisiert werden:

1. Der Agent verspricht, nicht mehr als die Menge μ_0 pro Zeiteinheit zu emittieren.
2. Der Principal kündigt an, daß die Emissionen des Agenten überwachen wird. Er stellt das Überwachungsprocedere dar, einschließlich welche Wahrscheinlichkeit ein falscher Alarm hat.

---

[358] Eine Lösungsmöglichkeit wäre, wenn Entwicklungsländern, die sich an Joint Implementation beteiligen wollen, ein Reduktionsziel auferlegt würde. Allerdings besteht hierzu zumindest mittelfristig keinerlei Bereitschaft seitens der Entwicklungsländer.

3. Der Agent entscheidet, entweder die Emissionsgrenze einzuhalten oder in der i-ten Zeiteinheit um $\mu_0+\mu_i$ mehr zu emittieren, so daß sich in einem Zeitabschnitt die Emissionsmenge $\mu = \sum_i \mu_i$ ergibt. Der Principal betrachtet μ als nicht tolerierbar und sucht einen Weg, auf dem er diesen Verstoß mit der größtmöglichen Wahrscheinlichkeit entdecken kann.
4. Der Principal führt sein Überwachungssystem durch und entscheidet mit der Hilfe eines Signifikanztestes, ob der Agent sich während der Referenzzeit legal verhalten hat.

Der Principal muß auch bei eigenen Messungen mit fehlerhaften Werten rechnen. Diese Zufallsfehler werden als normalverteilt angesehen. Da sowohl Principal als auch Agent die Instrumente sowie die Häufigkeit der Tests kennen, ist beiden auch die Art die Verteilung der Zufallsvariablen bekannt. Unter der Nullhypothese H_0 ist der Erwartungswert der Zufallsvariablen X_i μ_0:

(1) $H_0: E_0(X_i) = \mu_0$ für i = 1,...,n

Die alternative Hypothese H_1 des Erwartungswertes der Zufallsvariable X_i ist $\mu_0+\mu_1$:

(2) $H_1: E_1(X_i) = \mu_0 + \mu_1 \geq \mu_0$ für i = 1,...,n $\sum_i E_i(X_i) = n\ \mu_0 + \mu\ > 0$

Die Auszahlungen für den Spieler 1 (Principal) und den Spieler 2 (Agent) können aus Tabelle 10 entnommen werden:

[359] Vgl. Franke (1995) S. 54ff. und Graf v. d. Schulenburg (1995) S. 100ff.

Tabelle 10: Auszahlungen von Principal und Agent

Spieler 1	Spieler 2	
	H_1	**H_0**
zurückweisen H_0	(-a,-b)	(-e,-f)
zurückweisen H_1	(-c,d)	(0,0)

wobei: (a,...,f)>(0,...,0), e<a<c, f<b

Quelle: Avenhaus (1992) S. 245.

Die Ungleichung a<c bedeutet, daß der Principal wünscht, daß der Agent keine illegalen Handlungen begeht, aber natürlich präferiert er die Aufdeckung des illegalen Verhalten (c) vor der Nicht-Aufdeckung (a). Da ein Fehlalarm (e) Kosten verursacht ist e>0. Da aber bei e kein illegales Verhalten von Spieler 2 vorliegt und Spieler 1 dies bevorzugt, ist e<a. Wenn Spieler 2 einen falschen Wert angeben kann, ohne daß dies Spieler 1 merkt, kann Spieler 2 einen Gewinn verbuchen, so daß vor d kein negatives Vorzeichen steht. Im Fall f entsteht aufgrund des Fehlalarms auch für Spieler 2 Kosten, die sind aber niedriger als wenn Spieler 2 bei illegalem Verhalten erwischt wird. Andererseits würde sich ein legales Verhalten für Spieler 2 auch nicht auszahlen.

Die Wahrscheinlichkeit eines falschen Alarms beträgt α, während die Wahrscheinlichkeit einer Nicht-Aufdeckung eines illegalen Verhaltens β ist. Der Principal wählt einen Wert α und kündigt diesen dem Agenten an. Dann wählt der Agent H_1 mit der Wahrscheinlichkeit t und H_0 mit der Wahrscheinlichkeit 1-t. Die erwarteten Auszahlungen der beiden Spieler sind dann gegeben durch:

$$(3)\; P\,(\alpha,t),\, A\,(\alpha,t) = \left(\left((\alpha-c)\beta - a + e\alpha\right)t - e\alpha, \left((b+d)\beta - b + f\alpha\right)t - f\alpha\right)$$

Der Agent entscheidet dann

$$(4)\; t\begin{Bmatrix} 0 \\ 1 \\ beliebig \end{Bmatrix} \text{für } (b+d)\beta - b + f\alpha \begin{Bmatrix} < \\ > \\ = \end{Bmatrix} 0$$

Für

$$(5)(b+d)\beta - b + f\alpha = 0$$

kann (4) umgeschrieben werden zu

$$(6)\, t(\alpha) = \begin{Bmatrix} H_0 \\ H_1 \\ beliebig \end{Bmatrix} \text{für } \alpha \begin{Bmatrix} > \\ < \\ = \end{Bmatrix} \alpha^*,$$

wobei α* die Lösung von (5) ist. Die Auszahlung für den Principal ist

$$(7)\, P(\alpha, t(\alpha)) = \begin{Bmatrix} -e\alpha \\ -a + (a - c\beta) \\ \text{jede konvexe Kombination} \end{Bmatrix} \text{für } \alpha \begin{Bmatrix} > \\ < \\ = \end{Bmatrix} \alpha^*$$

Der Agent wird sich im Gleichgewicht legal verhalten, da die Auszahlung für den Agenten für legales wie für illegales Verhalten gleich sein wird.

Die Art der Verifikation ist jedoch auch von der Art des Projektes abhängig. Die CO_2-Emissionen von fossilen Kraftwerken hängen von zahlreichen Betriebsbedingungen ab, wie die Qualität der eingesetzten Brennstoffe, die Betriebsdauer, der Druck, mit dem das Kraftwerk gefahren wird, und die Anfahrhäufigkeit. Deshalb ist eine Schätzung der CO_2-Emissionen fossiler Kraftwerke oft schwierig und die CO_2-Emissionen derartiger JI-Projekte sollten möglichst direkt gemessen werden.

Vor allem in einigen weniger entwickelten Ländern fehlen grundlegende Daten zur Ermittlung der Energienachfrage und –preise. Dadurch läßt sich der Erfolg von Programmen zur Steigerung der Energieeffizienz nur schwer messen. Solange die Emissionsreduktionen kaum zu verifizieren sind, können einige durchaus sinnvolle Projekte nicht als JI-Maßnahmen durchgeführt werden.[360]

Zu einer sinnvollen Verifikation gehört nach Merkus (1996) ein Pflichtreport aller beteiligten Parteien vor und nach der Investition, das Recht einer unabhän-

---

[360] Vgl. Herold (1995) S. 25.

gigen Kontrollbehörde auf Inspektion auch nach kurzfristiger Anmeldung und ein möglichst weitgehendes Einsichtsrecht.[361] Den ersten beiden Punkten kann zugestimmt werden. Bezüglich dem Einsichtsrecht plädidert Merkus dafür, die Papiere Konkurrenten, Gewerkschaften und Umweltschutzorganisationen offenzulegen. Dies ist natürlich induskutabel. Würde diese Forderung tatsächlich aufgenommen werden, würde sich kaum ein Unternehmen bereit finden, in JI zu investieren, selbst wenn es sich um ein an sich unumstrittenes Projekt handeln würde.

Stellt die Kontrollbehörde fest, daß ein Unternehmen wissentlich die Emissionsreduktionen oder andere wesentliche Parameter falsch angegeben hat, müssen Sanktionen verhängt werden. Da die Kontrollbehörde sicherlich nur mit so viel hoheitlichen Rechten ausgestattet wird wie unbedingt notwendig, müßte die Umsetzung der Sanktionen durch den Staat erfolgen, unter dessen Hoheitsrecht das Unternehmen fällt. Wenn die Sanktion nur zögerlich oder gar nicht umgesetzt wird, müßte eine Sanktion gegen den Staat erfolgen. Eine Möglichkeit wäre, keine JI-Projekte dieses Staates mehr anzuerkennen, so daß der seine Reduktionspflichten nicht mehr erfüllen können. Welche Sanktionen jedoch gegen einen Staat verhängt werden sollten, der seine Reduktionspflicht nicht erfüllt, ist offen.

3.2.1.4 Umsetzung eines JI-Projektes

Ein Joint Implementation Projekt besteht mindestens aus drei Parteien: dem Land des Investors, dem Gastgeberland und einer supranationalen Kontrollbehörde (siehe Abbildung 7). Eine dieser Parteien, z.B. das Gastgeberland, entwickelt die Idee eines Joint Implementation Projektes. Das Gastgeberland meldet das Projekt mitsamt der erwarteten Emissionsreduktion bei der Kontrollbehörde an. Die Behörde beurteilt die Richtigkeit dieser Angaben und genehmigt an-

---

[361] Vgl. Merkus, H. (1996), S. 4.

schließend das Projekt. Daraufhin tritt das Gastgeberland an ein Investorland heran, teilt diesem die von der Kontrollbehörde abgesegneten erwarteten Emissionsreduktionen sowie die Kosten des Projektes mit. Nach erfolgter Investition des Investorlandes in das Projekt des Gastgeberlandes ermittelt die Kontrollbehörde die tatsächlich eingetretenen Emissionsreduktionen und verteilt entsprechende Emissionsgutschriften an das Investorland.

Abbildung 7: Joint Implementation ohne Einbezug privaten Kapitals

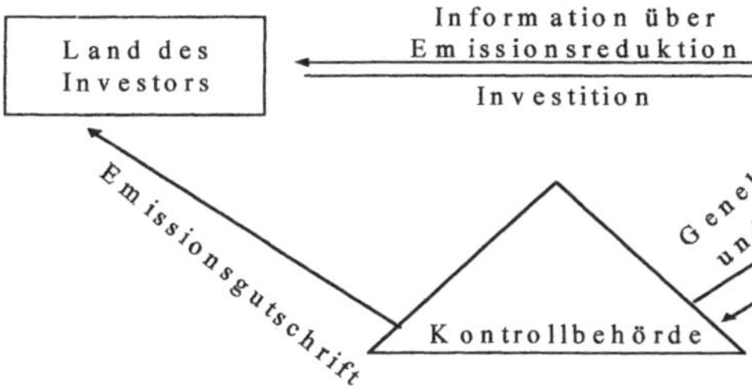

Quelle: eigene Darstellung

Doch schon in diesem einfachsten Fall ergeben sich verschiedene Varianten. So kann erstens auch das Investorland die Idee eines Joint Implementation Projektes entwickeln. Zweitens braucht die Partnersuche nicht über die Kontrollbehörde zu erfolgen. In diesem Fall handeln die beiden Länder unabhängig von der Kontrollbehörde einen Vertrag aus. Sie laufen dabei jedoch Gefahr, daß der Vertrag anschließend von der Kontrollbehörde kassiert wird. Eine solche Vorgehensweise ist daher nur sinnvoll, wenn es sich um ein Standardprojekt handelt, an dessen Genehmigung kein Zweifel besteht. Eine andere Möglichkeit wäre, daß die Kontrollbehörde selbständig ein Investor- (oder Gastgeberland) sucht. Vor allem für kleine Länder erscheint dies vorteilhaft, da die Kontrollbehörde über einen besseren Marktüberblick und Kontakte verfügen dürfte. Dies könnte soweit reichen, daß die möglichen Investorländer in einen Fonds einzahlen, die Kontrollbehörde selbständig in die vorteilhaftesten Projekte investiert und anschließend die Investorländer anteilsmäßig zu ihren Einzahlungen Emissionsgutschriften erhalten. Die Höhe der Einzahlungen in den Fonds dürfte aber schnell eine Grenze überschreiten, die die Staaten nicht ohne weiteres einer supernationalen Behörde übertragen möchten. Daher erscheint dies kein wahrscheinlicher Weg zu sein.

In dieser einfachsten Darstellung von Joint Implementation fehlt der Einbezug privater Unternehmen als Investoren. Die Industriestaaten hätten in diesem Fall zwei Möglichkeiten ihre Emissionsziele zu erreichen: entweder über Emissionsreduktionen im Inland oder über Investitionen in Joint Implementation. Die private Industrie hätte - außer über Auslagerung der Produktion ins Ausland - keine Möglichkeiten den zusätzlichen Belastungen auszuweichen. Dadurch entsteht der Wunsch sich an Joint Implementation zu beteiligen. Gleichzeitig möchten auch die Industriestaaten privates Kapital einbinden. Dies führt zur Ergänzung der Abbildung 5 durch einen aus einem Industrieland stammenden Investor.

Abbildung 8: Joint Implementation unter Einbezug privaten Kapitals

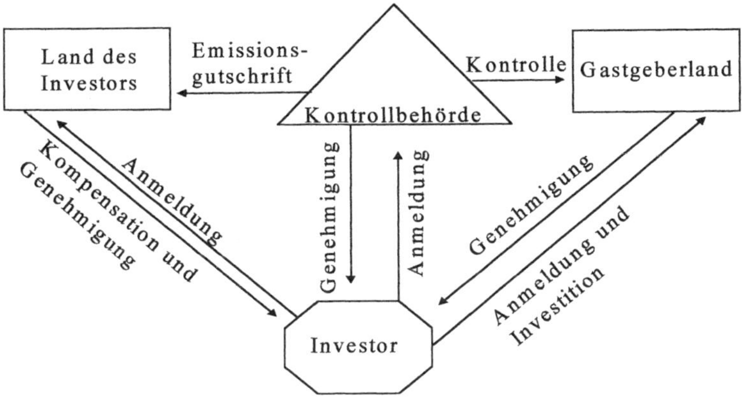

Quelle: eigene Darstellung

Durch den Einbezug eines privaten Investors ergeben sich vielfältige Änderungen (siehe Abbildung 8). So dürfte das Joint Implementation Projekt typischerweise durch den Investor angemeldet werden. Die Notwendigkeit der Anmeldung im Investor- und Gastgeberland ist ein erstes Zeichen für den hohen bürokratischen Aufwand, der für ein Joint Implementation Projekt notwendig ist. Das Gastgeberland wird zumindest überprüfen wollen, ob das Projekt mit den eigenen entwicklungspolitischen Vorstellungen kompatibel ist. Das Investorland wird untersuchen, ob dieses Projekt den eigenen Kriterien an ein JI-Projekt genügt. Folglich müssen beim Start des Projektes drei Genehmigungen vorliegen. Problematisch wird es dann, wenn sich die Anforderungen zweier Genehmigungsbehörden einander widersprechen. Dies könnte der Fall sein, wenn z.B. beim Bau eines großen Wasserkraftwerkes vom Investorland die Zustimmung lokaler Gruppen gefordert wird, während das Gastgeberland dies nicht zulassen will. Existieren noch wenige JI-Projekte kann dies eventuell durch ein Gespräch zwischen Vertretern der jeweiligen Staaten geklärt werden. Werden laufend neue Projekte angemeldet, könnte der bürokratische Aufwand schnell ansteigen. Vor allem wenn die Standorte der Joint Implementation Projekte sich nicht auf einige wenige Staaten konzentrieren. Dabei ist diese Problematik nicht grundsätzlich neu. Bei Investitionen eines Unternehmens in einem Gastgeberland mit Bürgschaften des Inlandes (z.B. Hermes-Krediten) müssen ebenfalls Genehmigungen beider Länder vorliegen. Allerdings dürften JI-Projekte viel stärker von der kritischen Öffentlichkeit beobachtet werden als normale Investitionsprojekte, da der Zweck dieser Projekte, die Verringerung der Gefahr einer globalen Klimaerwärmung, ein öffentliches Gut darstellt. Agitationen verschiedener Umweltverbände können durchaus Einfluß auf die Bevölkerung im Land des Investors haben und damit Einfluß auf das Image des Investors im Inland erzielen. Wird dies von den Behörden des Investorlandes antizipiert, dürfte sich dies auf die Art der Genehmigungserteilung auswirken.

Liegen alle drei Genehmigungen vor, erfolgt die Investition des Investors im Gastgeberland. Die Kontrollbehörde ermittelt anschließend die tatsächlich erzielte Emissionsreduktion. Auf dieser Basis erhält das Investorland die Emissionsgutschrift. Das Investorland kompensiert daraufhin den Investor.

Desweiteren kann als Investor auch eine Nicht-Regierungsorganisation (NRO) auftreten. Der Vorteil dieser Verbände ist z.B. ein spezielles Wissen und eine akzeptierte Autorität bei den Bürgern in Gastgeberländern. Dies könnte bei Projekten mit starker Bürgerbeteilung (Senkung der Energienachfrage z.B. mittels Energiesparen, Durchsetzung lokaler Energietechnologien etc.) ein Vorteil sein. Da viele NROs von der Zahlung direkter Steuern befreit sind, müßten sie entsprechend vom Staat subventioniert werden.

3.2.1.5 Joint Implementation und Klimasteuer

Eine Einbindung privater Unternehmen in Joint Implementation ist mittelfristig nur über eine Kompensationsregelung möglich.[362] Diese Instrumente können die Form von Steuern, Subventionen, handelbaren Emissionsrechten und Regulierungen einnehmen.

Effiziente Reduktionen von Treibhausgasemissionen können sich durch eine Emissionssteuer ergeben, wenn sich die Last proportional zur Emissionsmenge aufteilt. In diesem Fall werden die Emissionen bis zu dem Punkt reduziert, an dem die Grenzreduktionskosten der Steuerrate entsprechen. Eine Klimasteuer ist national ein kosteneffizienter Weg die Emissionen zu reduzieren, wenn keine Ausnahmen gemacht werden. Wenn große Emittenten aufgrund ihrer internationalen Wettbewerbsfähigkeit ausgenommen werden, sinkt die Effizienz der Steuer. Durch Joint Implementation kann die Steuerrate, die zur Erreichung eines bestimmten nationalen Emissionsziels notwendig ist, gesenkt werden, da mehr kostengünstige Möglichkeiten zur Reduktion der Emissionen zur Verfügung stehen.[363]

Allerdings kann nicht die Höhe der Investition kompensiert werden, da ansonsten nur möglichst teuere Projekte durchgeführt würden, unabhängig von ihrer Klimarelevanz. Die Kompensation muß proportional zur Emissionsreduktion sein, die durch das JI-Projekt erzielt worden ist.

---

362 Wie die Existenz von privaten AIJ-Projekten beweist, gilt die kurzfristig nicht. Das wichtigste Argument hierfür dürfte sein, daß die Unternehmen den Markt für zukünftige Kompensationsgeschäfte bereiten wollen. Außerdem erzielen sie einen Vorteil in Form eines höheren Know-how im Vergleich zu Unternehmen, die kein AIJ-Projekt durchgeführt haben, wenn JI bzw. CDM in Kraft treten. Hinzukommt, daß negative Kosten bei AIJ-Projekten nicht auszuschließen sind. Dies ist aber auch unbedenklich, weil die durch AIJ-Projekte erzielten THG-Reduktionen bisher nicht angerechnet werden.

363 Vgl. Michaelowa, A.(1996) S.97.

Eine Nachfrage nach Joint Implementation entsteht, wenn ein Unternehmen im Inland Emissionen plant und sowohl die Steuerbelastung pro Emissionseinheit als auch das bestmögliche Reduktionsprojekt im Inland über den Kosten eines Joint Implementation Projektes pro Emissionseinheit liegen.[364]

Abbildung 9: Joint Implementation und Klimasteuer in Land A

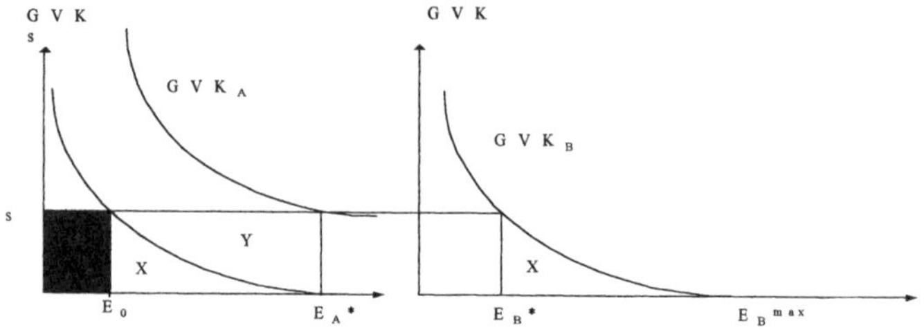

Quelle: Rentz, H. (1995) S. 150.

Die Unternehmen in Land A müssen eine Emissionsabgabe entrichten oder Emissionen vermeiden. Liegen die Grenzvermeidungskosten GVK_A unter dem Abgabensatz s wird vermieden, ansonsten die Abgabe gezahlt (vgl. Abb. 9). Die volkswirtschaftlichen Kosten der Emissionsvermeidung werden minimiert, da die Reduktion dort erfolgt, wo sie am billigsten möglich ist. Im Bereich E_B^{max} bis E_B^* liegen die Grenzvermeidungskosten im Land B (GVK_B) unter dem Abgabensatz s des Landes A. Für das Unternehmen im Land A ist es also günstiger die fremden Emissionen im Land B zu vermeiden, als die Abgabe im eigenen Land zu zahlen. Als Ergebnis wird im Land A die Menge E_A^* und im Land B E_B^* emittiert. Kann die in Land B erzielte Reduktion auf die Emission des Landes A angerechnet werden, fällt nur noch die Menge $E = E_A^* - (E_B^{max} - E_B^*)$ unter die Abgabe. In der obigen Abbildung entspricht dies E_0. Die Abgabenlast für das Unternehmen in Land A beträgt nicht mehr $E_A * s$ sondern nur noch $E_0 * s$. Die ver-

364 Vgl. ebenda S.100.

bliebene Abgabenlast ist durch die schattierte Fläche gekennzeichnet. Hinzu kommen die Kosten für die Kompensation in Höhe von X. Die gesamtwirtschaftliche Ersparnis entspricht Y.

Natürlich ist es unvermeidlich, soll eine Klimasteuer Unternehmen einen Anreiz geben, an JI teilzunehmen, daß die Unternehmen nicht nur einer Klimasteuer unterliegen, sondern daß der auf die Unternehmen entfallene Steuersatz auch hoch genug ist, so daß sich die Unternehmen Vermeidungsstrategien überlegen. Betrachtet man die gegenwärtige Steuersätze, denen die Unternehmen in den Industrieländern unterliegen, sofern der Staat überhaupt eine Klimasteuer installiert hat, so geht davon kein großer Anreiz aus, Vermeidungsstrategien zu überlegen. Häufig sind bei einer Klimasteuer die energieintensiven Industrien bzw. die Industrie als ganzes ausgenommen. Bei der Dienstleistungsbranche, den Haushalten bzw. den Autofahrern gibt es zwar ein großes Reduktionspotential, aber sie werden sich an keinen JI-Projekten beteiligen.

Aus diesem Grund erscheint eine Kombination JI bzw. CDM zumindest mit den bislang vorhandenen Klimasteuern nicht sinnvoll zu sein.

3.2.1.6 Joint Implementation und national handelbare Emissionsrechte

Joint Implementation kann auch mit handelbaren Emissionsrechten gekoppelt werden. Es läßt sich flexibel handhaben, die Beteiligung von Unternehmen, Nichtregierungsorganisationen und sogar Individuen ist problemlos möglich.[365]

Tritt das KP in Kraft, existieren neben JI und CDM auch ER. Die Wirkung der ER auf JI und CDM wird weiter unten untersucht. Da an dieser Stelle nur gezeigt werden soll, wie die Investoren von JI-Projekten bei einem nationalen Zertifikatsystem kompensiert werden können, wird angenommen, daß sich die

[365] Vgl. Michaelowa, A. (1995) S.260.

Staaten auf die Einführung von internationalen ER nicht einigen konnten. Die Bildung eines nationalen Marktes an THG-Zertifikaten wird entsprechend II.2.3 als grundsätzlich möglich angesehen.

Deutschland darf dann in den Jahren 2008-2012 nur durchschnittlich ca. 950.000 kt CO_2-Äquivalente emittieren,[366] d.h. Zertifikate in Höhe von 950.000 kt CO_2-Äquivalente herausgeben. Für ein möglichst reibungsloses Heranführen der deutschen Unternehmen an die deutsche Reduktionsverpflichtung der Jahre 2008-2012 ist es sinnvoll, wenn das Zertifikatsystem frühzeitig eingeführt und die Menge der in Deutschland vorhandenen Zertifikate von Jahr zu Jahr sinkt bis in den Jahren 2008-2012 das deutsche Emissionsziel erreicht ist.

Führt ein deutsches Unternehmen nun ein JI-Projekt durch, durch das x Gt CO_2 eingespart werden, so kann Deutschland das Unternehmen mit einem Zertifikat in entsprechender Höhe kompensieren, das das Unternehmen für die eigenen Zwecke verwenden bzw. frei veräußern kann. Da die Kompensation möglichst zeitnah erfolgen soll, sollte das Zertifikat sofortige und nicht erst in den Jahren 2008-2012 Gültigkeit erlangen.

3.2.1.7 Joint Implementation und freiwillige Selbstverpflichtung

Freiwillige Selbstverpflichtung haben für die Politiker den Vorteil, daß sie auf Erfolge vorweisen können, ohne schwerwiegende Eingriffe in wirtschaftliche Aktivitäten vornehmen zu müssen. Gleichzeitig werden sich die Unternehmen zugute halten, daß die aus der Selbstverpflichtung im Ergebnis resultierende Mehrbelastung begrenzt bleiben wird, vor allem aber, daß durch freiwillige Selbstverpflichtungen möglicherweise als noch schwerwiegender empfundene Eingriffe verhindert wurden. Darüberhinaus wirken sich derartige Aktivitäten positiv auf das unternehmerische Erscheinungsbild in der Öffentlichkeit aus.

Allerdings ist zu bezweifeln, ob das Instrument der freiwilligen Selbstverpflichtung mehr als nur einen bescheidenen Beitrag zur Lösung der Klimapolitik zu leisten vermag. Auch wenn der Beitrag zur Lösung der Klimaproblematik nicht exakt quantifizierbar ist, so stellt ein großer Teil des Erfolges freiwilliger Selbstverpflichtungen nichts anderes dar, als die bei „normalen" Verlauf der Entwicklung ohnehin zu erwartenden Ergebnisse. Darüber hinaus ist realistischerweise zu unterstellen, daß die von freiwilligen Selbstverpflichtungen zu erwartenden Ergebnisse in einem direkten Verhältnis zu dem Drohpotential stehen, das für den Fall eines Fehlschlags „freiwilliger" Lösungen seitens der Politik ins Feld geführt wird.[367]

In Deutschland haben verschiedene Unternehmensverbände Selbstverpflichtungen bezüglich der Reduktion ihrer CO_2-Emissionen abgegeben.[368] Dadurch können die Unternehmen die Position eines Trittbrettfahrers einnehmen, indem sie hoffen, daß andere Unternehmen aus ihrer Branche besondere Reduktionsanstrengungen unternehmen. Der Verband hat ebensowenig wie der Staat genügend Einblick in die Unternehmen, um zu bestimmen, wie hoch die Emissionen der einzelnen Unternehmen sein dürfen. Jedes Unternehmen kann erklären, seinen Reduktionsverpflichtungen nachgekommen zu sein.

Würde jedoch beschlossen, daß jedes Verbandsmitglied einen bestimmten Betrag (z.B. vom Umsatz, Gewinn oder pro Arbeitsplatz) an den Verband überweisen müßte, damit dieser die notwendigen Emissionsgutschriften über die Finanzierung von Joint Implementation Projekte erhält, so bestünde kein Kontrollproblem. Trittbrettfahrer würden durch Nicht-Überweisung schnell entlarvt werden. Allerdings müßte vorher festgelegt werden, wieviel Emissionsreduktionen innerhalb der Branche erzielt werden können und wieviel Joint Implementation

[366] Vgl Anhang 7 unter Berücksichtigung der 21%-Reduktionsverpflichtung Deutschlands. Dabei sind die drei weniger wichtigen Kyoto-Gase unberücksichtigt geblieben.
[367] Vgl. Düngen, H. / D. Schmitt (1993) S. 652.

Projekte durchgeführt werden müssen. Durch ein Ausscheren aus dem Verband kann sich ein Unternehmen diese Zahlungen zwar sparen, doch würde dies schnell öffentlich werden. Hat der Verband eine Selbstverpflichtung für die gesamte Branche oder Industrie ausgegeben, müssen die übrigen Unternehmen stärkere Anstrengungen unternehmen. Allerdings dürfte der Durchsetzungswillen der Verbände nicht-zahlende Mitglieder aus dem Verband auszuschließen, eher gering sein.

Eine Verbindung von freiwilligen Selbstverpflichtungen und JI ist allerdings schwierig. Beteiligt sich ein Unternehmen an JI kann die Branche, zu der es zugehört, entsprechend mehr Emissionen ausstoßen. Allerdings ist dies nur ein indirekter Vorteil für das einzelne Unternehmen. Die Möglichkeit von „Schwarzfahrer-Verhalten" ist hoch, vor allem wenn Mitnahmeeffekte tatsächlich ausgeschlossen werden sollen. Außerdem müssen die Emissionsziele der Industrie, da sie freiwillig abgegeben worden sind, nicht mit dem Emissionsziel des betreffenden Staates übereinstimmen.

3.2.2 AIJ-Projekte

3.2.2.1 Internationale und nationale Kriterien

Auf der CoP1 in Berlin 1995 wurde eine Pilotphase bezüglich Joint Implementation vereinbart, die spätestens 1999 abgeschlossen werden sein soll.[369] Aufgrund der in dieser Pilotphase erzielten Erfahrungen soll über das Konzept von Joint Implementation entschieden werden. Zur Differenzierung werden die Pilotprojekte als „Activities Implemented Jointly (AIJ)" bezeichnet. Die international gültigen Kriterien bezüglich „Activities Implemented Jointly" sind:[370]

[368] Vgl. BDI (1996).

[369] Michaelowa, A. (1996), S.95.

[370] Vgl. BMU (1996) S.8.

1. „Pilotprojekte für gemeinsam umgesetzte Aktivitäten müssen mit den jeweiligen nationalen umwelt- und entwicklungspolitischen Prioritäten und Strategien vereinbar sein und deren Unterstützung dienen."
Gelten keine internationalen Umweltstandards, stellt sich ein Land mit niedrigen umwelt- und entwicklungspolitischen Prioritäten besser. Andererseits würden internationale Standards, die naturgemäß ein Kompromiß aus verschieden scharfen nationalen Maßnahmen sein würden, dazu führen, daß ein Unternehmen eines Landes mit weitreichenden Umweltgesetzen ein Joint Implementation Projekt durchführen darf, das im Inland nicht erlaubt worden wäre. Ein Verschieben alter, abgeschriebener Anlagen von einem Industrie- in ein Entwicklungsland, um es als ein JI-Projekt zu deklarieren, wäre nicht auszuschließen.
2. „Alle in der Pilotphase gemeinsam umgesetzten Aktivitäten bedürfen der vorherigen Genehmigung, Zustimmung oder Bestätigung seitens der Regierungen der an diesen Aktivitäten beteiligten Vertragsparteien."
Die Akzeptanz oder auch nur die Informationen seitens lokaler oder regionaler Autoritäten, der Bevölkerung oder wichtiger Verbände bezüglich der Joint Implementation Projekte wird nicht verlangt. Dies kann problematisch werden, wenn z.B. für Wasserkraftprojekte die einheimische Bevölkerung umgesiedelt werden muß. Andererseits könnte eine Verpflichtung der Akzeptanz auch seitens der lokalen Bevölkerung dazu führen, daß keine Joint Implementation Projekte durchgeführt werden. Erstens würden die Transaktionskosten steigen, zumal in Staaten, die über keine ausgeprägten Erfahrungen in demokratischer Beteiligung verfügen. Zweitens steht zu befürchten, daß vor allem autoritär geführte Länder eher auf Joint Implementation verzichten, als daß sie solch demokratische Beteiligungen zulassen würden.
3. „Gemeinsam umgesetzte Aktivitäten müssen zu tatsächlichen, meßbaren und langfristigen Umweltvorteilen in Bezug auf die Abschwächung von Klimaänderungen führen."

Dies ist sehr weit gefaßt. Zum einen fallen hierunter alle Maßnahmen, die den Ausstoß von Treibhausgasen im Energiebereich reduzieren, als auch Speicherungsmaßnahmen. Da nur von „Umweltvorteilen in Bezug auf die Abschwächung von Klimaänderungen“ gesprochen wird, können auch Projekte durchgeführt werden, die zu Umweltnachteilen in anderen Bereichen führen. Doch nur Projekte zuzulassen, die zu keinen (nennenswerten) Nachteilen in irgendeinem Umweltbereich führen, wäre ein zu gewaltiger Anspruch an Joint Implementation.

4. „Die Finanzierung der gemeinsam umgesetzten Aktivitäten muß sowohl zeitlich zu den im Rahmen des Finanzmechanismus der Klimarahmenkonvention eingegangenen finanziellen Verpflichtungen der entwickelten Länder als auch zusätzlich zur derzeitigen öffentlichen Entwicklungshilfe erfolgen.“
   Vor allem letzteres ist sehr umstritten, weil nicht zu kontrollieren. Zwar haben die Industrieländer in Rio de Janeiro bekräftigt, das im Rahmen der Vereinten Nationen vereinbarte Ziel, 0,7% des Bruttosozialprodukts für Entwicklungshilfe bereitzustellen, sobald wie möglich zu erreichen, aber dieses Ziel ist schon auf der ersten Umweltkonferenz 1972 in Stockholm akzeptiert und von den meisten Industriestaaten nicht eingehalten worden. Auch gegenwärtig deutet nichts darauf hin, daß die Industrieländer die Entwicklungshilfe aufstocken. Im Gegenteil, in Zeiten der allgemeinen Haushaltskürzung könnte eine Senkung der Entwicklungshilfe durchaus mit Argumenten abseits der Problematik des Treibhauseffektes begründet werden. Sollte die Forderung des obigen Kriteriums aber soweit ausgeweitet werden, daß von den Industrieländern gefordert wird, die Höhe ihrer Entwicklungshilfe beizubehalten oder sogar auf 0,7% ihres Bruttosozialproduktes aufzustocken müssen, wenn sie sich an Joint Implementation beteiligen wollen, müßte dies den Kosten der Projekte zugerechnet werden.
5. „Während der Pilotphase kann keine Vertragspartei durch gemeinsam umgesetzte Aktivitäten erzielte Emissionsreduzierungen auf die eigenen Verpflich-

tungen aus der Klimarahmenkonvention hinsichtlich der Treibhausgasemissionen angerechnet erhalten."

Dieser Punkt bildet gegenwärtig den Hauptunterschied zwischen AIJ und JI. Über eventuelle weitere Unterscheidungen soll bis 1999 entschieden werden.[371]

Neben diesen international geltenden Punkten, haben einzelne Nationen die Kriterien ihrer AIJ-Projekte noch national eingeschränkt. Für Deutschland gilt folgendes:

1. „Der Schwerpunkt des nationalen Pilotprogramms soll bei der Emissionsvermeidung liegen. Das Hauptgewicht soll bei Pilotprojekten liegen, die den Einsatz moderner Technik (Kraft-Wärme-Kopplung, Gas- und Dampfturbinenkraftwerke) oder erneuerbare Energien fördern. Der Aufbau von Biomasse als CO_2-Senke und Emissionsreduktionen sind dabei gleichermaßen möglich, wobei das Hauptgewicht bei Minderungsmaßnahmen liegen soll."

   Die beiden deutschen AIJ-Projekte sind aus den Bereichen „Steigerung der Energieeffizienz" sowie „Erneuerbare Energieträger".

2. „Pilotprojekte für gemeinsam umgesetzte Aktivitäten können sich auf alle von der Klimarahmenkonvention erfaßten Treibhausgase bzw. Kombinationen von anthropogenen Treibhausgasen sowie die Bildung von Reservoirs und Senken beziehen. Sie sollen zur kostengünstigen Erzielung globaler Vorteile beitragen."

   Für AIJ-Projekte von deutschen Unternehmen gelten demnach keinerlei Einschränkungen.

3. „Die AIJ Pilotprojekte sind in angemessener Weise wissenschaftlich zu begleiten und zu dokumentieren."

   Interessant an diesem Punkt ist vor allem, daß er lediglich in den deutschen Bestimmungen erscheint und somit nicht international für alle AIJ-Projekte

[371] Erste Unterschiede sind auf der CoP3 beschlossen worden.

gilt. Desweiteren ist der Begriff „in angemessener Weise" nicht spezifiziert. Dies erscheint um so befremdlicher, da gerade hierin Erfahrung gemacht werden müßte. Welche Probleme sich bei der Investition in ein Kraftwerk in einem Entwicklungsland ergeben können, ist weitestgehend bekannt. Um ein solches Projekt aber wissenschaftlich zu begleiten und dokumentieren, bedarf es noch umfangreicher Forschungsarbeiten. Diese würden den ersten Schritt zur Kontrolle und Verifikation der Emissionsreduktionen bilden. Ohne entsprechende Kontrolle und Verifikation ist JI nicht sinnvoll möglich.

3.2.2.2 Statistische Auswertung bisheriger AIJ-Projekte

In Anhang 4 dieser Arbeit sind die bis zum 12.10.1999 angelaufenen 114 AIJ-Projekte angegeben. Es wird deutlich, daß sich der größte Teil der Projekte auf Maßnahmen zur Steigerung der Energieeffizienz (41%) und dem Einsatz von erneuerbaren Energien (36%) bezieht (vgl. Abbildung 8). Rechnet man dem noch die Projekte zur Förderung des Brennstoffwechsels (6%) hinzu, so sind 83% aller AIJ-Projekte im Energiebereich angesiedelt. Die viel diskutierten Maßnahmen im Bereich der Aufforstung (2%), Walderhaltung (5%) und Wiederaufforstung (4%) erscheinen demgegenüber unbedeutend (vergleiche Abbildung 10).

Abbildung 10: Aufteilung von AIJ-Projekten nach Projektarten

Quelle: eigene Darstellung

In Abbildung 11 fällt auf, daß nur 10 Annex 1-Staaten überhaupt bislang AIJ-Projekte angemeldet haben. U.a. fehlen Großbritannien, Italien, Spanien und Kanada. Aber auch Japan und Deutschland haben bislang erst 2 AIJ-Projekte bei der UNEP angemeldet. Hingegen führen mit den Niederlande (19%), USA (22%) und vor allem Schweden (45%) drei Staaten 86% aller AIJ-Projekte durch. Betrachtet man die US-AIJ-Projekte genauer, fällt auf, daß 48% der US-AIJ-Projekte auf die Bereiche Aufforstung, Landwirtschaft, Walderhaltungsmaßnahmen und Wiederaufforstung entfällt. Nur ein AIJ-Projekt der USA ist aus dem Projektbereich, der allgemein den größten Anteil hat: Maßnahmen zur Förderung der Energieeffizienz. Oder umgekehrt ausgedrückt: 80% aller AIJ-Projekte aus den Bereichen Aufforstung, Landwirtschaft, Walderhaltungsmaßnahmen und Wiederaufforstung werden von den USA durchgeführt. Während sich Europa also vor allem auf Energieprojekte spezialisiert, favorisieren die USA die Senkenprojekte. Eine Teilnahme der USA an JI bzw. CDM unter Ausnahme der Senkenprojekte dürfte kaum zu erreichen sein. Berücksichtigt man die Bedeutung der USA für ein Klimaschutzabkommen, wird deutlich, dass Senkenprojekte trotz ihres weltweit geringen Anteils an den AIJ-Projekten wohl nicht untersagt werden dürften.

Abbildung 11: Aufteilung von AIJ-Projekten nach Investorländer

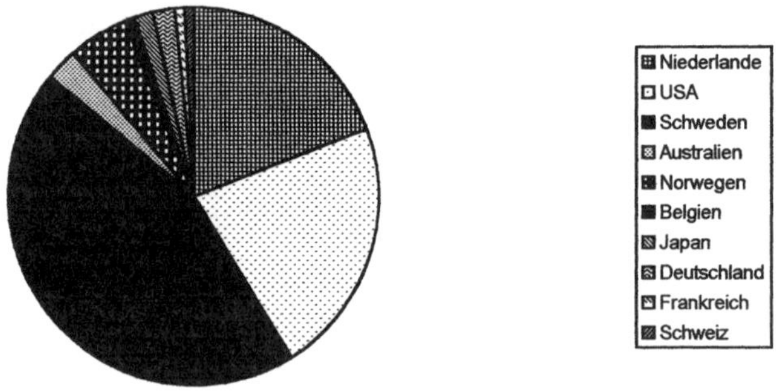

Quelle: eigene Darstellung

In immerhin 28 Staaten wurden bislang AIJ-Projekte durchgeführt (vgl. Abb. 12). Doch auch bei dieser Graphik fällt eine Schwerpunktbildung auf. So fanden 18% aller AIJ-Projekte in Estland, 21% in Lettland und 8% in Litauen statt; d.h. 47% aller AIJ-Projekte wurden in den drei baltischen Staaten durchgeführt. Auf die übrigen osteuropäischen Länder inklusive die Russische Föderation entfallen 23%, auf Mittelamerika 18%. Lediglich Restgrößen verbleiben für Südamerika mit 4%, Ostasien mit 6%, Ozeanien mit 2% und Afrika mit 1%. Bis auf Projekt in Burkina Faso wurde bislang auf dem afrikanischen Kontinent noch kein AIJ-Projekt durchgeführt. Auch in für die zukünftige Klimapolitik so bedeutenden Staaten wie China und Indien wurden bislang erst ein AIJ-Projekt durchgeführt

Dies kann vor allem daran liegen, daß bislang die Emissionsreduktionen noch nicht angerechnet werden können, so daß die Annex 2-Staaten die JI-Pilotprojekten vor allem in Staaten durchführen, mit denen sie schon starke Geschäftsbeziehungen pflegen und die Höhe der Kosten einer Einheit Emissionsreduktion nicht so stark ins Gewicht fällt. Können die Emissionsreduktionen ange-

wichtiges Entscheidungskriterium für ein JI-Projekt, so daß die Gastgeberländer von JI-Projekten andere sein können als von AIJ-Projekten. Außerdem haben sich in der Anfangsphase von AIJ einige Entwicklungsländer gegen AIJ in ihrem Staatsgebiet u.a. aus den oben angegebenen moralischen Gründen gesperrt.

Abbildung 12: Aufteilung von AIJ-Projekten nach Gastgeberländer

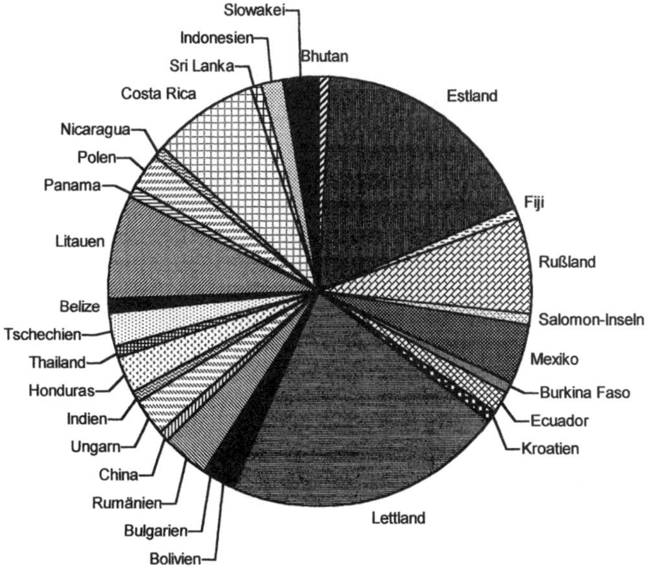

Quelle: eigene Darstellung

Hat andererseits ein Annex 2-Staat ein AIJ in einem Staat erfolgreich durchgeführt, bietet es sich natürlich an in demgleichen Staat ein ähnliches JI-Projekt zu starten, da aufgrund der aus dem AIJ-Projekt erzielten Erfahrungen die Transaktionskosten relativ gering sein dürften, so daß mit der Vorauswahl der AIJ-Gastgeberländer durchaus eine Vorentscheidung für die zukünftigen JI-Gastgeberländer getroffen worden sein könnte.

Die Laufzeit der 104 AIJ-Projekte, bei denen eine Angabe der Lebensdauer des Projektes vorliegt, beträgt zwischen einem Jahr und 60 Jahren (vgl. Abb. 13). Die durchschnittliche Lebensdauer von Energieprojekten ist deutlich niedriger als von Senkenprojekte (vgl. Tab. 11). In dieser Tabelle sind die Projektarten Aufforstung, Landwirtschaft und Einfangen flüchtiger Gase nicht erfaßt, da mit höchstens 3 Projekten die Stichprobe für eine statische Analyse zu gering ist. Doch da das einzige Aufforstungsprojekt, von dem eine Lebensdauer angegeben wird, eine Lebensdauer von 60 Jahren und die beiden Landwirtschaftsprojekte von 30 bzw. 60 Jahre haben, scheinen auch diese Projektarten die oben genannte These zu bestätigen. Der hohe Wert bei der Standardabweichung bei den Senkenprojekten zeigt, daß bei diesen Projektarten sowohl Projekte mit einer sehr langen Lebensdauer als auch Projekte mit einer Lebensdauer existieren, die ungefähr der durchschnittlichen Lebensdauer bei den Energieprojekten entsprechen. Es stellt sich hier die Frage, ob Projekte mit einer so langen Lebensdauer tatsächlich sinnvoll sind, denn kein Unternehmen, wahrscheinlich noch nicht einmal ein Staat, kann die Garantie übernehmen, daß der Wald ein halbes Jahrhundert oder länger bestehen bleibt. Andererseits machen Senkenprojekte mit einer Lebensdauer von einem oder zwei Jahrzehnten wenig Sinn. Werden durch ein Senkenprojekt z.B. 1 Million t CO_2-Äquivalente gebunden, kann das Investorland um diesen Wert sein Emissionsziel übersteigen. Sollte das Projekt nach 20 Jahren auslaufen, kann dann der Wald abgeholzt werden, so daß schließlich 1 Million t CO_2-Äquivalente zusätzlich emittiert worden sind, wenn auch mit einer Verzögerung von ein, zwei Jahrzehnten. Dies ist aber für das Klimaproblem nicht sehr bedeutsam.

Abbildung 13: Aufteilung der AIJ-Projekte nach der Lebensdauer

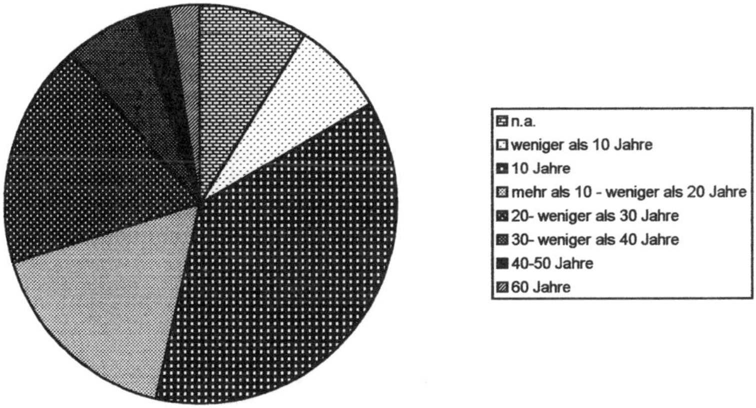

Quelle: eigene Darstellung

Tabelle 11: Statistische Auswertung der Lebensdauer verschiedener AIJ-Projektarten

Projektarten	Anzahl der Projekte	Arithmetisches Mittel	Median	Modus	Standardabweichung
Energieeffizienz	42	13	10	10	15
Walderhaltungsmaßnahmen	6	28	28	40	27
Wiederaufforstung	5	37	30	25	36
Brennstoffwechsel	5	13	17	1.5	16
Erneuerbare Energie	40	14	10	10	16
Gesamt*	104	17	15	10	20

*: einschließlich der 6 hier nicht erfaßten AIJ-Projekte

[1]: Durchschnittswert

[2]: Lebensdauer des Projektes, das in der Größe nach geordneten Reihe in der Mitte steht.

[3]: Am häufigsten vorkommende Lebensdauer der Projekte

Quelle: eigene Darstellung

Eine umfangreiche statistische Auswertung der durchschnittlichen THG-Emissionsreduktionen eines AIJ-Projektes in Abhängigkeit von der Projektart ist wenig sinnvoll, da eine Angabe der Projektkosten fehlt. Bei einer Waldschutzmaßnahme kann durch eine Verdopplung der geschützten Waldfläche einfach formuliert auch die gebundenen THG-Emissionsreduktionen verdoppelt werden. Dies würde natürlich auch höhere Kosten verursachen, wenngleich nicht zwingend eine Verdopplung, da die Transaktionskosten konstant bleiben dürften. Einige Projekte, wie z.B. Förderung des Einsatzes von Solarenergie in ländlichen Gebieten, wurden nur auf einem sehr kleinen Gebiet getestet, können aber ohne größere Probleme auf ein ungleich größeres Gebiet ausgeweitet werden.

Dennoch ist interessant, daß die angegebenen THG-Emissionsreduktionen der 101 AIJ-Projekte, bei denen Angaben zur THG-Emissionsreduktionen vorliegen, insgesamt 159.369.470 t CO_2-Äquivalente beträgt. Dies entspricht 3,5% der THG-Emissionsreduktionen, zu denen sich die Annex 2-Staaten nach dem KP verpflichtet haben.[372] Diese Projekte wurden durchgeführt, ohne daß die Investoren kompensiert wurden und die Investorländer die erzielten THG-Emissionsreduktionen sich gutschreiben konnten. Daher ist dies ein starkes Indiz, daß genügend Potential für THG-Emissionsreduktionen für JI- und CDM-Projekte zur Verfügung steht. Vor allem dann, wenn sich die Annex 2-Staaten verpflichten würden, die Stabilisierung ihrer Emissionen mit heimischen Maßnahmen zu erreichen und das Potential an JI und CDM nur für die 5,2%ige Reduktionsverpflichtung nutzen werden.

3.2.3 Joint Implementation nach dem Kyoto-Protokoll

Seit dem Kyoto-Protokoll bezeichnet Joint Implementation Maßnahmen, die nach Art. 6 KP definiert sind:

- Zur Erfüllung der Emissionsreduktionsverpflichtung kann jede Annex 1-Partei „transfer to, or acquire from, any other such Party emission reduction units resulting from projects aimed at reducing anthropogenic emissions by source or enhancing anthropogenic removals by sinks of greenhouse gases in any sector of the economy".

  Bei JI muß es sich also um Maßnahmen zwischen Annex 1-Staaten, d.h. zwischen Industrieländern, handeln. Diese Staaten unterliegen alle, wenn das KP in Kraft getreten ist, verbindlichen Emissionszielen. Maßnahmen zur Emissionsreduktion sind ebenso möglich wie die Nutzung von Treibhausgassenken. Eine Bevorzugung einer Projektart existiert nicht.
- Jede involvierte Vertragspartei muß das Projekt genehmigen.

---

372 Ohne Berücksichtigung der Perfluorkohlenwasserstoff-, Fluorkohlenwasserstoff- und Sulphurhesafluoridemissionen sowie ohne die THG-Emissionen der Länder Kroatien, Türkei und Weißrußland. An obiger Diskussion ändert dies jedoch nichts grundlegendes.

Es genügt also nicht, wenn die CoP allgemeine Regeln aufstellt, nach dem jedes Projekt genehmigt wird, das diesen Regeln genügt. Einzelne Staaten können sich durchaus schärfere Regeln setzen. Dies wäre aus ökonomischer Sicht zwar nicht sinnvoll, könnte aber politisch erforderlich sein. So könnte ein Staat z.B. den Erwerb von Emissionsreduktionseinheiten aus Senkenprojekten für sich ausschließen.

- Bei dem Projekt muß es sich um zusätzliche Klimaschutzmaßnahmen handeln.

  Oberflächlich betrachtet scheint diese Einschränkung bei Maßnahmen zwischen Industrieländern nicht nötig zu sein. Angenommen, Industrieland A plant eine nationale Maßnahme und führt sie selbst durch, so kann es sich auch die erzielten THG-Emissionsreduktionseinheiten gutschreiben. Läßt es aber das Projekt vom Industrieland B ausführen, so kann B sich die THG-Emissionsreduktionseinheiten gutschreiben. Für den Treibhauseffekt ist es natürlich irrelevant, welcher Weg gewählt wird. Allerdings sind unter den Annex 1-Staaten auch Länder (insbesondere osteuropäische Staaten), die die ihnen nach dem Kyoto-Protokoll erlaubten THG-Emissionen mit großer Wahrscheinlichkeit nicht erreichen werden. Sie könnten demnach, würde diese Vorschrift nicht existieren, Projekte, die sie ohnehin durchgeführt hätten (z.B. Modernisierung von Kraftwerken) als JI-Projekte laufen lassen und THG-Emissionsreduktionseinheiten weiterreichen, die nur auf dem Papier bestehen („hot air"). Wie allerdings ermittelt werden soll, bei welchen Projekten es sich um zusätzliche Maßnahmen handelt, ist unklar und noch Gegenstand der Verhandlung.
- „The acquisition of emission reduction units shall be supplemental to domestic actions for the purposes of meeting commitements under Articel 3."

Dieser Punkt ist unklar. Soll ein Annex 1-Staat seine Verpflichtung aus dem KP vollständig national umsetzen müssen? Dann wäre jeglicher Anreiz JI-Maßnahmen durchzuführen, genommen worden.

- Jede Annex 1-Partei darf auf eigene Verantwortung andere rechtliche Einheiten die Teilnahme an JI-Maßnahmen erlauben.

  Damit ist Durchführung von JI-Maßnahmen durch Unternehmen und NGOs zulässig.

3.3 Clean Development Mechanismus

Gemeinsame Projekte zwischen Industrie- und Entwicklungsländern, d.h. die Projekte, die bis zum Jahr 2000 unter AIJ firmieren, werden seit dem Kyoto-Protokoll „Clean Development Mechanism (CDM)" genannt und dort im Art. 12 definiert:

- Mittels CDM soll nicht-Annex 1-Teilnehmern, d.h. Entwicklungsländern, auf ihrem Pfad zu einer nachhaltigen Entwicklung geholfen werden. Außerdem soll mittels CDM Annex 1-Teilnehmern geholfen werden, ihre im Kyoto-Protokoll festgelegten Emissionsziele zu erreichen. Annex 1-Teilnehmer können, die sich aus CDM ergebenden Emissionsreduktionen ihren Emissionszielen anrechnen, zu denen sie sich gemäß Kyoto-Protokoll verpflichtet haben.

  Je nach Definition von nachhaltiger Entwicklung können die sich hieraus sich ergebenden Anforderungen an CDM sehr hoch sein. So ist z.B. selbst ein sehr effizientes Gaskraftwerk nicht wirklich nachhaltig, da mit der Verbrennung fossiler Energie eine Ressource unwiederbringlich verloren geht. Allerdings ist kaum anzunehmen, daß dieser Terminus in der ursprünglichen Form angewendet werden soll.

- Jeder Teilnehmer muß freiwillig an CDM teilnehmen.

  Dies entspricht auch die Forderung, daß nicht Annex 1-Staaten aus CDM einen Vorteil haben sollen.

- Sich aus CDM ergebende zertifizierbare Emissionsreduktionen müssen tatsächliche, meßbare und langfristige Beiträge zum Klimaschutz liefern. Bei den CDM muß es sich um zusätzliche Projekte handeln, die ansonsten nicht durchgeführt worden wären.
  Wie dies kontrolliert werden soll, ist noch offen.
- CDM unterliegt der Aufsicht der CoP. Die sich aus CDM ergebenden Emissionsreduktionen müssen von einer Behörde abgezeichnet werden, die den Auftrag hierfür von der CoP erhalten hat.
  Es ist also nicht ausreichend, wenn Investor und Gastgeber eine Emissionsreduktion ermitteln. Eine Überwachung dieser Angaben ist hiermit festgeschrieben.
- Die Teilnahme an CDM ist für private und öffentliche Einheiten offen.
- Ein Teil der Erlöse aus zertifizierten Projekten soll in die Ausgaben für die Administration dieser Projekte gehen sowie besonders von dem Klimawandel betroffenen Entwicklungsländern helfen, mit den Auswirkungen des Klimawandels fertig zu werden.
  Die Ermittlung dieses Punktes ist schwierig. Der Haupterlös von CDM-Projekten für Industrieländer liegt darin, daß sie ansonsten höhere Opportunitätskosten bei heimische Reduktionsmaßnahmen zu tragen hätten. Sollen diese berücksichtigt werden? Wiederaufforstungsmaßnahmen in Entwicklungsländern haben ansonsten für Industriestaaten nur wenig monetäre Erlöse. Dies mag für die Entwicklungsländer anders sein, in denen diese Wälder z.B. touristisch erschlossen werden können. Sollen diese Erträge berücksichtigt werden? Und wie hoch soll der Prozentsatz für derartige Ausgaben sein? Im Zweifelsfall können vor allem durch den zweiten Punkt CDM unattraktiv werden, die ansonsten sinnvoll gewesen wären. Und Industriestaaten, die keine CDM durchführen, würden dann keinen Beitrag zur Unterstützung der besonders betroffenen Entwicklungsländer leisten.

3.4 Emissionsrechte

In Art. 17 KP ist auch das Instrument des Handels mit Emissionsrechten aufgenommen worden. Allerdings gibt dieser Artikel nur sehr wenig Informationen, wie dieses Instrument genau ausgestaltet werden soll. Dies muß noch in weiteren Verhandlungen entschieden werden. Aus Art. 17 KP ergibt sich lediglich, daß:

- die CoP die genaue Ausgestaltung dieses Instrumentes regeln soll,
- die Staaten mit sich aus KP ergebenden Verpflichtungen zur Emissionsreduktion dieses Instrument zur Erfüllung ihrer Verpflichtung nutzen können,
- das Prinzip der Zusätzlichkeit erfüllt sein muß.

Nicht aus dem Artikel, aber aus dem Verlauf der Verhandlungen ergibt sich, daß die Emissionsrechte über Grandfathering verteilt werden.[373] Die Annex 1-Staaten haben sich im Kyoto-Protokoll für die Jahre 2008-2012 zu bestimmten Höchstgrenzen ihrer THG-Emissionen verpflichtet. In dieser Höhe verfügen die Staaten auch über Emissionsrechte, wenn das KP in Kraft tritt. Da ER nur ein Staat ausstellen kann, der sich auch zu einer Emissionsobergrenze verpflichtet hat, ergibt sich implizit, daß dieses Instrument nur zwischen Annex 1-Staaten errichtet werden kann.

Allerdings ist unklar, ob dies für alle Annex 1-Staaten gelten soll. Einige osteuropäische Staaten würden dann über mehr Emissionsrechte verfügen als sie auch ohne Reduktionsanstrengungen erreichen würden. Ein Veräußern von Emissionsrechten, die auch ohne jegliche Reduktionsanstrengung eines Staates anfallen, widerspräche dem Prinzip der Zusätzlichkeit. Würde jedoch andererseits diese Staaten das Veräußern dieser sogenannten „hot air" untersagt, müßten

[373] Denn die Emissionsobergrenze der jeweiligen Emittenten (hier: die Annex 1-.Staaten) ist schon vor der Ausgabe der Emissionsrechte aufgrund des Kyoto-Protokolls bekannt. Bei einer

ihnen schärfere Emissionsziele als nach dem KP vereinbart auferlegt werden. Ob diese einseitige Verschärfung des KPs durchsetzbar ist, ist unklar.

Im Gegensatz zu den Instrumenten JI und CDM ist bei dem Instrument der Emissionsrechte nicht die Aufnahme privater und öffentlicher Einheiten enthalten. Wenn jedoch nur die Staaten am Handel der Emissionsrechte teilnehmen, ist die Anzahl der Marktteilnehmer gering. Da aber die potentiellen Nachfrager nach Emissionsrechten ihre Emissionsverpflichtungen auch auf anderen Wegen erfüllen können (heimische Maßnahmen, JI, CDM), dürften die Marktpreise der Emissionsrechte trotz der ebenfalls geringen Zahl an Anbietern von Emissionsrechten gering ausfallen.

3.5 Die Kyoto-Mechanismen

3.5.1 Vergleich

Zwischen JI, CDM und ER bestehen wichtige Gemeinsamkeiten und Unterschiede:

- Teilnehmer

  An JI und ER können nur Annex 1-Staaten, an CDM alle Länder teilnehmen. Dies bedeutetet, daß bei JI und ER nur die Emissionen der Annex 1-Staaten betrachtet werden. Innerhalb dieser Region dürfen die Emissionsmengen nicht überschritten werden. Die Höhe der Emissionen außerhalb dieser Region spielen keine Rolle. Es kommt zu einem Ausgleich der Grenzkosten zwischen den Unternehmen in dieser Region. CDM ist ein globales Instrument mit zwei unterschiedlichen Teilnehmergruppen. Die eine Gruppe besitzt Emissionsziele (Annex I), die andere nicht (nicht-Annex I). Diese Emissionsziele werden jedoch per definition innerhalb von Annex I überschritten. Durch Reduktionen in nicht-Annex I wird jedoch für entsprechenden Ausgleich gesorgt. Durch

Auktion würde sich diese Obergrenze erst nach der Ausgabe aufgrund der Zahlungsbereitschaft der jeweiligen Emittenten ergeben.

Auslagerung von energieintensiver Industrie in nicht-Annex 1-Staaten können Annex 1-Staaten ihre Emissionen senken und ER in den Handel bringen. Unternehmen und NRO können unter der Verantwortung ihrer Regierung an JI und CDM teilnehmen. Bei ER ist dies noch nicht geregelt worden.

- Genehmigung
  JI-Projekte müssen von jedem Teilnehmer ausdrücklich genehmigt werden. Eine ausdrückliche Genehmigung einer supranationalen Behörde ist jedoch nicht nötig. Dieses ist bei CDM der Fall, die jedoch nicht von den jeweiligen Staaten genehmigt werden müssen. Es ist ausreichend, wenn sie zur Teilnahme nicht gezwungen werden. Bei ER ist keine Genehmigung notwendig. Entscheidend ist lediglich, daß am Stichtag bekannt ist, wieviel ER der Staat bzw. das Unternehmen besitzt und ob er damit seine ihm erlaubten Emissionen nicht überschritten hat.
- Zusätzlichkeit
  Bei JI, CDM und ER muß es sich zum zusätzliche Klimaschutzmaßnahmen handeln. Außerdem müssen die sich bei den aus CDM ergebenden Emissionsreduktionen um tatsächliche, meßbare und langfristige Beiträge zum Klimaschutz handeln. Diese Passage ist bei JI nicht enthalten. Es ist also denkbar, daß auch nur kurzfristig wirkende Projekte durchgeführt werden dürfen sowie daß die Reduktionen nicht gemessen sondern nur geschätzt werden.
- Mengennziel
  Alle Instrumente sind auf ein Mengenziel hin ausgerichtet: die Erfüllung der Reduktionsverpflichtungen der Annex 1-Staaten im Rahmen des KP. Bei ER handelt es sich um ein abgeschlossenes Instrumentarium, d.h. die Anzahl der maximal vorhandenen ER ist bekannt, sie ergibt sich aus der erlaubten THG-Emission der Annex 1-Staaten. Die mögliche Reduktionsmenge aus JI und CDM ist nahezu unbegrenzt.

- Rechte und Gutschriften

  Ein Besitzer von Emissionsrechten kann das Zertifikat einsetzen, um zusätzliche eigene Emissionen durchzuführen oder um es zu veräußern. Spekulanten sind – je nach Ausgestaltung des Zertifikatmarktes – zulässig. Die sich aus JI als auch aus CDM ergebenden Gutschriften können hingegen nicht weiter veräußert werden. Die möglichen Investoren in JI als auch in CDM sind daher begrenzt.

- Referenzszenario

  Um die durch JI bzw. CDM eingesparten Emissionen ermitteln zu können, müssen Referenzszenarios erstellt werden. In denen wird abgeschätzt, wie hoch die Emissionen voraussichtlich gewesen wären, wenn das Projekt nicht durchgeführt worden wären. Dies ist bei ER nicht der Fall. Entscheidend ist nur, daß zum Stichtag niemand mehr emittiert als er aufgrund der ER, über die er verfügt, emittieren dürfte. Die Handhabung ist daher genauer.

- Primär- und Sekundärinstrument

  JI und CDM sind keine eigenständigen Instrumente der Klimaschutzpolitik sondern müssen von einem anderen Instrument begleitet werden. Möglich wäre dabei eine Steuer- oder Zertifikatlösung sowie die freiwillige Selbstverpflichtung der Industrie. Bei einer Steuer zahlen Unternehmen entsprechend ihrer Emissionen. Führen sie JI-Projekte durch, erhalten sie Steuergutschriften entsprechend der von ihnen eingesparten Emissionen. Bei Zertifikaten müssen Unternehmen in Höhe der von ihnen geplanten Emissionen Zertifikate erwerben. Durch ein JI-Projekt erhalten sie vom Staat kostenlose Zertifikate in Höhe der von ihnen geplanten Emissionen. Dadurch werden national die Emissionsgrenzen überschritten. Bei einer freiwilligen Selbstverpflichtung erklären sich die Unternehmer zu Emissionsreduktionen bereit. Können sie ihr Ziel nicht einhalten, müssen sie eine Strafgebühr entrichten. Diese kann bei Teilnahme an JI-Projekten, die für Emissionsreduktionen in entsprechender Höhe geführt haben, entfallen. Die Implementierung von ER ist ohne ein weiteres Instrument möglich.

3.5.2 Zusammenführung

Eine gleichzeitige Einführung von Joint Implementation, im Verständnis nach der CoP3, und Clean Development Mechanismen ist problemlos möglich. Möchte ein Unternehmen ein Projekt in Rußland durchführen, wird es nach den JI-Kriterien, soll das Projekt in China instaliert werden, wird es nach den CDM-Kriterien verfahren. Aufgrund der Ausgestaltung nach dem KP dürften die Kosten von CDM tendenziell höher als von JI liegen. Aber die Kosten zur Errichtung eines Kraftwerks unterscheiden sich auch ohne JI bzw. CDM von Land zu Land, so daß günstige Kraftwerksstandorte in nicht Annex 1-Ländern trotz der tendenziell höheren Kosten von CDM durchaus mit den Kosten von JI in Osteuropa konkurrieren können.

Um einiges problematischer ist jedoch die Einbindung der Emissionsrechte. Rußland darf z.B. in den Jahren 2008-2012 durchschnittlich 2.998.767 kt CO_2-Äquivalente emittieren. Da nicht zu erwarten steht, daß Rußland dieses Emissionsziel erreicht, steht ihm ein Teil der ER für den Handel bzw. JI zur Verfügung, ohne daß es hierfür eigene Reduktionsanstrengungen durchführen muß („hot air"). Es kann also einerseits einem Unternehmen aus einem Annex 2-Staat die Möglichkeit geben, in Rußland z.B. ein Kraftwerk zu bauen und diesem Unternehmen als Gegenleistung ER in Höhe von x t eingesparten THG-Emissionen überlassen (Emissionsgutschriften). Andererseits kann Rußland auf den Bau des Kraftwerks verzichten, es in Eigenregie bauen oder das Unternehmen des Annex 2-Staates monetär entschädigen und die entsprechenden ER auf dem freien Markt veräußern. Entsprechendes gilt für das Unternehmen des Annex 2-Staates.

Angenommen durch die Errichtung des Kraftwerkes könnten x t CO_2-Äquivalente gespart werden. ER über x t CO_2-Äquivalente haben auf dem freien Markt einen Wert von 10 GE. Rußland wird den Bau des Kraftwerks nur als JI-Projekt durchführen lassen, wenn es ansonsten für das Kraftwerk mehr als 10 GE bezahlen müßte. Ist dies der Fall, besteht jedoch bei dem Unternehmen ein Anreiz das Kraftwerk als normales JI-Projekt durchzuführen, die 11 GE von Rußland einzustreichen und für 10 GE die entsprechende Menge an ER auf dem freien Markt zu erwerben.

Unter dieser Voraussetzung kommt es also nur in seltenen Fällen und bei unterschiedlichen Kostenvorstellungen des Projektes zur Durchführung von JI. Dabei ist es irrelevant, ob Rußland „hot air" verkauft oder nicht. Angenommen Rußland steht ein Potential von y t THG-Emissionen an „hot air" zur Verfügung (mit y>x). Wenn Rußland die Emissionensrechte in Höhe von x t CO_2-Äquivalenten frei veräußert, müssen hierfür keine Reduktionen durchgeführt werden. Bei einem JI-Projekt gibt Rußland die ER zwar ab, dafür werden aber die Emissionen von Rußland durch das JI-Projekt um x Einheiten reduziert, so daß das Potential an „hot air" konstant bleibt.

Ein Grund für das Zustandekommen von JI könnte sein, wenn Annex 2-Staaten den Unternehmen auch Reduktionspflichten vor 2008 auferlegen. Da die Emissionsrechte nur für den Zeitraum von 2008-2012 gelten, können Reduktionspflichten vor 2008 nur mittels JI (und CDM) erfüllt werden. Im übrigen ist auch denkbar, daß Staaten nur einen bestimmten Prozentsatz an Emissionsreduktionen jeweils über JI, CDM und ER erfüllen können.

Bei einem Entwicklungsland wie z.B. China, das sich im KP noch zu keinen Emissionsobergrenzen verpflichtet hat, ist das Entscheidungsproblem geringer. Kostet ein Kraftwerksprojekt, wodurch x t CO_2-Äquivalente eingespart werden können, in China 9 GE, wird es durchgeführt werden. Der Investor die Menge an Emissionsgutschriften kostengünstiger als über JI und ER, China erhält kostenlos ein modernes Kraftwerk. Allerdings müssen die Emissionsgutschriften für den Investor einen höheren Wert als 9 GE haben, da der Investor das Kraftwerk ansonsten außerhalb der Kyoto-Mechanismen als normales Investitionsprojekt verkaufen würde.[374]

3.6 Zusammenfassung

In diesem Kapitel wurde untersucht, inwieweit mittels der Kyoto-Mechanismen ein Beitrag zum Schutz des Klimas geleistet werden kann:

- In der wirtschaftswissenschaftlichen Theorie wird der Begriff „Kompensation" in verschiedenen Zusammenhängen verwendet, i.d.R. im Sinne von „Entschädigung".
- Beim Klimaschutz bedeutet Kompensation, daß im Ausland erzielte THG-Emissionsreduktionen auf inländische Emissionsziele angerechnet werden können.
- Joint Implementation wurde 1989 als Kompensationsinstrument in die Klimaverhandlung eingebracht und fand in der Klimarahmenkonvention vage Erwähnung.
- Theoretisch ergibt sich durch den Einsatz von JI eine „win-win-win" Situation, d.h. sowohl der Investor also auch das Gastgeberland und die Umwelt profitieren.
- Der Hauptvorteil von JI liegt in der Kosteneffizienz und in der Einbindung der Entwicklungs- und Schwellenländer in die Klimapolitik.
- Eine Vielzahl verschiedener Argumente werden gegen JI eingewandt. Am stichhaltigsten erscheinen die Möglichkeiten von Mitnahmeeffekte.

[374] Zu einem Verkauf würde es nicht kommen. Das Industrieland würde bei einem Verkauf 9 GE von China erhalten statt eines Gegenwertes von 10 GE an CO_2-Emissionsreduktionen. Im Gegensatz zu Russland bekommt China die Reduktion an CO_2-Emissionen nicht auf anderen Wege (z.B. über Emissionsrechte) veräußert, so dass die durch das Kraftwerk entstandenen Emissionsreduktionen, die für das Industrieland einen Wert von 10 GE hat, für China außerhalb von CDM wertlos ist.

Außerdem sollte bei der Auswahl von zulässigen JI-Projekten möglichst defensiv verfahren werden. Auch in diesem Fall existieren weltweit eine große Anzahl kostengünstiger Möglichkeiten zur Reduktion von THG. Wird hingegen in einem zu großen Ausmaß in der Öffentlichkeit umstrittene Projekte durchgeführt, würde das Instrument und eventuell sogar die gesamte Klimaschutzpolitik diskreditiert werden.

- Ein JI-Projekt besteht aus einem Investor, dem Land des Investors, dem Staat, in dem die Investition durchgeführt wird, und einer Kontrollbehörde.
- Für einen Anreiz zur Aufnahme von JI bzw. CDM für Unternehmen durch eine Klimasteuer ist nur sinnvoll, muß die ansonsten auf die Unternehmen entfallende Klimasteuer höher sein als die Kosten von JI bzw. CDM. Bei den gegenwärtig vorhandenen Klimasteuern ist das nicht der Fall.
- Eine Kompensation von JI und DCM über ER relativ unproblematisch.
- Eine Verbindung von freiwilligen Selbstverpflichtungen mit JI und DCM ist theoretisch einfach. Allerdings sind diese Selbstverpflichtungen für eine ganze Branche oder die Industrie insgesamt ausgegeben, eine Kompensation trifft also nicht das einzelne Unternehmen. Auch stimmen die Emissionsziele der Industrie nicht zwingend mit der Emissionsverpflichtung aus dem KP des Staates überein.
- Die meisten AIJ-Projekte sind Maßnahmen zur Steigerung der Energieeffizienz bzw. des Einsatzes erneuerbarer Energieträger.
- Schweden, die USA und die Niederlande haben bislang mit Abstand die meisten AIJ-Projekte durchgeführt. Die USA haben sich vor allem auf die Projektarten Aufforstung, Landwirtschaft, Walderhaltungsnaßnahmen und Wiederaufforstung konzentriert.
- Vor allem in den baltischen Staaten, aber auch im übrigen Osteuropa inklusive Rußland sowie in Mittelamerika wurden bislang AIJ-Projekte

durchgeführt. Vor allem der afrikanische Kontinent ist bislang kaum in Erscheinung getreten.

- Zwar ist die Spannweite der Lebensdauer der AIJ-Projekte mit 1 bis 60 Jahren sehr groß, aber liegen die meisten Projekte mit 10-30 Jahren in einen noch überschaubaren Zeitraum. Dies gilt vor allem dann, wenn man sich in der Anfangsphase auf Energieprojekte konzentrieren würde.
- Die sich aus den einzelnen Projekten ergebenden THG-Emissionsreduktionen dürften auch in ihrer Gesamtheit nicht ausreichen, daß die Annex 2-Staaten ihre Verpflichtung zur Reduktionen der THG-Emissionen nur aus diesen Projekten erfüllen können.
- Seit dem Kyoto-Protokoll wird Joint Implementation für Projekte zwischen Annex 1-Staaten verwendet.
- Die Durchführung von JI-Projekten durch Unternehmen und NGOs ist ausdrücklich genehmigt.
- Projekte zwischen Annex 1- und nicht-Annex 1-Staaten firmieren seit dem KP unter dem Begriff „Clean Development Mechanismen".
- Die Kriterien an CDM sind schärfer als an JI. Ausdrücklich unterliegen die CDM einer Aufsicht der CoP.
- Ein Teil der Erlöse aus CDM muß für die Ausgaben der Administration dieser Projekte sowie für Unterstützungsmaßnahmen für durch den Klimawandel besonders betroffene Staaten bereitgehalten werden.
- Auch das Instrument der Emissionsrechte wird im KP ausdrücklich erwähnt. Eine genaue Ausgestaltung fehlt jedoch noch.
- CDM ist das einzige Instrument, an dem nicht-Annex 1-Staaten teilnehmen können. Bei ER liegen handelbare Zertifikate, bei JI und CDM Emissionsgutschriften vor. ER sind ein Primär-, JI und CDM Sekundärinstrumente.
- CDM und JI können gleichzeitig eingeführt werden. Bei JI und ER würden den Unternehmen zwei ökonomische Instrumente zur Verfügung stehen,

mit denen sie auf dem gleichen Markt operieren. Dabei könnte es zu Konflikten kommen.

Dritter Teil

Modelle im Rahmen des Treibhauseffektes

In Teil I dieser Arbeit wurde dargelegt, daß durch eine Veränderung des globalen Klimas weltweit besorgniserregende Schäden entstehen können. Zumindest bei Nutzung der kostengünstigsten weltweiten Optionen dürfte eine Reduktion der THG-Emissionen geringere Kosten verursachen als in einem „Business-as-usual"-Fall zu erwarten wäre. Wie in Teil II gezeigt wurde, existieren auch verschiedene ökonomische Instrumente (v.a. Steuern, Zertifikate, freiwillige Selbstverpflichtungen sowie die Kyoto-Mechanismen), durch deren Einsatz es zu einer Reduktion der THG-Emissionen kommen würde. Die Problematik eines Abschlusses von völkerrechtlich verbindlichen Reduktionszielen als auch von Joint Implementation und der Clean Development Mechanismen soll hier an zwei Modellen dargestellt werden.

I VERHANDLUNGSSPIEL VON VERTRAGSSTAATEN

1.1 „Gefangenen-Dilemma"

Auch wenn die regionale Verteilung der Schäden durch eine Veränderung des weltweiten Klimas noch ziemlich unsicher ist, kann zumindest gegenwärtig keine Regierung sicher sein, daß die Bevölkerung ihres Staates durch direkte oder indirekte Schäden des Treibhauseffektes verschont bleiben wird.[375] Es wäre daher zu erwarten, daß in einer weltweiten Anstrengung die Staaten ihre THG-Emissionen reduzieren würden. Bestrebungen ein Abkommen mit festen Reduktionszielen zu beschließen, sind auch mehrfach unternommen worden (FCCC 1992 und die verschiedenen Vertragsstaatenkonferenzen), aber nie besonders erfolgreich gewesen.[376] Ursächlich hierfür ist, daß es sich bei der Atmosphäre um ein global open access-Gut[377] handelt und zum anderen aufgrund der nationalen Souveränität kein Staat gezwungen werden kann, seine THG-Emissionen zu reduzieren, so daß ein Anreiz besteht, die „Trittbrettfahrer"-Position einzunehmen.

An einem einfachen Beispiel soll dies deutlich gemacht werden (vgl. Tabelle 12).[378] Angenommen werden zehn Spieler i (i=1,...,10), die einen Schadstoff in Höhe von je 4 Einheiten emittieren. Die letzte Einheit an Emissionen verursacht einen zusätzlichen Nutzen (in Form z.B. höherer Produktion) von zwei Einheiten.[379] Die Aufnahmekapazität einer Ressource betrage 30 Einheiten, bis zu der keinerlei Schaden entsteht. Erst oberhalb von 31 Einheiten entsteht ein Schaden von 25 Einheiten, den jeder Spieler zu gleichen Teilen zu tragen hat. Werden genau 31 Einheiten Schadstoffe emittiert, entsteht ein Schaden von 10 Einheiten. Die Spieler haben zwei reine Strategien s_i zur Auswahl: „Reduktion um eine

[375] Unter indirekte Schäden können auch negative Auswirkungen in Land A durch direkte Schäden in Land B verstanden werden (z.B. Ströme von „Klimaflüchtlingen" in Land A aus Land B oder geringere Exportmöglichkeiten des Landes A in Land B aufgrund eines durch Klimaschäden verursachten Nachfragerückgangs etc.).

[376] Allenfalls kann als Erfolg gesehen werden, daß das Thema einer globalen Erwärmung immer wieder neu auf der politischen Agenda stand und einige Staaten sich freiwillig Reduktionsziele gesetzt haben. Auch wenn diese Ziele unverbindlich waren, so waren die Regierungschefs doch gezwungen zumindest leichte Versuche zu unternehmen diese Ziele auch zu erreichen. Im Kyoto-Protokoll existieren zwar Reduktionsziele der Industriesstaaten. Allerdings werden diese erst völkerrechtlich verbindlich, wenn das Kyoto-Protokoll von einer ausreichenden Anzahl Vertragsstaaten ratifiziert worden ist. Dies ist bislang noch nicht geschehen.

[377] Vgl. I.3.1.

[378] Die nachfolgende Erläuterung lehnt sich an Holler / Illing (1991) S. 2ff. an.

[379] Die ersten drei Einheiten verursachen natürlich einen Grenznutzen von ≥2 Einheiten.

Einheit" oder „Nicht-Reduktion".[380] Wird davon ausgegangen, daß sich die Spieler 2-9 stets gleich verhalten, sind vier Kombinationen an reinen Strategien möglich. Das Ereignis e(s) gibt den Nutzen an, der sich für Spieler i aufgrund der gewählten Auswahl der Strategien aller Spieler ergibt.

Tabelle 12: Ereignismatrix des Gefangenendilemmas[381]

	Spieler 2-9	
Spieler 1	Reduktion s_{21}	Nicht Reduktion s_{22}
Reduktion s_{11}	(0,5;0,5)	(-4,5;-2,5)
Nicht Reduktion s_{12}	(1;-1)	(-0,5;-0,5)

Quelle: eigene Darstellung

Würde jeder Spieler seine Emissionen um eine Einheit reduzieren, bliebe jedem Spieler ein Schaden von 2,5 Einheiten erspart. Gleichzeitig müßte jedoch jeder Spieler einen Nutzenverlust von zwei Einheiten tragen, so daß jeder einen Gewinn von 0,5 Einheiten erzielen würde.[382] Der Gesamtgewinn für alle Spieler betrüge dann fünf Einheiten. Wenn aber neun Spieler ihre Emissionen um eine Einheit reduzieren und ein Spieler weiterhin vier Einheiten emittiert, betragen die Gesamtemissionen 31 Einheiten, d.h. der Gesamtschaden beträgt zehn Einheiten und damit pro Spieler eine Einheit. Der Schwarzfahrer macht einen Gewinn in Höhe von einer Einheit,[383] die kooperativen Spieler einen Verlust von je

[380] Wählt ein Spieler aus der Auswahl aller möglichen Strategien genau eine Strategie aus, wird von reinen Strategien gesprochen. Im Gegensatz hierzu stehen die gemischten Strategien, bei denen die Auswahl randomisiert ist, d.h. die Auswahl der Strategien unterliegt einem Zufallsprinzip (vgl. Holler / Illing (1991) S. 34).

[381] Der Begriff „Gefangenendilemma" stammt von Luce / Riffa (1957) S. 95, die das Spiel zum ersten Mal beschrieben haben und dabei die Story von zwei Verdächtigen wählten, die getrennt von der Staatsanwaltschaft verhört wurden und vor der Entscheidung „Gestehen" oder „Nicht-Gestehen" gestellt wurden.

[382] Kosten einer Einheit Emissionsreduktion entspricht dem Nutzen aus einer Einheit verringerten Schaden.

[383] Zwei Einheiten aufgrund der höheren Produktion abzüglich eine Einheit aufgrund des auf ihn entfallenen Schaden

einer Einheit.[384] Insgesamt entsteht ein Verlust von neun Einheiten. Reduziert nur ein Spieler seine Emissionen um eine Einheit, so entsteht ihm ein Verlust von 4,5 Einheiten[385] und alle anderen machen einen Verlust von 2,5 Einheiten[386] bei einem Gesamtverlust von 27 Einheiten. Die Gesamtheit aller Spieler stellt sich also am besten, wenn alle kooperieren. Jeder einzelne Spieler stellt sich aber noch besser, wenn alle anderen kooperieren und er selbst auf seinem ursprünglichen Emissionsniveau verbleibt. Andererseits ist das Schlimmste, was jedem Spieler passieren kann, wenn nur er reduziert und alle anderen ihren ursprünglichen Emissionspfad verfolgen.[387]

Wird die Annahme aufgehoben, daß die Spieler 2-9 stets identische Entscheidungen treffen, und wird statt dessen angenommen, daß sie unabhängig voneinander agieren, liegen $2^{10}=1024$ mögliche Ereignisse vor, zwischen denen der Spieler 1 zu wählen hat. Ist es jedoch für den Spieler 1 nicht von Bedeutung zu wissen, welcher Spieler sich für welche der beiden Alternativen entscheidet, sondern nur, wieviel Spieler sich für „Reduktion“ und wieviel für „Nicht-Reduktion“ entscheiden, dann reduziert sich die Menge der möglichen Ereignisse auf 11.[388]

Da aber bei Klimaverhandlungen von Bedeutung ist zu wissen, ob sich z.B. die USA zur Reduktion ihrer THG-Emissionen entschließen oder ob es sich dabei um Island handelt, wird deutlich, daß Spieler 1 vor einem großen Entschei-

---

384 Keine höhere Produktion, aber eine Einheit aufgrund des auf sie entfallenen Schadens

385 Zwei Einheiten aufgrund der geringeren Produktion zuzüglich 2,5 Einheiten aufgrund des auf ihm entfallenen Schaden.

386 Die auf jeden einzelnen entfallenden Schadenskosten.

387 Reduziert ein Spieler seine Emissionen auf null und alle anderen fahren ihr ursprünglichen Emissionspfad, muß der Nicht-Emittent genauso einen Schaden von 2,5 Einheiten tragen als hätte er 4 Einheiten emittiert.

388 Wobei Spieler 1 entweder 10 mal Reduktion bzw. 10 mal Nicht-Reduktion sicher ausschließen kann, da er natürlich weiß, ob er selbst reduziert oder nicht reduziert. Insofern handelt es sich nur noch um 10 mögliche Ereignisse.

dungsproblem steht. Aufgrund der Vielzahl von Spielern stellt die „Trittbrettfahrer"-Position daher eine rationale Option dar.

1.2 Die Spieler

Die Zahl der Schädiger wie der Geschädigten beträgt gegenwärtig acht Milliarden, wenngleich die Höhe der Emissionen, die der einzelne Schädiger zu verantworten hat, ebenso wie die Höhe der Schäden, die auf den einzelnen Geschädigten entfallen, sehr unterschiedlich sind. Eine Modellierung einer so großen Zahl von Spielern ist kaum möglich und in diesem Fall auch nicht nötig.[389]

Denn die eigentlich Aktiven bei den CoP sind die jeweiligen Staaten. Dadurch würde sich die Zahl der Spieler auf 181 reduzieren, wenn von den Ländern ausgegangen wird, die die Klimarahmenkonvention ratifiziert haben.[390] Doch auch diese Zahl muß für eine sinnvolle Modellierung noch stark reduziert werden. Es ist auch nicht sinnvoll, in diesem Zusammenhang einen Unterschied zwischen z.B. Deutschland und Frankreich, Fidschi und Malediven oder Burundi und Ägypten zu machen.

Längst haben sich bei der CoP Gruppen von Staaten gebildet:

- AOSIS: Kleine Inselstaaten, die vor allem aufgrund eines drohenden Anstiegs der Meeresspiegels hohe Schäden bei einem Anstieg des weltweiten Treibhauseffektes zu befürchten haben, gleichzeitig aber selbst nur sehr wenig Treibhausgase emittieren. Diese Staaten fordern vor allem von den Industrieländern starke Anstrengungen zur Reduktion der THG-Emissionen.
- OPEC: Erdölexportierende Staaten, denen nicht so hohe Schäden durch eine weltweite Klimaänderung drohen, die aber befürchten durch eine Verringe-

---

[389] Zumal auch die nächsten Generationen berücksichtigt werden müßten und somit die Zahl der Spieler noch viel höher sein müßte.
[390] Vgl. Anhang 4.

rung des weltweiten Einsatzes an fossilen Energien Verluste zu erleiden.[391] Sie bezweifeln die Gefahr des THE und plädieren für weitere Forschung. Reduktionen von THG-Emissionen halten sie für (noch) nicht erforderlich.

- G77 (inkl. China): Die Entwicklungsländer betrachten den THE als eine ernsthafte Gefahr. Sie plädieren für umfangreiche Reduktionsanstrengungen der Industrieländer. Die Möglichkeit von CDM wird von den G77 als grundsätzlich positiv angesehen.
- Osteuropa (außer Russland und Ukraine): Die osteuropäischen Staaten gehören wahrscheinlich nicht zu den Ländern, denen durch den THE die höchsten Schäden drohen. Dennoch befürworten sie die Reduktionsziele nach dem Kyoto-Protokoll, vor allem da die Reduktionsziele für die osteuropäischen Staaten nicht sehr scharf sind. Ausserdem würden sie durch JI und ER profitieren.
- Westeuropa (außer Island, Norwegen): Wie hoch die Schäden sind, die durch eine Klimaänderung auf Westeuropa entfallen, ist sehr unsicher.[392] Dennoch plädiert Westeuropa (insbesondere die EU) für eine Ratifizierung des Kyoto-Protokolls mit einer mengenmäßigen Beschränkung des Einsatzes der Kyoto-Mechanismen.
- UMBRELLA:[393] Die nordamerikanischen Staaten, Japan, Island, Norwegen, Rußland, Ukraine, Australien und Neuseeland befürchten eher geringe Schäden auf ihrem Staatsgebiet durch den THE.[394] Russland könnte sogar durch eine Ausweitung der landwirtschaftlichen Nutzfläche in Sibirien durch einen weltweiten Temperaturanstieg profitieren. Aufgrund des großen Einflusses der Energieindustrie vor allem in USA, Kanada und Australien auf die Politik

[391] Blank / Ströbele (1995) S. 283ff. zeigen, dass eine Klimaschutzpolitik die Renten der Ressourcenanbieter dramatisch reduzieren kann.

[392] Dies vor allem, da unklar ist, ob es sich bei der Befürchtung, daß der Golfstrom seine Richtung ändern könnte, um eine ernstzunehmende Gefahr handelt und wenn ja, bei welchem Temperaturanstieg dies der Fall sein würde.

[393] Vgl. Schwarze / Zapfel (1998) S. 12.

gibt es großen Widerstand gegen eine Ratifizierung des Kyoto-Protokolls. Vor allem in den USA wird gefordert, daß, wenn ratifiziert wird, es keine Beschränkung der Kyoto-Mechanismen geben sollte und sich zumindest wichtige Schwellenländer auch Reduktionsziele setzen sollten.

Diese Zahl der Spieler läßt sich noch von sechs auf zwei reduzieren:

- Annex 1-Staaten: Die Staaten, die sich Reduktionsziele gesetzt haben (die Industrieländer) und
- Nicht-Annex 1-Staaten: Die Staaten, die sich noch keine Reduktionsziele gesetzt haben (die Entwicklungsländer).

1.3 Bestimmung der Ertragfunktion

In der traditionellen Ökonomie wird für einen ersten analytischen Schritt häufig angenommen, dass ein vollinformierter wohlmeinender Diktator die Gesamtschadensfunktion kennen würde.[395] Der durch Emissionsreduktionen nicht eingetretene Schaden kann als Ertrag dieser Reduktionen betrachtete werden.

Ist dies schon auf nationaler Ebene aufgrund der Informationsdefizite der Regierung nicht realistisch,[396] daß die Gesamtschadensfunktion bekannt ist, so kommt auf internationaler Ebene noch hinzu, daß keine supranationale Behörde existiert, die ein pareto-effizientes Ergebnis gegen den Willen eines einzelnen Spielers auch durchsetzen könnte, selbst wenn ihr dieses Ergebnis bekannt wäre.

---

[394] Obwohl vor allem Japan und Neuseeland, aber auch USA; Kanada und Australien mit ihren Millionenstädten an der Küste, durch einen Anstieg des Meeresspiegels hohe Schäden erleiden könnten.

[395] Die Rolle des „Diktators" kann auch eine supranationale Behörde übernehmen. Aber auch diese Behörde wird nicht vollinformiert sein. Die Akteure der Behörde werden eigene Interessen haben und diese verfolgen und somit nicht zwingend den Nutzen der einzelnen Staaten verfolgen. Außerdem müßte dann ermittelt werden, wie es zur Einrichtung dieser Behörde gekommen ist, da dadurch die Staaten ihre Entscheidungsfreiheit aufgegeben haben.

[396] Es spielt in der heutigen Ökonomie auch nur noch als „first-best" Lösung eine Rolle, mit der die „second-best" Szenarien verglichen werden. Die „second-best" Lösungen entsprechen eher der Wirklichkeit, sind dafür aber weniger pareto-optimal.

Die Teilnahme an einem Abkommen muß für jeden Spieler in seiner Einzelbetrachtung effizient sein.

Durch die Emission von Treibhausgasen droht eine Veränderung des weltweiten Klimas, die in Einzelfällen (z.B. Erhöhung der Ernteerträge in ehemals gemäßigten oder kalten Klimazonen) vorteilhaft, überwiegend aber zu zum Teil gravierenden Schäden führen kann. Allerdings besteht durchaus kein allgemeiner linearer Zusammenhang zwischen den Treibhausgasemissionen und den sich daraus ergebenden weltweiten Schäden (vgl. Abbildung14). Bis zu einem Emissionsniveau von G_1 sind die Schäden eventuell vernachlässigbar, da ein Teil der Emissionen von den natürlichen Senken (Wälder und Meere) aufgenommen wird, wo sie nach bisherigen Forschungsstand keine Schäden verursachen,[397] und die restlichen Emissionen die Aufnahmekapazität der Atmosphäre nicht übersteigen. Andererseits besteht aber auch die Gefahr, daß bei Treibhausgasemissionen oberhalb von G_2 die Schäden sprunghaft ansteigen. Dies könnte passieren, wenn die Aufnahmekapazität von Wäldern und/oder Meeren erschöpft sind und die Emissionen verstärkt bzw. ausschließlich in die Atmosphäre gelangen. Durch ein singuläres Ereignis (z.B. wenn der Golfstrom seinen Verlauf ändert) können sehr hohe Schäden entstehen.

Bei einer sehr langfristigen Betrachtung eines business-as-usual Szenarios ist eine Sprungstelle wie in G_2 nicht auszuschließen. In dieser Arbeit wird eine solche Sprungstelle jedoch nicht weiter betrachtet, da lediglich ein einmaliges Verhandlungsspiel modelliert wird. Werden internationale Emissionsziele ausgehandelt, so dürften sie auf ein bis zwei Jahrzehnte beschränkt sein. Innerhalb dieses Zeitrahmens ist ein oben beschriebenes Katastrophenszenario nicht zu befürchten. Genauso unwahrscheinlich dürfte jedoch sein, daß derart scharfe Emissionsreduktionsziele vereinbart werden, daß es zu Emissionen unterhalb

[397] Es kann aufgrund eines verstärkten Düngeeffekts sogar zu Vorteilen kommen.

von G_1 kommt, so daß nur die Schadensfunktion zwischen G_1 und G_2 betrachtet wird. In diesem Bereich soll die Grenzschadenskurve linear apporximiert werden.

Abbildung 14: Schadensverlauf bei Treibhausgasemissionen

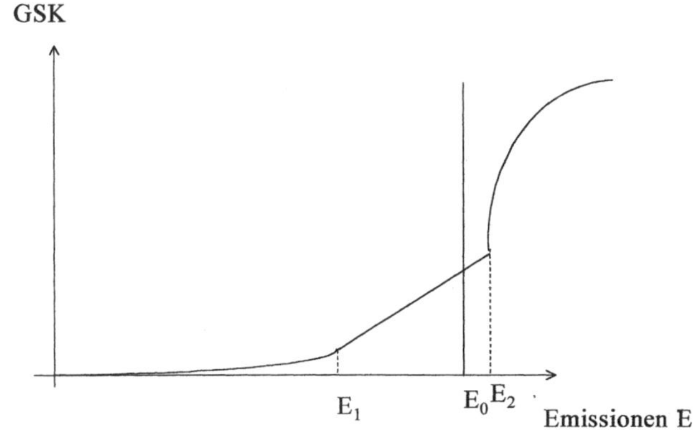

Quelle: eigene Darstellung

1.4 Das Modell

Im Modell werden zwei Spieler betrachtet, die über eine Reduktion der THG-Emissionen verhandeln. Die Ertrags- als auch die Kostenfunktionen jedes Landes sind allen Länder bekannt und es ist auch bekannt, daß dies allen Ländern bekannt ist (Common Knowledge). Im Ausgangsfall (I.4.1) sind beide Spieler bereit voll zu kooperieren. Durch die Kooperation kann der gemeinsame Wohlstand maximiert werden.

Allerdings wird der eigene Wohlstand jedes Spielers noch weiter maximiert, wenn er die free-rider Position fährt, d.h. nicht kooperiert und darauf hofft, daß der andere Spieler die Kooperationsschiene fährt. In I.4.2 reduzieren beide Staaten die Emissionen auf das (nicht-) kooperative Ergebnis, ohne daß diskutiert wird, auf welchem Wege dies geschieht. Die Instrumentendiskussion findet in I.4.3 (gleiche Emissionsreduktionsverpflichtung), I.4.4 (Steuern) und I.4.5 (Zertifikate) statt. Das Modell lehnt sich an Barrett (1992) an, der allerdings das Verhandlungsspiel weniger detailliert untersucht.[398]

Die Ertragsfunktion der beiden Länder wird auf die vermiedenen Treibhausgasschäden (Ernteeinbußen, Überschwemmungen, Dürre, Verringerung der Artenvielfalt etc.) bezogen. Um eine lineare Grenzertragsfunktion zu erhalten, wird angenommen, daß eine quadratische Ertragsfunktion der Form vorliegt:

(10) $B_i = g_i R - \frac{\beta_i R^2}{2}$ mit $R = R_i + R_j$

Bei der Funktion (10) bezeichnet g_i den erwarteten Schaden pro Emissionseinheit. Es kann argumentiert werden, dass die Schadenserwartungen eines Landes hauptsächlich durch die Ergebnisse der aktuellen IPCC-Berichte geprägt werden. Das nationale Umweltschutzbewusstsein kann hingegen vom internationalen unabhängig sein. Es könnte argumentiert werden, daß ein Umweltschutzbewusstsein sowohl positiv abhängig ist von hohen inländischen Emissionsreduktionsoptionen als auch von hohen Schadenskosten aufgrund einer Klimaveränderung. Dies ist aber nicht zwangsläufig. So existieren z.B. in den Vereinigten Staaten eine Reihe von kostengünstigen Einsparmöglichkeiten im Energiebereich, dennoch ist die Einsicht in eine konsequente Klimapolitik in den USA nicht stark ausgeprägt. Andererseits kann Deutschland als ein Land bezeichnet werden, indem in der öffentlichen Meinung die Ansicht, daß Aktionen gegen einen verstärkten Treibhauseffekt durchzuführen sind, relativ stark ausgeprägt ist, obwohl Deutschland wahrscheinlich nicht zu den Staaten gehört, die unter einem Treibhauseffekt am meisten zu leiden hat und deren globaler Beitrag an

---

[398] Vgl. Barrett (1992) S. 11ff.

den Treibhausgasen in einer Größenordnung unter 5% liegt. Werden jedoch höhere Schäden erwartet, steigt der Nutzen einer Emissionsreduktion an.

Der Parameter β gibt das Ausmaß der Krümmung der Ertragskurve an. Je höher β desto steiler verläuft die Kurve nach unten, desto schneller entsteht durch eine Emissionsreduktion ein negativer Ertrag für die Gesellschaft. Somit kann mit β die negative Auswirkungen einer Emissionsreduktion beschrieben werden, z.B. wenn durch die Investition in emissionssparende Technologie im Inland die Kosten des Unternehmens derart steigen, daß es zu einem Umsatzrückgang und zu Verlusten von Arbeitsplätzen kommt. Oder wenn ein Staat annimmt, daß durch eine globale Klimaveränderung die landwirtschaftlichen Erträge im Inland zunehmen werden.

Abbildung 15: Darstellung der Ertragsfunktion

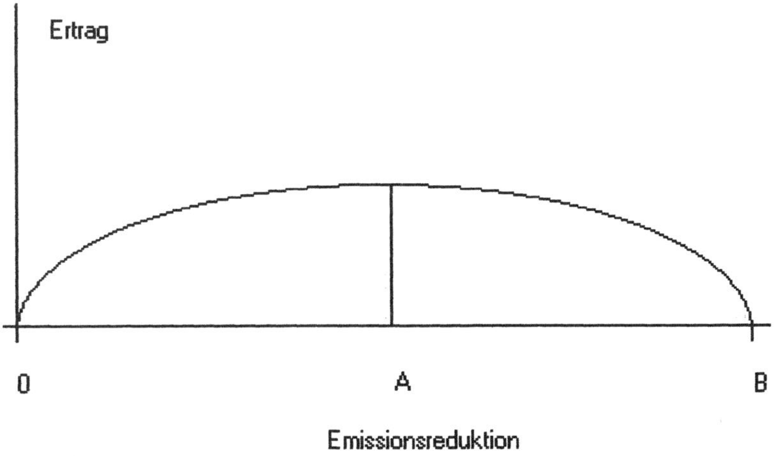

Quelle: eigene Darstellung

Der relevante Bereich in Abbildung 15 wird beschrieben durch die Strecke 0A. Jenseits von A wird der Grenzertrag, jenseits von B der Ertrag negativ. Die Produktion im Bereich AB ist ineffizient, da der entsprechende Ertrag auch mit einer geringeren Emissionsreduktion erreicht werden kann. Der höchste Ertrag wird offensichtlich in A erreicht. Die optimale Emissionsreduktion (ohne Berücksichtigung der Kosten) ergibt sich durch:

(10a) $g_i = \beta_i R$,

d.h. der erwartete Schaden der letzten Emissionseinheit entspricht genau den negativen Auswirkungen aus der Emissionsreduktion.

In Abbildung 16 entspricht eine Emissionsreduktion von 0, der Punkt R_0, den Emissionen G_0 in Abbildung 14 und eine Emissionsreduktion in Höhe von R_1 Emissionen von G_1. Bei R_0 entstehen Schäden in Höhe der Fläche AR_0R_1. Bei einer Emissionsreduktion von R_1 entsteht kein Schaden. Das ist nicht ganz exakt, vergleicht man R_1 mit G_1. Doch sollen diese minimalen Schäden vernachlässigt werden.[399] Bei einer Emissionsreduktion von R_2 entstehen Schäden von R_0ABR_2 und werden Schäden in Höhe von R_2BR_1 vermieden.

[399] Bzw. nur der Kurvenverlauf von G_1 nach G_2 untersucht werden.

Abbildung 16: Darstellung der Grenzertragsfunktion

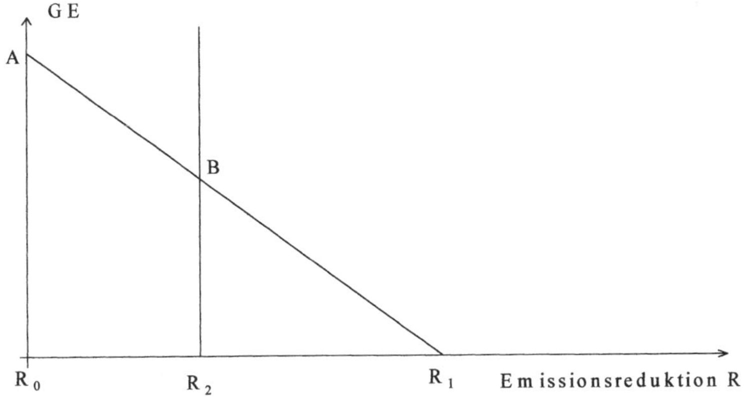

Quelle: eigene Darstellung

Die Kosten von Reduktionsmaßnahmen sinken vor allem bei einer Zunahme des emissionssparenden technischen Fortschritts ε (vergleiche Abbildung 17). Ohne (emissionssparenden) technischen Fortschritt steigen die direkten Kosten von Reduktionsmaßnahmen schnell an (durchgezogene Linie in Abbildung 17). Durch z.B. eine Erfindung, mit deren Hilfe sich Pkws ohne CO_2-Emissionen (z.B. Solarmobile oder Fahrzeuge, die auf der Wasserstofftechnologie basieren) am Markt durchsetzen können, sind die gleichen Emissionsreduktionen mit geringeren Kosten zu erreichen (gestrichelte Linie). Es wird hier jedoch davon ausgegangen, dass keine Reduktionsoptionen zu negativen Kosten bestehen. Dies lässt sich vor allem auf einen weiten Kostenbegriff zurückführen. Kurze Strecken werden häufig mit dem Auto statt mit dem Fahrrad zurückgelegt, da erstere bequemer ist als letzteres. Informationen über Energiesparmöglichkeiten im Haushalt sind ohne einen bestimmten Zeitaufwand nicht zu erzielen. Wird der Kostenbegriff auf diese und ähnliche Nachteile, auch wenn diese oft nur subjektiv empfunden werden, ausgedehnt, kann es praktisch keine no-regrets geben.

Abbildung 17: Direkte Kosten von Reduktionsmaßnahmen

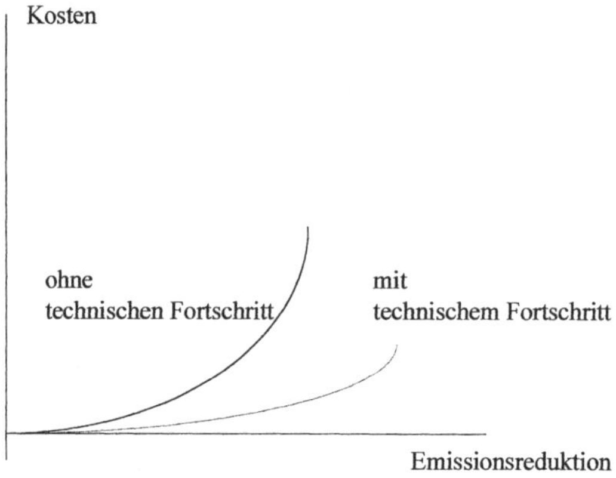

Quelle: eigene Darstellung

Aufgrund bestehender Ineffizienzen auch in den Industrieländern existieren kostenfreie Reduktionsoptionen oder sogar Reduktionen zu negativen Kosten. Bei höherem technischen Fortschritt wird die Kurve flacher und ihr Verlauf durch den negativen Bereich größer. Dies ist auch zu erwarten, da mit zunehmenden technischen Fortschritt auch das Ausmaß der „no-regrets" zunehmen dürfte.

Zu diesen Kosten können gezählt werden, jeweils gegenüber einem business-as-usual Szenario:

- Investitionen in Vermeidungs- bzw. Energieeinspartechniken, Speicher- und Senkenprojekte, einschließlich der Ausgaben in Forschung und Entwicklung sowie
- Kosten für Strukturwandel inklusive einem (vorübergehenden) negativen Effekt auf die Beschäftigung und die Entwertung von Humankapital.

Abbildung 18: Transaktions- und Informationskosten von Reduktionsmaßnahmen

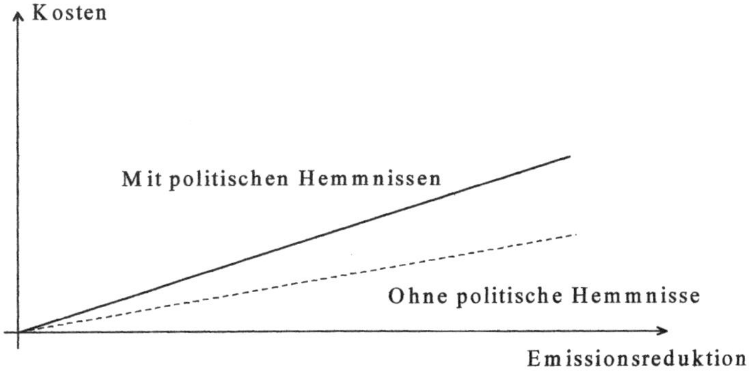

Quelle: eigene Darstellung

Bei den Transaktions- und Informationskosten wird ein linearer Verlauf angenommen (vergleiche Abbildung 18), da sich diese Kosten in Bezug auf die Emisssionsreduktionen um einen konstanten Faktor ändern. Bestehen z.B. Informationsdefizite bezüglich ihrer Emissionsmöglichkeiten bei kleinen und mittleren Unternehmen, so verändern sich diese Defizite nicht nach dem Ausmaß der Reduktionen. Allerdings kann die Kurve flacher verlaufen, wenn diese politischen Hemmnisse abgebaut werden, d.h. die Kurve dreht sich von der durchgezogenen zur gestrichelten Linie. Die könnte z.B. geschehen, wenn Unternehmen vom Staat oder ihrem Branchenverband kostenlos oder gegen geringe Gebühr Informationen zur Verfügung gestellt werden.

Zu den Transaktions- und Informationskosten gehören:

- Informationsbeschaffung über geeignete Optionen zur Reduktion bzw. Speicherung von THG-Emissionen,
- Anbahnungs- und Abwicklungskosten für Klimaschutzmaßnahmen in geeigneten Institutionen.

Abbildung 19: Kosten von Reduktionsmaßnahmen

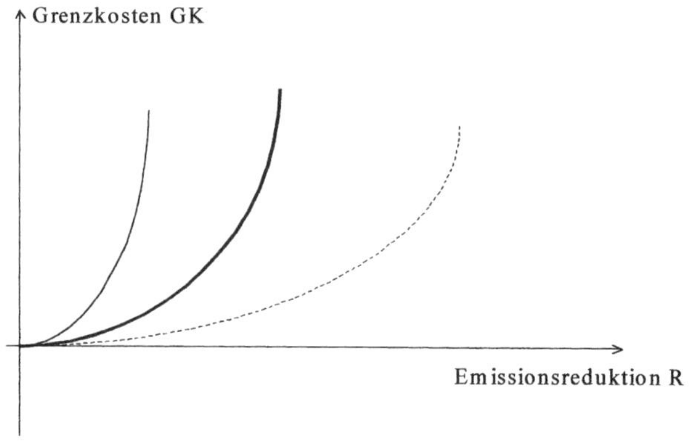

Quelle: eigene Darstellung

Aus Abbildung 17 und Abbildung 18 ergibt sich eine ansteigende Gesamtkostenfunktion mit positiver Steigerungsrate (vergleiche Abbildung 19). Die fette Kurve in der Mitte entspricht der Gesamtkostenfunktion im Ausgangsfall. Zunehmende Transaktions- und Informationskosten bewirken, dass eine bestimmte

Emissionsreduktionsmenge nur zu höheren Kosten zu erzielen ist, d.h. die Gesamtkostenkurve verschiebt sich nach links in Richtung der einfachen Kurve. Eine Zunahme des emissionssparenden technischen Fortschritts führt zu geringeren Kosten bei der gleichen Emissionsreduktionsmenge, d.h. die Gesamtkostenkurve verschiebt sich nach rechts in Richtung der gestrichelten Linie.

Außerdem muss die Annahme berücksichtigt werden, dass stets zuerst die kostengünstigsten Reduktionsoptionen ausgenutzt werden. Es wird also nicht diskutiert, welche Maßnahmen die kostengünstigsten sind, sondern angenommen, daß jeweils die kostengünstigsten Maßnahmen genutzt werden. Die Maßnahmen könnten die Reduktion der Treibhausgasemissionen (z.B. Energiesparmaßnahmen, Substitution CO_2-reicher durch CO_2-arme oder CO_2-freie Energieträger), die Erweiterung der Treibhausgasaufnahmekapazität der Erde (z.B. Waldmanagementoptionen, CO_2-Bunkerung in Ozeane oder entleerte Erdgasfelder) oder Anpassungsmaßnahmen (z.B. Erhöhung der Deiche) umfassen. Es wird auch nicht diskutiert, wie die Kosten der einzelnen Maßnahmen berechnet werden (z.B. welcher Diskontfaktor benutzt wird). Die Kostenfunktion C_i lässt sich darstellen als:

$$(11)\ C_i = A_i\left(\frac{1}{2\varepsilon_i}R_i^2 + \chi_i R_i\right)$$

Während bei der Ertragsfunktion die Spieler auf die globalen Emissionen abheben, sie somit nicht berücksichtigen, wer die Emissionen verursacht hat, betrachtet der Spieler i bei der Kostenfunktion nur seine eigenen Emissionsreduktionen. Die Faktoren, die die Kosten der Emissionsreduktion eines Landes beeinflussen können, können in drei Gruppen unterteilt werden. Erstens sind dies (positive oder negative) Faktoren, die im Rahmen der Klimadiskussion als exogen zu behandeln sind. Dazu gehört das wirtschaftliche Wachstum[400] sowie die Veränderung der Bevölkerungsgröße. Diese Faktoren werden im Parameter A_i zusammengefaßt.

Zweitens sind dies endogene, ökonomische Bestimmungsgrößen von THG-Emissionen. So führt ein vermehrter emissionssparender technischer Fortschritt tendenziell zu geringeren Kosten einer Einheit Emissionsreduktion. Dies wird in dem Parameter ε_i zusammengefaßt.

Drittens sind dies Transaktions- und Informationskosten. Diese Faktoren werden in den Parameter χ_i zusammengefaßt. Es wird angenommen, daß die politischen Vorgaben und damit. der Schnittpunkt von C_i mit der Abszisse bekannt sind, während sich der Grad der Steigung der Grenzkostenfunktion anschließend ergibt.

Die Höhe der „no-regrets" Optionen ergibt sich aus:

(12) $R_i = -\chi_i \varepsilon_i$.

Als erstes fällt dabei auf, daß der exogene Parameter A_i keinen Einfluss auf die Höhe der „no-regrets" Optionen hat. Dies liegt hier daran, dass die Faktoren, die dem exogenen Parameter zugrunde (Größe des Bevölkerungszahl, Wirtschaftswachstum) annahmegemäß die Struktur des Energiemarktes nicht beeinflussen. Je geringer die direkten bzw. Transaktions- und Informationskosten sind, desto höher ist das Ausmaß der „no-regrets" Optionen.

---

400 Zwar hat vor allem in den Industrieländern längst eine Entkoppelung der Steigung des Wirtschaftswachstum und des Anstiegs der THG-Emissionen stattgefunden, so daß gleichzeitig Wirtschaftswachstum und Reduktion von THG-Emissionen möglich sind, doch bedeutet

1.4.1 Verhandlung unter Kooperation

Eine Verhandlung bezüglich einer Emissionsreduktion kann verschieden ausgestaltet werden. Bei einer Verhandlung unter Kooperation wird angenommen, daß beide Spieler vollständig kooperieren, so daß die Schadens- und Kostenfunktion beider Spieler zusammen maximiert werden müssen, als würde es sich nur um einen Spieler handeln:

$$(13)\ \max_{R_1,R_2} = (g_1 + g_2)R - \left(\frac{\beta_1}{2} + \frac{\beta_2}{2}\right)R^2 - \left(\frac{A_1}{2\varepsilon_1}R_1^2 + A_1\chi_1 R_1\right) - \left(\frac{A_2}{2\varepsilon_2}R_2^2 + A_2\chi_2 R_2\right).$$

Hieraus folgt:

$$(14)\ R_1 = \frac{A_2\varepsilon_1(g_1 + g_2 - A_1\chi_1) + \varepsilon_1\varepsilon_2(\beta_1 + \beta_2)(A_2\chi_2 - A_1\chi_1)}{(\beta_1 + \beta_2)(A_1\varepsilon_2 + A_2\varepsilon_1) + A_1A_2} \text{ und}$$

$$(15)\ R_2 = \frac{A_1\varepsilon_2(g_1 + g_2 - A_2\chi_2) + \varepsilon_1\varepsilon_2(\beta_1 + \beta_2)(A_1\chi_1 - A_2\chi_2)}{(\beta_1 + \beta_2)(A_2\varepsilon_1 + A_1\varepsilon_2) + A_1A_2}$$

Es wird fast in jedem Fall in beiden Staaten zu einer Emissionsreduktion kommen. Eine Ausnahme liegt lediglich vor, wenn der exogene Faktor und/oder die Transaktions- und Informationskosten des Inlandes sehr hoch sind. Dies ist auch nicht überraschend. Es entspricht der Konstellation eines großen Lande. In diesem Fall können Parameterkonstellationen vorliegen, die allein die Emissionsreduzierung in diesem Land effizient machen.

Steigt im Inland der exogenen Faktor A_1, kommt es im Inland zu geringeren Emissionsreduktionen:

$$(16)\ \frac{\partial R_1}{\partial A_2} = -\frac{A_2\varepsilon_1^2(\beta_1 + \beta_2)(A_2\chi_1 + \beta_1\chi_1\varepsilon_2 + \beta_2\chi_2\varepsilon_2)}{[(\beta_1 + \beta_2)(A_1\varepsilon_2 + A_2\varepsilon_1) + A_1A_2]^2},$$

denn aufgrund eines höheren Wirtschafts- bzw. Bevölkerungswachstum werden zu Befriedigung der Bedürfnisse mehr Emissionen benötigt und eine Emissionsreduktion dementsprechend teurer.

---

dies nicht, daß das Ausmaß des Wirtschaftswachstums keinerlei Einfluss mehr auf die THG-Emissionen hat.

Kommt es hingegen im Ausland zu einer Erhöhung des exogenen Faktors, so ist das Verhalten des Spielers 1 nicht so eindeutig:

$$(17)\ \frac{\partial R_1}{\partial A_2}=\frac{A_1\varepsilon_1\varepsilon_2(\beta_1+\beta_2)(g_1+g_2-A_1\chi_1+\chi_2\varepsilon_2(\beta_1+\beta_2))}{[(\beta_1+\beta_2)(A_1\varepsilon_2+A_2\varepsilon_1)+A_1A_2]^2}$$

In der Regel wird Spieler 1 seine Emissionsreduktionen erhöhen, wenn der exogene Faktor des Auslandes steigt. Denn die Emissionen des Auslandes steigen aufgrund dieser Veränderung und dadurch erhöhen sich die aus den Gesamtemissionen resultierenden Schäden, so daß eine Schadensreduktion lohnender wird. Eine Ausnahme entsteht nur bei sehr hohen inländischen Transaktions- und Informationskosten. Dies ergibt sich daher, weil eine Emissionsreduktion sowohl bei sehr hohem inländischen exogenen Faktor als auch bei sehr hohen Transaktions- und Informationskosten sehr teuer wird.

Drohen aufgrund inländischer Reduktionsmaßnahmen Arbeitsplatzverluste oder andere negative Auswirkungen, so spielt es keine Rolle, ob diese Arbeitsplatzverluste im In- oder im Ausland anfallen. Es ergibt sich:

$$(18)\ \frac{\partial R_1}{\partial \beta_1}=\frac{\partial R_1}{\partial \beta_2}=\frac{(A_2\varepsilon_1)[(A_1A_2)(\chi_1\varepsilon_1+\chi_2\varepsilon_2)-(A_1\varepsilon_2+A_2\varepsilon_1)(g_1+g_2)]}{[(\beta_1+\beta_2)(A_1\varepsilon_2+A_2\varepsilon_1)+A_1A_2]^2}$$

Allerdings ist selbst eine qualitative Aussage bezüglich der Höhe der Emissionsreduktion bei zunehmend Auswirkungen nur schwer zu ermitteln. In Tabelle 14 werden daher die Reaktion der einzelnen Variabeln in (18) unter der ceteris-paribus Annahme untersucht. Danach ergibt sich, daß die Emissionsreduktion bei zunehmenden negativen Auswirkungen rückgängig ist, unabhängig von der jeweiligen Höhe der anderen Variablen.

Nehmen die Transformataions- und Informationskosten im Inland zu, wird das Niveau der Emissionsreduktion sinken gemäß

$$(19)\ \frac{\partial R_1}{\partial \chi_1}=-\frac{A_1\varepsilon_1(A_2+\beta_1\varepsilon_2+\beta_2\varepsilon_2)}{(\beta_1+\beta_2)(A_1\varepsilon_2+A_2\varepsilon_1)+A_1A_2}\quad,$$

gleichzeitig wird aber die Emissionsreduktion des Auslandes zunehmen:

(20) $$\frac{\partial R_i}{\partial \chi_2} = \frac{(\beta_1 + \beta_2)(A_2 \varepsilon_1 \varepsilon_2)}{(\beta_1 + \beta_2)(A_1 \varepsilon_2 + A_2 \varepsilon_1) + A_1 A_2},$$

d.h. die Emissionen werden verstärkt dort reduziert, wo die Kosten relativ niedriger geworden sind.

Welche Auswirkungen ein emissionssparender technischer Fortschritt auf die Emissionsreduktion hat, läßt sich ebenfalls nicht eindeutig beantworten. Betrachtet man Tabelle 14, ergibt sich, daß die inländische Emissionsreduktion fast in jedem Szenario zurückgeht, unabhängig davon, ob es im In- oder im Ausland zu einem emissionssparenden technischen Fortschritt kommt.

(21)

$$\frac{\partial R_1}{\partial \varepsilon_1} = \frac{\varepsilon_1 \left[\phi^2 \left(A_2 \chi_2 (A_1 \varepsilon_2 + \varepsilon_1) - \varepsilon_2 (A_1^2 \chi_1 + A_2^2 \chi_2) - \varphi \chi_i \iota\right) + A_2 \phi \left(\varphi \gamma - A_1^2 \chi_1 - A_2 \eta\right)\right]}{\left[\phi (A_1 \varepsilon_2 + A_2 \varepsilon_1) + \varphi\right]^2}$$

mit

$$\phi = \beta_1 + \beta_2, \quad \varphi = A_1 + A_2, \quad \iota = \varepsilon_1 - \varepsilon_2, \quad \gamma = \chi_1 + \chi_2, \quad \eta = g_1 + g$$

(22) $$\frac{\partial R_1}{\partial \varepsilon_2} = \frac{A_2 \varepsilon_1 \left[\varepsilon_1 (\beta_1 + \beta_2)^2 (A_2 \chi_2 - A_1 \chi_1) + A_1 (\beta_1 + \beta_2)(A_2 \chi_2 - g_1 - g_2)\right]}{\left[(\beta_1 + \beta_2)(A_1 \varepsilon_2 + A_2 \varepsilon_1) + A_1 A_2\right]^2}$$

Nimmt die Schadenserwartung zu, steigen auch die Emissionsreduktionen an, unabhängig davon, ob die Schadenserwartung des In- oder Auslandes gestiegen sind:

(23) $$\frac{\partial R_1}{\partial g_1} = \frac{\partial R_1}{\partial g_2} = \frac{A_2 \varepsilon_1}{(\beta_1 + \beta_2)(A_1 \varepsilon_2 + A_2 \varepsilon_1) + A_1 A_2}.$$

Der Fall der Kooperation - wie auch alle anderen Fälle - werden mit Hilfe von 11 Szenarien untersucht (vergleiche Tabelle 13). In Szenario A besteht kein Unterschied zwischen den beiden Staaten. Die übrigen Szenarien unterscheiden sich dadurch, dass jeweils ein Parameter angehoben wird, so dass die Auswirkungen der Veränderung dieses Parameters genau betrachtet werden kann.

Tabelle 13 Darstellung verschiedener Szenarien

Szenario A	$A_1=1$ $A_2=1$	$\beta_1=1$ $\beta_2=1$	$\chi_1=1$ $\chi_2=1$	$\varepsilon_1=1$ $\varepsilon_2=1$	$g_1=1$ $g_2=1$
Szenario B	$A_1=2$ $A_2=1$	$\beta_1=1$ $\beta_2=1$	$\chi_1=1$ $\chi_2=1$	$\varepsilon_1=1$ $\varepsilon_2=1$	$g_1=1$ $g_2=1$
Szenario C	$A_1=1$ $A_2=2$	$\beta_1=1$ $\beta_2=1$	$\chi_1=1$ $\chi_2=1$	$\varepsilon_1=1$ $\varepsilon_2=1$	$g_1=1$ $g_2=1$
Szenario D	$A_1=1$ $A_2=1$	$\beta_1=2$ $\beta_2=1$	$\chi_1=1$ $\chi_2=1$	$\varepsilon_1=1$ $\varepsilon_2=1$	$g_1=1$ $g_2=1$
Szenario E	$A_1=1$ $A_2=1$	$\beta_1=1$ $\beta_2=2$	$\chi_1=1$ $\chi_2=1$	$\varepsilon_1=1$ $\varepsilon_2=1$	$g_1=1$ $g_2=1$
Szenario F	$A_1=1$ $A_2=1$	$\beta_1=1$ $\beta_2=1$	$\chi_1=2$ $\chi_2=1$	$\varepsilon_1=1$ $\varepsilon_2=1$	$g_1=1$ $g_2=1$
Szenario G	$A_1=1$ $A_2=1$	$\beta_1=1$ $\beta_2=1$	$\chi_1=1$ $\chi_2=2$	$\varepsilon_1=1$ $\varepsilon_2=1$	$g_1=1$ $g_2=1$
Szenario H	$A_1=1$ $A_2=1$	$\beta_1=1$ $\beta_2=1$	$\chi_1=1$ $\chi_2=1$	$\varepsilon_1=2$ $\varepsilon_2=1$	$g_1=1$ $g_2=1$
Szenario I	$A_1=1$ $A_2=1$	$\beta_1=1$ $\beta_2=1$	$\chi_1=1$ $\chi_2=1$	$\varepsilon_1=1$ $\varepsilon_2=2$	$g_1=1$ $g_2=1$
Szenario J	$A_1=1$ $A_2=1$	$\beta_1=1$ $\beta_2=1$	$\chi_1=1$ $\chi_2=1$	$\varepsilon_1=1$ $\varepsilon_2=1$	$g_1=2$ $g_2=1$
Szenario K	$A_1=1$ $A_2=1$	$\beta_1=1$ $\beta_2=1$	$\chi_1=1$ $\chi_2=1$	$\varepsilon_1=1$ $\varepsilon_2=1$	$g_1=1$ $g_2=2$

Verschiedene Tendenzen lassen sich aus Tabelle 14 ablesen. Unabhängig von der Art der Szenarien findet stets eine Emissionsreduktion statt. Hohe Emissionsreduktionen sind bei hohem Umweltschutzbewusstsein und vielen Möglichkeiten zum emissionssparenden technischen Fortschritt zu erwarten. Hat ein Spieler einen hohen exogenen Faktor bzw. hohe Informations- und Transformationskosten ist sogar eine Zunahme seiner Emissionen zu erwarten, wobei der andere Spieler seine Emissionen um so stärker reduziert, so dass insgesamt eine Emissionsreduktion vorliegt.

Tabelle 14: Kooperation unter den verschiedenen Szenarien

	A	B	C	D	E	F	G	H	I	J	K
R_1	0,2	- 0,25	0,5	0,14	0,14	- 0,4	0,6	0,29	0,14	0,4	0,4
R_2	0,2	0,5	- 0,25	0,14	0,14	0,6	- 0,4	0,14	0,29	0,4	0,4
R	0,4	0,25	0,25	0,28	0,28	0,2	0,2	0,43	0,43	0,8	0,8
$\frac{\partial R_1}{\partial A_1}$	- 0,24	- 0,09	- 0,25	- 0,24	- 0,24	- 0,40	- 0,32	- 0,49	- 0,20		
$\frac{\partial R_1}{\partial A_2}$	0,24	0,13	0,09	0,24	0,24	0,16	0,4	0,24	0,41	0,32	0,32
$\frac{\partial R_1}{\partial \beta_1} = \frac{\partial R_1}{\partial \beta_1}$	- 0,08	- 0,03	- 0,06	- 0,04	- 0,04	- 0,04	- 0,04	- 0,12	- 0,06	- 0,16	- 0,16
$\frac{\partial R_1}{\partial \chi_1}$	- 0,6	- 0,75	- 0,5	- 0,57	- 0,57			- 0,86	- 0,71		
$\frac{\partial R_1}{\partial \chi_2}$	0,4	0,25	0,5	0,43	0,43			0,57	0,57		
$\frac{\partial R_1}{\partial \varepsilon_1}$	- 0,08	- 0,19	- 0,13	- 0,06	- 0,06	- 0,24	0,16	- 0,08	- 0,04	- 0,16	- 0,16
$\frac{\partial R_1}{\partial \varepsilon_2}$	- 0,08	- 0,13	0,13	- 0,06	- 0,06	- 0,24	0,16	- 0,08	- 0,04	- 0,16	- 0,16
$\frac{\partial R_1}{\partial g_1} = \frac{\partial R_1}{\partial g_2}$	0,2	0,13	0,25	0,14	0,14			0,29	0,14		

Erklärung zur Tabelle: Leere Felder zeigen an, daß der untersuchte Parameter in der zu behandelnden Funktion nicht erscheint. Das Ergebnis entspricht damit dem vom Szenario A.

Die Analyse der Ergebnisse kann nur qualitativ erfolgen, d.h. es ist lediglich von Bedeutung, ob es sich um ein negatives oder positives Ergebnis handelt. Für genauere Analysen müßte erst ermittelt werden, in welcher Bandbreite die jeweiligen Parameter in der Realität liegen. Dieses kann hier nicht geleistet werden.

Ein Vergleich von $\frac{\partial R_i}{\partial A_i}$ und $\frac{\partial R_i}{\partial A_2}$ zeigt, dass ein höherer exogener Faktor im Inland zu geringeren Emissionsreduktionen im Inland und zu höheren im Ausland führt (Szenario A). Ob insgesamt die Gesamtemissionen reduziert werden, hängt von der Höhe der anderen Parameter ab. Ein hohes Bevölkerungs- bzw. Wirtschaftswachstum im Ausland bei gleichzeitig steigendem Bevölkerungswachstum im Inland führt zu steigenden Emissionen (Szenario C), während ein schon hohes und noch steigendes Bevölkerungswachstum im Inland (Szenario B) zu einer Emissionsreduktion führt, da das Ausland bereit ist seine Emissionen stärker zu reduzieren. Führen Reduktionsmaßnahmen im Inland (Ausland) zu negativen Erträgen, steigen die Emissionen genauso stark im Inland (Ausland) an wie sie im Ausland (Inland) reduziert werden (Szenario D und E). Bei hohen Transformations- und Informationskosten steigen die Emissionen im Inland bei Bevölkerungs- bzw. Wirtschaftswachstum an unabhängig davon, ob die hohen Transformations- und Informationskosten im In- oder im Ausland vorhanden sind. Im Gegensatz dazu macht es bei zunehmenden Bevölkerungswachstum im Ausland durchaus einen Unterschied ob hohe Transformations- und Informationskosten im In- oder im Ausland vorhanden sind. Der Grund: Das Inland zieht bei zunehmenden Bevölkerungswachstum vermehrt Ressourcen vom Reduktionspfad ab, um den Konsum der größeren Bevölkerung zu befriedigen. Bei inländischem Wachstum und hohen Transaktions- und Informationskosten sinken die Reduktionen, vor allem wenn die hohen Kosten im Inland bestehen. Findet hingegen das Wachstum im Ausland statt, steigen als Ausgleich die Reduktionen im Inland, vor allem, wenn hohe Transaktions- und Informationskosten im Ausland bestehen (Szenario F und G). Auch bei einem hohen emissionssparenden Fortschritt im Inland führt ein inländischer Bevölkerungsanstieg zu geringeren Reduktionsanstrengungen im In- und vermehrten im Ausland (Szenario H). Da die kostengünstigen Optionen jedoch im Inland sind, ergeben sich insgesamt weniger Reduktionen. Andererseits gilt jedoch, wenn das emissionssparende technische Fortschritt im Ausland hoch ist, führt ein inländischer Bevölkerungsanstieg zu geringeren Reduktionen, aber um so höheren Reduktionen im Ausland, da das Inland aufgrund des Wachstums mehr im Inland emittieren möchte und damit mehr im Ausland reduzieren muß (Szenario I). Steigt die Bevölkerung im Inland, ist die Höhe der Emissionsreduktion unabhängig von der Schadenserwartung. Bei Bevölkerungswachstum im Ausland wird hingegen aufgrund kooperativen Verhaltens bei hoher Schadenserwartung mehr reduziert, unabhängig jedoch davon ob die hohe Schadenserwartung im In- oder im Ausland stattfindet.

Hat eine Emissionsreduktion auch negative Auswirkungen, ist die Entscheidung über inländische Reduktionsmaßnahmen unabhängig davon, ob diese negativen Auswirkungen im In- oder im Ausland stattfinden. Dies daher, weil im kooperativen Fall nicht betrachtet wird, wer im Inland reduziert, sondern ob im Inland reduziert wird. Es ist daher auch nicht verwunderlich, dass sich bei den Szenarien D und E, F und G sowie J und K dieselben Werte ergeben. Überraschend ist jedoch, daß die Emissionszunahme im Inland geringer ist, wenn die Bevölkerungszahl im Inland hoch ist als wenn sie es im Ausland ist. Aufgrund der hier behandelten speziellen Parameterkonstellation ist die Emissionszunahme im Inland geringer, wenn die Bevölkerungszahl im Inland hoch ist als wenn sie es im Ausland ist.

Bei zunehmenden Transaktions- und Informationskosten im Inland sinkt die Emissionsreduktion im Inland, während im Ausland mehr reduziert wird. Da insgesamt Kosten steigen, sinken die Reduktionen im Gesamtergebnis. Bei hohen exogenen Wachstum im Inland, werden bei zunehmenden inländischen Transaktions- und Informationskosten im Inland weniger Emissionen reduziert, als wenn das Wachstum im Ausland stattfindet. Drohen Arbeitsplatzverluste im In- oder Ausland durch die Reduktion und steigen die inländischen Informations- und Transaktionskosten, werden die Reduktionen verstärkt im Ausland durchgeführt, aber in einem größeren Ausmaß im Inland verringert. Ähnliches gilt, wenn die Reduktionen nur mit hohen Kosten zu erreichen sind.

Steigen die direkt den Reduktionsprojekten zuzurechnenden Kosten, werden weniger Projekte durchgeführt. Wenn im Inland die Kosten steigen, steigen die Emissionen vor allem, wenn es auch noch zu inländischem Wachstum kommt. Bei ausländischen Kostensteigerungen und hohem Wachstum, wird im Inland jedoch mehr reduziert, da das Ausland auf die vergleichsweise günstigeren inländischen Reduktionsmöglichkeiten ausweicht. Dass die Verringerung der Emissionsreduktion geringer ausfällt, wenn negative Beschäftigungseffekte erwartet werden, liegt daran, dass von einem geringeren Reduktionsniveau ausgegangen wird. Umgekehrt fallen die geringeren Reduktionen bei hohen Schadenserwartungen höher aus, weil von einem hohen Reduktionsniveau ausgegangen wird.

Aufgrund der Kooperation ist es unabhängig davon, ob eine höhere Schadenserwartung im In- oder im Ausland vorliegt. Steigt die Schadenserwartung wird (entweder vom Ausland oder vom Inland) auf jeden Fall mehr Emissionen im Inland reduziert werden. Einen positiven Effekt auf die Emissionsreduktion im Inland hat, wenn die Bevölkerung im Ausland sehr hoch und daher dort die

Emissionsreduktionen erschwert lind. Negative Beschäftigungseffekte führen zu geringeren Reduktionen im Inland.

1.4.2 Verhandlung ohne Kooperation

Findet keine Kooperation zwischen den Staaten statt, so beschränkt sich die Kostenfunktion nur auf die Kosten, die den jeweiligen Spieler betreffen. Die Kosten des anderen Spielers w1erden von ihm nicht berücksichtigt. Allerdings ziehen die beiden Spieler ihren Nutzen weiterhin aus einer Verringerung der globalen Schadstoffe, so daß in der Schadensfunktion die Emissionsreduktionen beider Spieler berücksichtigt werden müssen. Somit ergibt sich als Zielfunktion für Spieler 1 (analog für Spieler 2):

$$(24)\quad \max_{R_i} g_i\left(R_i + R_2\right) - \frac{\beta_1}{2}\left(R_1 + R_2\right)^2 - \left(\frac{A_1}{2\varepsilon_1}R_1^2 + A_1\chi_1 R_1\right)$$

Damit ergibt als Reaktionsfunktion für Spieler 1 bei als gegeben unterstellten R_2:

$$(25)\quad R_1^* = \frac{\varepsilon_1\left(g_1 - A_1\chi_1\right)}{\beta_1\varepsilon_1 + A_1} - \frac{\beta_1\varepsilon_1}{\beta_1\varepsilon_1 + A_1}R_2 .$$

$$(26)\quad R_2^* = \frac{\varepsilon_2\left(g_2 - A_2\chi_2\right)}{\beta_2\varepsilon_2 + A_2} - \frac{\beta_2\varepsilon_2}{\beta_2\varepsilon_2 + A_2}R_1$$

Auch wenn keine Kooperation zwischen beiden Spielern stattfindet, sind die Entscheidungen über ihre jeweiligen Reduktionsziele nicht unabhängig von der Entscheidung des anderen Spielers bzw. genauer: nicht unabhängig von der angenommen Entscheidung des anderen Spielers. Spieler 1 (entsprechendes gilt wiederum für Spieler 2) schätzt das Reduktionsziel von Spieler 2. Geht Spieler 1 davon aus, dass Spieler 2 ein hohes Reduktionsziel anstrebt, wird das Reduktionsziel von Spieler 1 entsprechend niedriger ausfallen.

In Mehr-Perioden Spielen kann sich mittels eines trial-and-error Verfahrens eine Lösung einstellen. Angenommen alle Parameter (bis auf g_1 und g_2) nehmen den Wert 1 an. Damit ein Interesse an Reduktionsmaßnahmen besteht, gehen wir von $g_1 = g_2 = 2$ aus.

Wenn nun - aus welchem Grund auch immer - Spieler 1 zu Beginn der Periode 1 davon ausgeht, dass Spieler 2 seine Emissionen um 0,5 Emissionen reduziert, wird Spieler 1 seine Emissionen um 0,25 Einheiten verringern. Tatsächlich ist es aber für Spieler 2 optimal seine Emissionen bei Reduktionen der Emissionen des Spielers 1 um 0,25 Einheiten um 0,75 Einheiten zu verringern. Wenn Spieler 1 dies am Ende von Periode 1 beobachtet hat und für Periode 2 davon ausgeht, dass Spieler 2 das gleiche Reduktionsziel anstreben wird, wird Spieler 1 seine Emissionen um 0,576 Einheiten reduzieren. Das verändert wieder die Entscheidungsgrundlage von Spieler 2 usw.

Aufgrund dieses trial-and-error Verfahrens kommt es langfristig zu dem Cournot-Nash-Gleichgewicht, dem Schnittpunkt der beiden Reaktionskurven $R_1^*(R_2)$ und $R_2^*(R_1)$ in Abbildung 20:

(27) $$R_1 = \frac{\varepsilon_1[\varepsilon_2(\beta_2 g_1 - \beta_1 g_2 - A_1\beta_2\chi_1 + A_2\beta_1\chi_2) + A_2(g_1 - A_1\chi_1)]}{A_1\beta_2\varepsilon_2 + A_2\beta_1\varepsilon_1 + A_1A_2}$$

(28) $$R_2 = \frac{\varepsilon_2[\varepsilon_1(A_1\beta_2\chi_1 - A_2\beta_1\chi_2 + \beta_1 g_2 - \beta_2 g_1) + A_1(g_2 - A_2\chi_2)]}{A_2\beta_1\varepsilon_1 + A_1\beta_2\varepsilon_2 + A_1A_2}$$

Ebenfalls dargestellt ist in Abbildung 20 die Lage des Gleichgewichtspunktes bei einer kooperativen Lösung. Dieser wird oberhalb der beiden Reaktionskurven liegen, so dass sowohl Spieler 1 als auch Spieler 2 höhere Emissionsreduktionen erreichen werden.

Eine Ableitung der einzelnen Parameter ergibt:

(29) $$\frac{\partial R_i}{\delta A_1}=-\frac{\varepsilon_1\left[A_2\beta_1\beta_2\kappa+\varepsilon_2\left(A_2+\beta_2 g_2\right)\lambda+A_2 g_1\left(\beta_1\chi_1+\beta_2 g_2\right)+A_2^2\left(\beta_1\chi_2\varepsilon_2+g_1\right)\right]}{\left(A_1\beta_2\varepsilon_2+A_2\beta_1\varepsilon_1+A_1A_2\right)^2}$$

mit $\kappa=\chi_1 g_1+\chi_2 g_2, \lambda=\beta_2 g_1-\beta_1 g_2$

(30) $$\frac{\partial R_i}{\delta A_2}=\frac{\varepsilon_1\left[A_1\beta_1\beta_2\kappa+\varepsilon_2\left(A_1+\beta_1 g_1\right)\mu+A_{11} g_1\left(\beta_1\chi_1+\beta_2 g_2\right)+A_{12}^2\chi_1\left(\beta_2\varepsilon_2+1\right)\right]}{\left(A_1\beta_2\varepsilon_2+A_2\beta_1\varepsilon_1+A_1A_2\right)^2}$$

Mit $\kappa=\chi_1 g_1+\chi_2 g_2, \mu=\beta_1 g_1-\beta_2 g_1$

(31) $$\frac{\partial R_1}{\partial\beta_1}=-\frac{\varepsilon_1\varepsilon_2\left[\beta_2\left(A_1 g_2^2+A_2 g_1^2\right)+A_1A_2\beta_2\left(\chi_2 g_2-\chi_1 g_1\right)+A_1A_2\left(g_2-A_2\chi_2\right)\right]+\nu}{\left(A_1\beta_2\varepsilon_2+A_2\beta_1\varepsilon_1+A_1A_2\right)^2}$$

Mit $\nu=A_2\varepsilon_1 g_1\left(A_1\chi_1-A_2 g_1\right)$

(32) $$\frac{\partial R_1}{\partial\beta_2}=-\frac{\varepsilon_1\varepsilon_2\left[\beta_1\left(A_1 g_2^2+A_2 g_1^2\right)+A_1A_2\beta_1\chi_1\left(g_1-g_2\right)+A_1A_2\left(g_1-A_1\chi_1\right)\right]+o}{\left(A_1\beta_2\varepsilon_2+A_2\beta_1\varepsilon_1+A_1A_2\right)^2}$$

mit $o=A_1\varepsilon_1 g_2\left(A_1\chi_1-A_2 g_1\right)$

(33) $$\frac{\partial R_1}{\partial\chi_1}=-\frac{A_1\varepsilon_1\left(\beta_2\varepsilon_2+A_2\right)}{A_1\beta_2\varepsilon_2+A_2\beta_1\varepsilon_1+A_1A_2}$$

(34) $$\frac{\partial R_1}{\partial\chi_2}=\frac{A_2\beta_1\varepsilon_1\varepsilon_2}{A_1\beta_2\varepsilon_2+A_2\beta_1\varepsilon_1+A_1A_2}$$

(35) $$\frac{\partial R_1}{\partial\varepsilon_1}=\frac{\varepsilon_2\left[\left(\beta_2 g_1-\beta_1 g_2\right)\left(A_1\beta_2\varepsilon_2+A_1A_2\right)+A_1A_2\pi\right]-A_1A_2^2\left(g_1-A_1\chi_1\right)}{\left(A_1\beta_2\varepsilon_2+A_2\beta_1\varepsilon_1+A_1A_2\right)^2}$$

mit $\pi = \beta_1\beta_2\chi_2\varepsilon_1 - 2A_1\beta_2\chi_1 + \beta_2 g_1 + \beta_1\chi_2 - A_1^2\beta_2^2\chi_1\varepsilon_2$

(36) $$\frac{\partial R_1}{\partial \varepsilon_2} = \frac{\varepsilon_1\left[\beta_1\varepsilon_1\left(A_2\beta_2 g_1 - A_2\beta_1 g_2 - A_1A_2\beta_2\chi_1 + A_2^2\beta_1\chi_2\right) + A_1A_2\varpi + A_1^2\beta_2\chi_1\right]}{\left(A_1\beta_2\varepsilon_2 + A_2\beta_1\varepsilon_1 + A_1A_2\right)^2}$$

mit $\varpi = A_2\beta_1\chi_2\varepsilon_1 - \beta_1\varepsilon_1 g_2 - A_1\beta_2\chi_1\varepsilon_1$

(37) $$\frac{\partial R_1}{\partial g_1} = \frac{\beta_2\varepsilon_1\varepsilon_2 + A_2\varepsilon_1}{A_1\beta_2\varepsilon_2 + A_2\beta_1\varepsilon_1 + A_1A_2}$$

(38) $$\frac{\partial R_1}{\partial g_2} = -\frac{\beta_1\varepsilon_1\varepsilon_2}{A_1\beta_2\varepsilon_2 + A_2\beta_1\varepsilon_1 + A_1A_2}$$

Tabelle 15: Nicht-Kooperation unter den verschiedenen Szenarien

	A	B	C	D	E	F	G	H	I	J	K
R_1	0	- 0,4	0,2	0	0	- 0,7	0,3	0	0	0,7	- 0,3
R_2	0	0,2	- 0,4	0	0	0,3	- 0,7	0	0	- 0,3	0,7
R	0	- 0,2	- 0,2	0	0	- 0,3	- 0,3	0	0	0,3	0,3
$\frac{\partial R_1}{\partial A_1}$	- 0,7	- 0,2	- 0,6	- 0,5	- 0,8	- 0,9	- 0,8	- 0,8	- 0,4	- 1,3	- 0,6
$\frac{\partial R_1}{\partial A_2}$	0,7	0,6	0,2	0,8	0,5	1,1	0,8	0,8	0,4	0,7	1,1
$\frac{\partial R_1}{\partial \beta_1}$	- 0,2	- 0,2	- 0,1	- 0,1	- 0,3	- 0,2	- 0,4	- 0,3	- 0,3	- 0,2	- 0,6
$\frac{\partial R_1}{\partial \beta_2}$	- 0,2	- 0,1	- 0,1	- 0,3	- 0,1	- 0,2	- 0,2	- 0,3	- 0,3	- 0,7	- 0,4
$\frac{\partial R_1}{\partial \chi_1}$	-.0,7	- 0,8	- 0,6	- 0,5	- 0,8			- 1	- 0,8		
$\frac{\partial R_1}{\partial \chi_2}$	0,3	0,2	0,4	0,5	0,3			0,5	0,5		
$\frac{\partial R_1}{\partial \varepsilon_1}$	0	- 0,2	0	0	0	- 0,2	0,2	0	0	0,5	- 0,3
$\frac{\partial R_1}{\partial \varepsilon_2}$	0	0,2	- 0,2	0	0	0,3	- 0,3	- 0,1	0	0,1	- 0,2
$\frac{\partial R_1}{\partial g_1}$	0,7	0,4	0,6	0,5	0,8			1	0,8		
$\frac{\partial R_1}{\partial g_2}$	- 0,3	- 0,2	- 0,2	- 0,5	- 0,3			- 0,5	- 0,5		

Erklärung zur Tabelle: Leere Felder zeigen an, dass der untersuchte Parameter in der zu behandelnden Funktion nicht erscheint. Das Ergebnis entspricht damit dem vom Szenario A.

Im Ausgangsfall A erfolgt keine Emissionsreduktion, was an dem willkürlich gewählten Zahlenbeispiel zurückzuführen ist. Hier sei noch mal betont, dass die Zahlen an sich keine großen Aussagen haben, sondern nur eine Tendenz angeben sollen. Vergleicht man die Reduktionen im Szenario A des Spielers 1 im Falle der Nicht-Kooperation mit dem Szenario des Spielers 1 im Falle Kooperation, stellt man fest, dass bei Nicht-Kooperation Spieler 1 weniger reduziert. Dieses Ergebnis war auch zu erwarten, da bei Kooperation Spieler 1 erwarten kann, dass wenn er Emissionen reduziert, Spieler 2 auch größere Anstrengungen unternehmen wird. Dies ist bei Nicht-Kooperation natürlich nicht der Fall. Dies ist auch der Grund, warum bei Erhöhung eines Parameters im Fall der Nicht-Kooperation die Emissionsreduktionen fast immer geringer ausfallen bzw. die Emissionssteigerungen immer höher ausfallen, als im Fall der Kooperation. Die Ausnahme bildet die Erhöhung des Parameters g_1. Nimmt die Schadenserwartung des Spieler 1 zu, reduziert Spieler 1 im Fall der Nicht-Kooperation mehr als im Fall der Kooperation. Dies liegt daran, da er bei Kooperation Spieler 2 davon überzeugen kann auch mehr zu reduzieren. Bei Nicht-Kooperation ist dies nicht der Fall, so dass Spieler 1 bestrebt sein wird, höher eingeschätzte Schäden durch vermehrte Reduktionsbemühungen auszugleichen.

Entsprechendes gilt für Spieler 2.

Dass sich eine Zunahme des inländischen Wachstums negativ auf die inländische Reduktionen auswirkt, überrascht nicht. Im Falle der Nicht-Kooperation fallen diese Emissionsmaßnahmen höher aus als im Fall der Kooperation. Denn höhere Reduktionsanstrengungen von Spieler 1 werden bei Kooperation durch höhere Reduktionsanstrengungen von Spieler 2 beantwortet. Bei Nicht-Kooperation ist das nicht der Fall.

Eine Zunahme des ausländischen Wachstums führt hingegen zu höheren Emissionsreduktionen. Dieser Anstieg ist bei Nicht-Kooperation höher als bei Kooperation. Denn Spieler 1 weiß bei Nicht-Kooperation, dass Spieler 2 den durch das Wachstum anfallenden Emissionsanstieg durch die Bereitschaft von Spieler 1 mehr zu tun, als er ohne dieses ausländisches Wachstum getan hätte, nicht einschränken wird. Möchte also Spieler 1 den Anstieg der Emissionen einschränken, so muss er selbst mehr reduzieren, als er dies bei Kooperation getan hätte.

Zunehmende negative Auswirkungen durch Emissionsreduktionen führt stets zu einem höheren Emissionsanstieg im Fall der Nicht-Kooperation als der Kooperation. Denn im Fall der Kooperation reduziert der eine Spieler stärker, wenn beim anderen die negativen Folgen der Emissionsreduktionen steigen. Dies wird auch dadurch deutlich, dass es im Fall der Kooperation - im Gegensatz zum Fall der Nicht-Kooperation - keinen Unterschied macht, ob β_1 oder β_2 zunimmt.

Steigende Transaktions- und Informationskosten im Inland führen natürlich zu geringeren Reduktionen im Inland. Dies sind auch in der Regel geringer als im Fall der Kooperation, da in diesem Fall der Spieler 1 bei steigenden Transaktions- und Informationskosten auch im Ausland Reduktionen vornehmen kann, im Fall der Nicht-Kooperation ist dieser Weg nicht möglich.

Bei zunehmenden Transaktions- und Informationskosten im Ausland steigen die Reduktionen im Inland.. Denn Spieler 1 weiß, dass die Reduktionen bei Spieler 2 gering ausfallen werden und muss daher mehr reduzieren, wenn Spieler 1 will, dass ein bestimmtes Reduktionsziel erreicht wird. Die Reduktionszunahmen sind in der Regel geringer als im Fall der Kooperation, da aufgrund der Nicht-Kooperation Spieler 2 keine Reduktionen im Inland durchführen kann.

Steigende Kosten von Reduktionsmaßnahmen im Inland führen zu unterschiedlichen Auswirkungen. Bei hohen inländischen Wachstum sowie Transaktions- und Informationskosten sinken die Reduktionen. Zum einen da der Ressourcenbedarf in eine andere Richtung geleitet werden muss, zum anderen aufgrund des hohen Kostenniveaus. Hohe Schadenserwartung des Auslands führt bei einem Anstieg der inländischen Reduktionskosten zur Zurückhaltung. Sind die Transaktions- und Informationskosten im Ausland hoch bzw. hat das Inland hohe Schadenserwartung nehmen die Reduktionen zu. Zum einen weil Spieler 1 die erwarteten Einschränkungen der Reduktionen von Spieler 2 ausgleichen muss, zum anderen weil der Bedarf nach Reduktionen den Anstieg der Kosten übersteigt. Im Vergleich zum Fall der Kooperation lässt sich keine klare Tendenz ablesen.

Ein umgekehrtes Ergebnis ergibt sich bei einem Anstieg der Kosten ausländischer Reduktionsmaßnahmen. Dies gilt natürlich nicht bei hohen Schadenserwartungen. In diesem Fall weist ein Kostenanstieg des Auslandes in die gleiche Richtung wie ein Kostenanstieg des Inlandes.

Ein Anstieg der inländischen Schadenserwartung führt naturgemäß zu höheren inländischen Reduktionen. Erhöhen sich die Schadenserwartungen des Auslandes sinkt die Bereitschaft des Inlandes Reduktionen vorzunehmen. Spieler 1 wird erwarten, dass Spieler 2 verhältnismäßig umfangreiche Reduktionsmaßnahmen durchführen wird, so dass Spieler 1 nicht so viel zu reduzieren braucht.

1.4.3 Verhandlung mit gleichen Emissionsreduktionsverpflichtungen

Ein möglicher Ansatz ist, daß beide Spieler in Unkenntnis der Kosten- und Schadensfunktion des anderen Spielers beschließen, daß sie ihre Emissionen um einen gleich festen Wert verringern, so daß $\overline{R} = R_1 = R_2$. Wie unter III.4.2 interessieren sie daher nur die eigenen Kosten der Emissionsreduktion sowie die durch die gemeinsame Emissionsreduktion nicht anfallenden Schäden. Mit der sich hieraus ergebenden Emissionsreduktion treten die beiden Spieler in Verhandlung. Findet, wie hier angenommen, keine Seitenzahlung statt, bestimmt der Spieler mit den geringeren gewünschten Emissionsreduktionen das Ergebnis beider Spieler, d.h. $\overline{R} = \min\{\overline{R^{(1)}}, \overline{R^{(2)}}\}$, wobei $\overline{R^{(1)}}$ bzw. $\overline{R^{(2)}}$ das Angebot darstellen, mit dem Spieler 1 bzw. Spieler 2 in die Verhandlung gehen. Aus der Zielfunktion

(39) $\max_{R} = 2g_1\overline{R} - 2\beta_1\overline{R^2} - \left(\frac{A_1}{2\varepsilon_1}\overline{R^2} + A_1\chi_1\overline{R}\right)$ ergibt sich

(40) $\overline{R^{(1)}} = \frac{\varepsilon_1(2g_1 - A_1\chi_1)}{4\beta_1\varepsilon_1 + A_1}$. bzw. $\overline{R^{(2)}} = \frac{\varepsilon_2(2g_2 - A_2\chi_2)}{4\beta_2\varepsilon_2 + A_2}$

Die Ableitung nach den einzelnen Parametern ergibt:

(41) $\frac{\partial\overline{R}}{\partial A_1} = -\frac{2\varepsilon_1(2\beta_1\chi_1\varepsilon_1 + g_1)}{[4\beta_1\varepsilon_1 + A_1]^2}$,

(42) $\frac{\partial\overline{R}}{\partial\beta_1} = -\frac{4\varepsilon_1^2(2g_1 - A_1\chi_1)}{[4\beta_1\varepsilon_1 + A_1]^2}$,

(43) $\frac{\partial\overline{R}}{\partial\chi_1} = -\frac{A_1\varepsilon_1}{4\beta_1\varepsilon_1 + A_1}$.

(44) $\frac{\partial\overline{R}}{\partial\varepsilon_1} = \frac{A_1(2g_1 - A_1\chi_1)}{(4\beta_1\varepsilon_1 + A_1)^2}$ und

(45) $\frac{\partial\overline{R}}{\partial g_1} = \frac{2\varepsilon_1}{4\beta_1\varepsilon_1 + A_1}$.

Tabelle 16: Gleiche Emissionsreduktionsverpflichtung unter verschiedenen Szenarien

	A	B	D	F	H	J
$\overline{R(1)}$	0,2	0	0,11	0	0,22	0,6
$\overline{R}$	0,2	0	0,11	0	0,2	0,2
$\frac{\partial \overline{R(1)}}{\partial A_1}$	- 0,24	- 0,17	- 0,12	- 0,4	- 0,25	- 0,32
$\frac{\partial \overline{R(1)}}{\partial \beta_1}$	- 0,16	0	- 0,05	0	- 0,2	- 0,48
$\frac{\partial \overline{R(1)}}{\partial \chi_1}$	- 0,2	- 0,33	- 0,11		- 0,22	
$\frac{\partial \overline{R(1)}}{\partial \varepsilon_1}$	0,04	0	0,01	0	0,01	0,12
$\frac{\partial \overline{R(1)}}{\partial g_1}$	0,4	0,33	0,22		0,44	

Beschließen beide Staaten sich auf gleiche Emissionsreduktionsverpflichtung zu einigen, werden sie im Basisfall (Szenario A) die Emissionen reduzieren. Zu einer Emissionserhöhung kommt es in keinem der hier betrachteten Szenarien. Falls jeder Spieler nur seine eigenen Parameter betrachtet, führt eine Veränderung der Parameter des Spieler 1 nicht zu einer Veränderung der Forderung von Spieler 2. In den hier untersuchten Szenarien wird Spieler 2 also stets eine Emissionsreduktion von 0,2 Einheiten fordern. Liegt diese Forderung unterhalb der von Spieler 1, so wird sich Spieler 2 durchsetzen (Szenario H und J), ansonsten (Szenario B, D und F) wird die Forderung von Spieler 1 zum Reduktionsziel für beide Spieler. Es ist nicht überraschend, dass in allen Fällen das Reduktionsziel geringer ist, als wenn beide Spieler kooperieren würden. Andererseits ist das Reduktionsziel in der Regel höher als wenn diese Kooperation nicht stattfinden würde. Eine Ausnahme besteht nur bei hohen Schadenserwartungen eines Spielers. Findet keine Kooperation statt, wird der Spieler mit der hohen Schadenserwartung von sich aus seine Emissionen vergleichsweise stark reduzieren. Da im Fall einer gleichen Emissionsreduktionsverpflichtung eine Einigung zwingend vorgeschrieben ist und derjenige mit dem geringeren Reduktionsziel annahmengemäß am längeren Hebel sitzt, wird der Spieler mit der hohen Schadenserwartung seine hohe Reduktionsbereitschaft nicht durchsetzen können.

Bei höherem inländischen Wachstum sinkt die Emissionsreduktionsforderung des Spieler 1. Die negativen Auswirkungen des inländischen Wachstums auf die Forderung sind allerdings geringer als die Veränderung im Falle einer Nicht-Kooperation, da Spieler 2, akzeptiert er die Forderung von Spieler 1, in gleicher Höhe die Emissionen reduziert und Spieler 1 dies weiß. Im Fall der Nicht-Kooperation kann Spieler 1 hiervon nicht ausgehen. Ob die negativen Auswirkungen des inländischen Wachstums auf die Reduktionen bzw. Reduktionsforderungen von Spieler 1 im Fall der Kooperation oder bei gleicher Emissionsreduktionsverpflichtungen höher ist, lässt sich nicht eindeutig sagen. Dies ist von Szenario zu Szenario unterschiedlich.

Die Reduktionsforderungen von Spieler 1 sinken, wenn die negativen Auswirkungen einer Reduktion steigen. Allerdings fällt diese Verringerung (bis auf Szenario J) geringer aus, als wenn nicht kooperiert wird. Dies kann ähnlich wie unter $\overline{R}$ erklärt werden. Eine klare Tendenz zwischen Kooperation und gleiche Emissionsreduktionsverpflichtung lässt sich auch in diesem Fall nicht ablesen.

Steigende Transaktions- und Informationskosten im Inland führen zu einer geringeren Emissionsreduktionsforderung. Diese Veränderung fällt jedoch geringer aus als in den Szenarien Kooperation als auch Nicht-Kooperation. Vor allem für den Fall der Kooperation überrascht dies. Steigen die Kosten bei Spieler 1 im Fall der Kooperation an und bleiben die Kosten bei Spieler 2 unverändert, so wird dieser entsprechend mehr Emissionen reduzieren. Spieler 1 kann also seine Emissionsreduktionen vergleichsweise stark einschränken. Diese Bereitschaft besteht im Fall gleicher Emissionsreduktionsverpflichtungen bei Spieler 2 nicht, so dass Spieler 1 seine Reduktionen nicht so stark einschränken kann.

Ein Anstieg des emissionssparenden technischen Fortschritts führt zu tendenziell höheren Reduktionsforderungen. Die Erklärung des Vergleichs gleicher Emissionsreduktionsforderungen zu Kooperation bzw. Nicht-Kooperation ist ähnlich wie im Fall einer Erhöhung der Transaktions- und Informationskosten.

Eine steigende Schadenserwartung führt in jedem Fall zu einer höheren Emissionsreduktionsforderung. Der höchste Anstieg erfolgt hier im Fall der Nicht-Kooperation, der geringste im Fall der Kooperation. Bei Nicht-Kooperation handelt Spieler 1 unabhängig vom Interesse des Spielers 2. Und da das Interesse von Spieler 1 nach Reduktion zunimmt, kommt dies in diesem Fall auch am stärksten zum Ausdruck. Bei Kooperation geht in die Betrachtung von Spieler 1 auch die unverändert geringe Schadenserwartung des Spielers 2 ein, so dass aus diesem Grund die Reduktionen von Spieler 1 am geringsten ausfallen.

1.5 Zusammenfassung

Grundsätzlich kann zu diesem Modell folgendes gesagt werden:

- Bei Klimaverhandlungen muß stets damit gerechnet werden, dass (mindestens) eine Partei die Position des Trittbrettfahrers einnehmen will.
- Für eine genauere Analyse wäre es erforderlich, die Motive der verschiedenen bei Klimaverhandlungen vorhandenen Staatengruppen in die Analyse einzubeziehen. Für einen ersten Überblick ist es jedoch ausreichend, mit Industrie- und Entwicklungsländer nur zwei Spieler zu modellieren.

- Ertragsfunktionen bei THG-Emissionsreduktionen können durchaus Sprungstellen aufweisen. In diesem Modell wird jedoch nur eine linear ansteigende Grenzertragsfunktion betrachtet.
- Die Parameter des Modells bezeichnen das von den Treibhausgasemissionen unabhängige Wachstum, die negativen Auswirkungen durch eine Emissionsreduktion (Arbeitsplatzverluste, geringere landwirtschaftliche Erträge), die erwarteten Schäden durch die Emissionen, die Transaktions- und Informationskosten von Reduktionsmaßnahmen und den emissionssparenden technischen Fortschritt.
- Die hier untersuchten Szenarien sind: Kooperation, Nicht-Kooperation sowie gleiche Emissionsreduktionsverpflichtungen, wobei der „langsamste" Spieler das gemeinsame Tempo bestimmt.
- Nur bei voller Kooperation kommt es stets zu einer Emissionsreduktion. Kooperieren die Spieler nicht, werden die Emissionen nur bei hoher Schadenserwartung (mindestens) eines Spielers reduziert. Beschließen die Staaten gleich viel zu reduzieren, ist zu erwarten, dass die Emissionen zumindest nicht erhöht werden.
- Höheres Wachstum sowie steigende Informations- und Transaktionskosten des Inlandes führt stets zu einer geringeren Reduktion des Inlandes. In der Regel gilt dies auch, wenn die Reduktionsmaßnahmen zunehmend negative Auswirkungen haben.
- Steigende Schadenserwartung des Inlands führt zu einer höheren Reduktion im Inland. Ähnliches gilt auch bei höherem ausländischem Wachstum sowie höheren Transaktions- und Informationskosten im Ausland. Diese Parameter berücksichtigt Spieler 1 jedoch nicht, wenn er seine Reduktionsforderungen erhebt. Allerdings senkt der Spieler 2 seine Forderungen nach Reduktionen, wenn einer der beiden Parameter steigt. Da sich annahmegemäß der Spieler mit der geringsten Forderung durchsetzen wird, werden aufgrund dieser indirekten Auswirkungen die Reduktionen des Spieler 1 sinken, wenn das aus-

ländische Wachstum bzw. die Transaktions- und Informationskosten im Ausland steigen.

- Die Auswirkungen der Zunahme der anderen Parameter erfolgt nicht stets in die gleiche Richtung.

2 *TROPENWALDNUTZUNG UND KLIMAVERÄNDERUNG*[401]

2.1 *Bestehende Modelle zur Nutzung der Ressource Wald*

Wenn das Kyoto-Protokoll völkerrechtliche Gültigkeit erlangt, wird über die genaue Ausgestaltung der Kyoto-Mechanismen zu entscheiden sein. Ein Bestandteil dieser Entscheidung wird sein, ob Anrechnungen von THG-Emissionsreduktionen auch mittels Senkenprojekte erzielt werden können.

Die Problematik der Regenwaldvernichtung und die Akkumulation von atmosphärischen Schadstoffen, also die Nutzung der Atmosphäre als Deponie, ist als ein intertemporales Problem zu behandeln, weil die Berücksichtigung der Kohlenstoffemissionen zu einer Verbindung zwischen Gegenwart und Zukunft führt.[402]

In bezug auf die optimale Bewirtschaftung eines Waldgebietes (bzw. aller Waldgebiete weltweit) wurden verschiedene volkswirtschaftliche Modelle entwickelt. In ihrer einfachsten Form wird nur das Kapitalgut Holz betrachtet. Die Hauptcharakteristika dieses Gutes sind:[403]

- seine Eigenschaft als eine erneuerbare Ressource, deren Wachstum sich durch den Verlauf einer typischen ertragsgesetzlichen Produktionsfunktion beschreiben läßt. Der Verlauf dieser Produktionsfunktion kann direkt (z.B. Anpflanzung schnellwachsender Baumarten, Düngung) oder indirekt (z.B. Saurer Regen, Bewirtschaftung im Wald beheimateter Wildtiere) durch den Menschen beeinflußt werden. Durch clear-cutting kann ein Wald auch in Form einer nicht-erneuerbaren Ressource bewirtschaftet werden. Dies kann dann sinnvoll sein, wenn das Land, auf dem der Wald steht, einen höheren

---

[401] Dieses Kapitel wurde größtenteils vorab veröffentlicht in: Henrichs / Wacker (1999) S. 8ff.
[402] Vgl. u.a. Wacker / Blank (1998).

Wert hat als der Wald an sich, so daß eine Umwidmung des Landes z.B. als Farm- oder Ackerfläche erfolgt.

- seine Langlebigkeit. Je nach Art erreicht ein Baum seine maximale Biomasse nach 15 - 150 Jahren. Zu einem gegebenen Zeitpunkt muß der Nutzer entscheiden, ob er den gegenwärtigen Konsum inklusive Zinsgewinn aus dem frühzeitigen Verkauf des Holzes oder den zukünftigen Konsum inklusive Zusatzertrag aufgrund des Wachstums höher bewertet.
- seine vielfachen Nutzungsmöglichkeiten, z.B. als Brennholz, Bauholz und Grundstoff für die Papierindustrie.

In einfachen Ein-Perioden Modellen wird der optimale Einschlagzeitpunkt eines Baumes bestimmt unter Berücksichtigung:[404]

- des Mindestalters, ab dem der Baum nutzbar ist,
- der Wachstumsrate des Baumes,
- des Höchstalters, ab dem der Baum aufhört zu wachsen,
- des Preises einer Holzeinheit,
- der Einschlagkosten,
- des Zinssatzes.

Entspricht der Zusatzertrag an Holz durch eine marginale Veränderung des Einschlagzeitpunktes den entgangenen Zinsgewinnen, so ist der optimale Einschlagzeitpunkt erreicht. In diesen Modellen wird eine zunächst unbewaldete Fläche aufgeforstet, anschließend abgeerntet und wieder aufgeforstet.[405] Dadurch entstehen Rotationsperioden, die um so kürzer sind, je geringer die Aufforstungskosten sind. Der maximal dauerhafte Ertrag (maximum sustainable yield, MSY) eines Waldgebietes ist dann erreicht, wenn sich der Bestand bei ertragsgesetzlicher Funktion nicht mehr verändert. Sinkt der Bestand, so wird

---

[403] Vgl. Hartwick / Olewiler (1998) S. 307.
[404] Vgl. Wacker / Blank (1998) S. 106.
[405] Vgl. Wacker / Blank (1998) S. 110ff.

der Wald langfristig vollständig gerodet sein. Bei zunehmenden Bestand kann der Mehrertrag früher genutzt werden.

Komplexere Modelle betrachten u.a. auch die Auswirkung verschiedener Eigentumsrechte, Steuer- und Ordnungspolitiken auf die Waldbewirtschaftung.[406] Auch geht der Grad der Homogenität (Alter und Art der Bäume) eines Waldes in die Betrachtung ein. Im Privatbesitz befindliche Wälder unterliegen in der Regel einer Bewirtschaftung in kürzerer Frist als Wälder in öffentlicher Hand, zumal da „kurzfristig“ durchaus den Zeitraum von ein, zwei Jahrzehnten oder mehr umfassen kann.

2.2 Entwicklung eines Tropenwald-Klima-Modells

Im folgenden wird ein Modell entwickelt, in dem eine supranationale Organisation eine optimale Bewirtschaftung tropischer Regenwälder bestimmt und dabei die Klimawirksamkeit der Holzeinschlagaktivität berücksichtigt. Das Modell ist insoweit einfach gehalten, als Brandrodung nicht modelliert wird, da sie nicht als ein Element in einem Kalkül nachhaltiger Bewirtschaftung angesehen werden kann. Die Klimaschadstoffe werden in einer zusammengefaßten Größe behandelt, was grundsätzlich möglich ist und die Normierung auf einen Schadstoff mit Bestimmung von Klimawirksamkeits-Potentialen impliziert.[407] Das Modell ist geeignet, Aussagen darüber zu treffen, unter welchen Prämissen eine Nutzung der Tropenwälder empfehlenswert ist.

Seit den siebziger Jahren gibt es eine Reihe von Modellen, die mit der optimalen Steuerung von Umweltverschmutzung befaßt sind.[408] Sie vernachlässigen natürliche Ressourcen, unterstellen die (allgemeine) Existenz einer Deponie, in der Abfälle akkumuliert werden, oder (spiegelbildlich) einen Umweltkapital-

[406] Vgl. Hartwick / Olewiler (1998) S. 327ff.
[407] Vgl. Torvanger et al. (1996) S. 35.
[408] Vgl. Keeler et al. (1971), Forster (1972, 1975).

stock, der „abgeschrieben“ wird über Verschmutzung aus Produktion und Konsum. Als eine solche Deponie behandeln wir im folgenden die Atmosphäre, die sich durch einen Abbau der Klimaschadstoffe langfristig regenerieren kann. Modifiziert wird der Literaturstand durch die explizite Modellierung einer zweiten regenerativen natürlichen Ressource, den Tropenwald.

Natürliche Ressourcen wie Tropenwälder verursachen durch ihre Existenz Wirkungen jenseits des Nutzwertes von Holz. Das können beispielsweise Rekreationswerte oder die Eigenschaft als Hort der ökologischen Artenvielfalt sein.[409] Zur Berücksichtigung von Bestandseffekten gibt es eine Reihe von Arbeiten. Hartman (1976) optimiert ein Ein-Spezies-Modell der Waldnutzung, in welchem der Forstbestand zusätzliches Argument in der Nutzenfunktion ist. Berck (1981) untersucht diesen Fall in einer sehr allgemeinen Modellstruktur.[410] Eine Erweiterung dieses Ein-Spezies-Modells, die einen der Umwelteinflüsse endogenisiert, haben Siebert (1982), Ströbele (1988) und Tahvonen (1991) vorgenommen. Hier werden negative Bestandsexternalitäten insoweit modelliert, als eine zweite Bestandsgröße die Regeneration der ersten beeinträchtigt. Beispielhaft genannt sei hier die Wirkung von Meeresverschmutzung auf ökonomisch genutzte Fischbestände.

Der im folgenden formulierte Ansatz weicht von diesen Modellen auch ab durch die Gestaltung des Schädigungszusammenhangs: Die Tropenwaldnutzung setzt Klimaschadstoffe frei, die die Atmosphärenqualität beeinträchtigen, welche als direktes Argument in der Nutzenfunktion auftaucht. Die negativen Bestandseffekte kommen im Gefüge der beiden Ressourcen wie auch in der gesellschaftlichen Nutzenbewertung zum Tragen. Obgleich die Diskussion im Kontext der Nutzung tropischer Regenwälder und des Klimasystems erfolgt, ist das Mo-

[409] Bereits Mill (1865) hat hierauf verwiesen.
[410] Zu weiteren Arbeiten dieser Modellierungsrichtung vgl. den Übersichtsaufsatz von Wilen (1985).

dell hinreichend allgemein, um auch auf andere Problembereiche der Nutzung natürlicher Ressourcen mit Bestandseffekten Anwendung finden zu können.

2.2.1 Das Modell

Eine supranationale Organisation maximiert die gesellschaftliche (globale) Wohlfahrt, die zu jedem Zeitpunkt gemessen wird durch eine streng konkave Nutzenfunktion U, in die als Argumente der laufende Tropenwaldkonsum beziehungsweise Holzeinschlag Q und der Luftschadstoffbestand K, welcher die Atmosphäre schädigt, eingehen:

(46) $U = U(Q,K)$ mit[411]

(47) $\frac{\partial U}{\partial Q} \equiv U_Q > 0 \qquad \frac{\partial^2 U}{\partial Q^2} \equiv U_{QQ} < 0$

(48) $\frac{\partial U}{\partial K} \equiv U_K > 0 \qquad \frac{\partial^2 U}{\partial K^2} \equiv U_{KK} < 0$

(49) $\lim_{Q \to 0} U_Q = +\infty$

(50) $\lim_{Q \to \infty} U_Q = 0$

(51) $\lim_{Q \to \bar{Q}} U_K = -\infty$

Durch den zusätzlichen Konsum einer marginalen Einheit Tropenwald (= zusätzlicher Holzeinschlag) entsteht ein positiver Nutzen, allerdings mit abneh-

[411] Die Variablen des nachfolgend diskutierten Modells (Q, K, T, λ, μ) sind zeitveränderlich. Aus Gründen der Übersichtlichkeit wird im folgenden der Zeitindex weggelassen. Die Ableitungen werden mit tiefgestellten Symbolen bezeichnet. Ein Punkt über einer Variablen kennzeichnet deren erste Ableitung nach der Zeit.

mender Rate, d.h. je mehr Tropenwald gerodet wird desto geringer ist der zusätzliche Nutzenzuwachs. Dies wird auch durch Gleichung (49) und (50) deutlich. Gleichung (51) besagt, daß wenn der Holzeinschlag eine feste Obergrenze $\bar{Q}$ erreicht, bei der das Weltklimasystem zusammenbricht, dieser Holzeinschlag einen unendlich negativen Nutzenzuwachs verursacht.

Zur Vereinfachung unterstellen wir eine vollständig separable Nutzenfunktion:

(52) $U_{QK} = U_{KQ} = 0$

Der Tropenwald (Bestand des Tropenwaldes = T) entwickelt sich gemäß der Dynamik des logistischen Wachstumsmodells:

(53) $\dot{T} = aT - bT^2 - Q = \mathrm{F(T) - Q}$

Das logistische Wachstumsmodell ist mittlerweile das meistverwendete Modell in der ökonomischen Theorie regenerativer natürlicher Ressourcen. Zwar sind forstwirtschaftliche Probleme grundsätzlich welche der Analyse altersstrukturierter Ressourcen. Solange diese Struktur jedoch in ökonomischen Untersuchungen nicht von expliziter Relevanz sind, ist die Modellierung logistischen Wachstums sinnhaft.[412] Die Regeneration des Bestandes wird damit bestimmt durch die intrinsische, konstante Wachstumsrate a sowie einen quadratischen Degenerationsterm $(-bT^2)$. Die Nutzung des Tropenwaldes erfolgt in Form von Holzeinschlag mit der Menge Q.

---

[412] Vgl. hierzu Goh (1980) und Shugart (1984). Zu einer umfassenden Darstellung logistischer Wachstumsmodelle siehe ausführlich und beispielhaft Lotka (1925) oder Clark (1976).

Die Atmosphäre stellt eine Art Deponie für den Schadstoff dar und läßt sich in ihrer Dynamik beschreiben durch:

(54) $\dot{K} = -\alpha K + \beta Q$

Dabei beschreibt der zweite Term die Zunahme des Schadstoffes durch die Nutzung des Tropenwaldes (Freisetzung von Kohlenstoff, der sich in der Atmosphäre zu Kohlendioxid anreichert) und der erste Term den Abbau des Schadstoffes durch die Selbstregulierung der Atmosphäre. Zur Vereinfachung sind beide Zusammenhänge als linear konstruiert. Die Holznutzung läßt sich in „Emissionsäquivalente" umrechnen.

Die Existenzbedingung für ein Bestandsgleichgewicht erfordert, daß in Gleichung (54) der natürliche Abbau der laufenden Klimabelastung entspricht. Deshalb ist es im Zweifelsfall nicht hinreichend, davon auszugehen, daß ein Grenzwert $\overline{U}_K$ für das gesellschaftliche Leiden unter der Klimaschädigung eine Gefährdung des ökologischen Systems ausschließt. Eine derartige Obergrenze erfüllt ihren ökologischen Zweck nur, wenn sie nicht zu hoch ist - in diesem Fall würde die Existenzanforderung früher (oder zeitgleich) zum Tragen kommen.[413]

2.2.2 Modelloptimierung

Das Ziel der supranationalen Organisation ist die Maximierung des diskontierten globalen Nutzenstroms

(55) $\int_0^\infty e^{-\delta t} \{U(Q, K) - c(Q)\}\, dt \rightarrow Max!$

[413] Für eine umfangreiche Diskussion im Kontext der Abfalldeponierung vgl. Clausen / Wacker (1998).

Diese ergibt sich als mit der konstanten Zeitpräferenzrate δ diskontierter Nutzenstrom aus Holzeinschlag und Klimaschädigung sowie den Einschlagkosten $c(Q)$, mit $\frac{dc(Q)}{dQ} < 0$.

Als Hamiltonfunktion in laufenden Werten ergibt sich:

$$(56) \quad \Lambda = U(Q,K) - c(Q) + \lambda \left[F(T) - Q\right] + \mu \left(-\alpha K + \beta Q\right)$$

Die notwendigen Bedingungen des Optimierungsproblemes sind:

$$(57) \quad \frac{\partial \Lambda}{\partial Q} \equiv \Lambda_Q = U_Q - c_Q - \lambda + \mu\beta$$

$$(58) \quad \frac{\partial \lambda}{\partial t} \equiv \dot{\lambda} = \delta\lambda - \frac{\partial \Lambda}{\partial T} = \lambda(\delta - F_T)$$

$$(59) \quad \frac{\partial \mu}{\partial t} \equiv \dot{\mu} = \delta\mu - \frac{\partial \Lambda}{\partial K} = \mu(\delta + \alpha) - U_K$$

Bedingung (58) beschreibt eine Hotelling-Regel für regenerative natürliche Ressourcen mit Knappheitsrestriktion, in diesem Fall für das Tropenwaldsystem. Bedingung (59) ist eine Hotelling-Regel für das Schadstoffaufnahmemedium Atmosphäre. Den Schattenpreisen für die natürlichen Ressourcen kann in realen Problemstellungen nur Bedeutung zukommen, wenn das ökologische (beziehungsweise ökologisch-ökonomische) System beobachtbar ist - über die Schattenpreise und deren Entwicklung nämlich - und wenn es, über auf diesen Schattenpreisen basierende Anreize, auch steuerbar ist. Ein Preispfad, der effizient ist, muß die Hotelling-Regel erfüllen.

2.2.3 Gleichgewichtsbetrachtung

Aus den Gleichungen (58) und (59) folgt für die Beschreibung des Steady-state:

$$(60)\quad \delta = F_T$$

$$(61)\quad \mu = \frac{U_K}{\delta + \alpha}$$

Gleichung (60) entspricht der bekannten „Goldenen Regel“ aus der neoklassischen Wachstumstheorie. Die gesellschaftliche Zeitpräferenzrate muß (60) zufolge im Optimum der Grenzproduktivität der regenerativen natürlichen Ressource entsprechen. Analog ist Gleichung (61) zu interpretieren: Der Schattenpreis μ für das Klimasystem muß auf dem Optimalpfad dem Grenzschaden U_K entsprechen, bewertet mit der Summe aus der gesellschaftlichen Zeitpräferenzrate und der Rate des natürlichen Abbaus der Klimaschadstoffe $(\delta + \alpha)$.

Einsetzen von Gleichung (61) in (57) führt im Gleichgewicht auf:

$$(62)\quad \lambda = U_Q - c_Q + \frac{1}{\delta + \alpha} \cdot \beta U_K$$

Der letzte Term auf der rechten Seite von Gleichung (62) trägt der Bestandsexternalität Rechnung. Die Modellierung negativer Bestandsexternalitäten führt im Ergebnis dazu, daß ein größerer Gleichgewichtsbestand an natürlicher Ressource gehalten werden muß als im (grundlegenden) Ein-Spezies-Zusammenhang.[414] Im vorliegenden Modell bedeutet dies: Aufgrund der Klimawirkung der

[414] Siehe Berck (1981) und Smith (1977). Zur Ökonomik regenerativer natürlicher Ressourcen vergleiche grundlegend Clark (1976), Ströbele (1987) und Wacker/Blank (1998). Zu einer ökologisch-theoretischen Darstellung sei beispielhaft verwiesen auf Goh (1980).

Holznutzung ist ein größerer gleichgewichtiger Tropenwaldbestand zu halten als bei Abwesenheit dieses ökologischen Wirkungszusammenhangs.

Der Schattenpreis für eine Einheit Tropenwald wird gemäß Gleichung (59) bestimmt durch den Netto-Grenznutzen aus dem (potentiellen) Einschlag dieser Einheit Holz und dem mit $\left(\frac{1}{\delta+\alpha}\right)$ bewerteten Grenzleid, welches entsteht durch die Schädigungswirkung $(\beta \cdot U_K)$.

Die Grenzrate der Substitution $\left(\frac{dK}{dQ}\right)$ ist als Rohstoffpreis aus Sicht der Gesellschaft interpretierbar. Die Ableitung reflektiert die Bereitschaft, für den Klimaschutz auf Möglichkeiten zur Tropenwaldnutzung zu verzichten.

Der Relativpreis, das Verhältnis der Schattenpreise von Tropenwald und Klima, ist:

$$(63) \quad \frac{\lambda}{\mu} = \frac{\left(U_Q - c_Q\right)(\delta + \alpha)}{U_K} + \beta$$

Die Modelloptimierung liefert Ergebnisse, die im traditionellen Ein-Spezies-Modell nicht möglich sind. Dort ergibt sich als zentrale Anforderung an ein effizientes Ergebnis die Entsprechung von Grenzproduktivität der Ressource und gesellschaftlicher Zeitpräferenzrate. In logistischen Modellen ohne bestandsabhängige Erntekosten führt dies zu einem Bestandsgleichgewicht, das geringer ist als das mit maximalem dauerhaftem Ertrag verbundene. Unter Berücksichtigung dieser Kosten implizieren die marginalen Bestandseffekte eine Gleichgewichtslage rechts vom MSY.[415] Allerdings ist ein solches qualitatives Ergebnis auch

[415] Vgl. Clark (1976), Wacker / Blank (1998)

über negative Externalitäten erreichbar, wobei sich die Regenerationsfunktion gleichzeitig nach unten/innen verschiebt.[416]

2.2.4 Stabilitätsanalyse

Nachfolgend wird das komplexe Differentialgleichungssystem einer lokalen Stabilitätsanalyse unterzogen, die Aufschluß über das Systemverhalten bei Störungen des Gleichgewichtes im lokalen Umfeld liefert. Über Linearisierung erhält man:

$$(64)\quad \begin{pmatrix} \dot{T} \\ \dot{K} \\ \dot{\lambda} \\ \dot{\mu} \end{pmatrix} = \begin{pmatrix} \frac{\partial \dot{T}}{\partial T} & \frac{\partial \dot{T}}{\partial K} & \frac{\partial \dot{T}}{\partial \lambda} & \frac{\partial \dot{T}}{\partial \mu} \\ \frac{\partial \dot{K}}{\partial T} & \frac{\partial \dot{K}}{\partial K} & \frac{\partial \dot{K}}{\partial \lambda} & \frac{\partial \dot{K}}{\partial \mu} \\ \frac{\partial \dot{\lambda}}{\partial T} & \frac{\partial \dot{\lambda}}{\partial K} & \frac{\partial \dot{\lambda}}{\partial \lambda} & \frac{\partial \dot{\lambda}}{\partial \mu} \\ \frac{\partial \dot{\mu}}{\partial T} & \frac{\partial \dot{\mu}}{\partial K} & \frac{\partial \dot{\mu}}{\partial \lambda} & \frac{\partial \dot{\mu}}{\partial \mu} \end{pmatrix} \cdot \begin{pmatrix} T - \overline{T} \\ K - \overline{K} \\ \lambda - \overline{\lambda} \\ \mu - \overline{\mu} \end{pmatrix} + \phi \left(\left\| \begin{pmatrix} T - \overline{T} \\ K - \overline{K} \\ \lambda - \overline{\lambda} \\ \mu - \overline{\mu} \end{pmatrix} \right\| \right)$$

Mit J wird die Jacobimatrix des Systems, ausgewertet im Gleichgewicht

$(\overline{T}, \overline{K}, \overline{\lambda}, \overline{\mu})$

bezeichnet.

Für die Spur ergibt sich

$$(65)\quad SpJ = 2\delta$$

und für die Determinante

$$(66)\quad DetJ = \left\{ -\alpha \cdot \left(\delta F_T - F_T^2 \right) \right\} \cdot (\delta + \alpha).$$

---

[416] Siehe hierzu vertiefend Siebert (1982) und Ströbele (1988).

Die Determinante ist positiv, weil wegen der Bestandseffekte F_T kleiner Null ist.[417]

Die Ermittlung der Eigenwerte erfolgt unter Berechnung von:[418]

$$(67)\quad M = \begin{vmatrix} \frac{\partial \dot{T}}{\partial T} & \frac{\partial \dot{T}}{\partial \lambda} \\ \frac{\partial \dot{\lambda}}{\partial T} & \frac{\partial \dot{\lambda}}{\partial \lambda} \end{vmatrix} + \begin{vmatrix} \frac{\partial \dot{K}}{\partial K} & \frac{\partial \dot{K}}{\partial \mu} \\ \frac{\partial \dot{\mu}}{\partial K} & \frac{\partial \dot{\mu}}{\partial \mu} \end{vmatrix} + 2 \cdot \begin{vmatrix} \frac{\partial \dot{T}}{\partial K} & \frac{\partial \dot{T}}{\partial \mu} \\ \frac{\partial \dot{\lambda}}{\partial K} & \frac{\partial \dot{\lambda}}{\partial \mu} \end{vmatrix}$$

Damit ergibt sich M zu

$$(68)\quad M = F_T \cdot (\delta - F_T) - \alpha \cdot (\delta + \alpha) < 0$$

Ein Vergleich zeigt, daß

$$(69)\quad DetJ > M^2 / 4 > 0$$

Aus den Gleichungen (68) und (69) folgt unmittelbar, daß die Eigenwerte konjugiert komplex sind, mit zwei positiven und zwei negativen Realteilen. Es ergibt sich somit eine zweidimensionale stabile Mannigfaltigkeit mit spiralförmiger Konvergenz zum Gleichgewicht ohne zyklisches Verhalten der Lösungskurven.

Die Stabilitätsanalyse zeigt, daß ein stabiles Nutzungsgleichgewicht trotz negativer Externalitäten, deren „ökologische Neutralisierung" nicht möglich ist, erreichbar ist. Auf dem Anpassungspfad strudelt das System in dieses Gleichgewicht unter Steuerung durch die Schattenpreise für die beiden Ressourcen.

---

417 Vgl. beispielhaft Clark (1976) oder Berck (1981)

418 Vgl. Dockner (1984) und Feichtinger/Hartl (1986) S. 133 ff.

2.3 *Abschließende Diskussion*

Der diskutierte utilitaristische Zusammenhang impliziert eine anonyme Aggregation von Kosten und Nutzen, ohne die Gewinner und Verlierer einer internationalen Tropenwald- und Klimaschutzpolitik zu identifizieren. Er operationalisiert lediglich die Vorstellung des größtmöglichen Nutzens für möglichst viele Individuen. Damit ist er eine direkte und plausible Annäherung an die Implementation eines an der Präferenzbefriedigung ausgerichteten Wertesystems. Wenn die Betroffenen eine nachhaltige Politik höher einschätzen als eine auf kurz- bis mittelfristig ausgerichtete Politik der Waldvernichtung und Klimaschädigung, dann stützt der utilitaristische Ansatz die nachhaltige Entwicklung. Derartige Kosten-Nutzen-Kalküle sind somit in einer Situation sinnvoll, in der die gesellschaftlichen Präferenzen auf nachhaltige Entwicklung ausgedehnt werden.

Eine kohärente utilitaristische Strategie für den Fall, daß die Präferenzen langfristig notwendige Kalküle nicht berücksichtigen, besteht in Politiken, die auf Grundlage von Kosten-Nutzen-Überlegungen gewählt werden, jedoch mit Blick auf zu befürchtende Umweltentwicklungen mit irreversiblem Charakter ergänzt werden um einschränkende Maßnahmen wie die Festlegung von Mindeststandards für die Tropenwälder oder Höchstbelastungen für das Klimasystem. Dies bedeutet aber nichts anderes, als daß eine Gesellschaft, die allein myopische Präferenzen zuläßt, die aufgrund divergierender Präferenzen nicht in der Lage ist, im Aggregat der gesellschaftlichen Nutzenfunktion notwendige ökologische Werte abzubilden, den nachhaltigen Aspekten ihrer Entwicklung im Katalog der Restriktionen Rechnung tragen muß.

Auf der Ebene der gesamtwirtschaftlichen Planung läßt sich allenfalls eine (notwendige) globale Politik der Nutzung des Tropenwald-Klima-Systems entwickeln. Sie bildet die erste Stufe eines hierarchischen Optimierungsprogramms, welches als Politikrahmen ein Ausgangspunkt für die Bestimmung regionaler Nutzungsstrategien sein kann. Hier ergibt sich sogleich auch weiterer Forschungsbedarf, der sich auch mit Fragen und Problemen der Kontrolle und Durchsetzungsqualität des globalen Politikentwurfes beschäftigen könnte.

2.4 Zusammenfassung

- Bisherige Modelle in Bezug auf die Ressource Wald betrachten häufig nur Holz als Kapitalgut und es wird nur eine Periode untersucht.
- Komplexere Modelle betrachten allerdings u.a. die Auswirkung verschiedener Eigentumsrechte, Steuer- und Ordnungspolitiken auf die Waldbewirtschaftung.
- Im obigen Modell bestimmt eine supranationale Organisation die optimale Bewirtschaftung tropischer Regenwälder unter Berücksichtigung der Klimawirksamkeit der Holzeinschlagaktivität.
- Durch den zusätzlichen Holzeinschlag entsteht ein positiver Nutzen mit abnehmender Rate. Das freigesetzte Kohlenstoff geht als Schadstoff in die Atmosphäre ein. Die Atmosphäre kann sich jedoch bis zu einem bestimmten Grad selbstregulieren.
- Aufgrund der Klimawirkung der Holznutzung ist ein größerer gleichgewichtiger Tropenwaldbestand zu halten als bei Abwesenheit dieses ökologischen Wirkungszusammenhangs.
- Ob die Betroffenen auf eine kurz- oder eine langfristig ausgerichtete Politik setzen, kann hier nicht diskutiert werden. Das Modell kann bei beiden Verhaltensweisen Aufschlüsse geben.

Anhang

Anhang 1

United Nations Framework Convention on Climate Change

The Parties to this Convention, Acknowledging that change in the Earth's climate and its adverse effects are a common concern of humankind,

Concerned that human activities have been substantially increasing the atmospheric concentrations of greenhouse gases, that these increases enhance the natural greenhouse effect, and that this will result on average in an additional warming of the Earth's surface and atmosphere and may adversely affect natural ecosystems and humankind,

Noting that the largest share of historical andcurrent global emissions of greenhouse gases has originated in developed countries, that per capita emissions in developing countries are still relatively low and that the share of global emissions originating in developing countries will grow to meet their social and development needs,

Aware of the role and importance in terrestrial and marine ecosystems of sinks and reservoirs of greenhouse gases,

Noting that there are many uncertainties in predictions of climate change, particularly with regard to the timing, magnitude and regional patterns thereof,

Acknowledging that the global nature of climate change calls for the widest possible cooperation by all countries and their participation in an effective and appropriate international response, in accordance with their common but differentiated responsibilities and respective capabilities and their social and economic conditions,

Recalling the pertinent provisions of the Declaration of the United Nations Conference on the Human Environment, adopted at Stockholm on 16 June 1972,

Recalling also that States have, in accordance with the Charter of the United Nations and the principles of international law, the sovereign right to exploit their own resources pursuant to their own environmental and developmental policies, and the responsibility to ensure that activities within their jurisdiction or control do not cause damage to the environment of other States or of areas beyond the limits of national jurisdiction,

Reaffirming the principle of sovereignty of States in international cooperation to address climate change,

Recognizing that States should enact effective environmental legislation, that environmental standards, management objectives and priorities should reflect the environmental and developmental context to which they apply, and that standards applied by some countries may be inappropriate and of unwarranted economic and social cost to other countries, in particular developing countries,

Recalling the provisions of General Assembly resolution 44/228 of 22 December 1989 on the United Nations Conference on Environment and Development, and resolutions 43/53 of 6 December 1988, 44/207 of 22 December 1989, 45/212 of 21 December 1990 and 46/169 of 19 December 1991 on protection of global climate for present and future generations of mankind,

Recalling also the provisions of General Assembly resolution 44/206 of 22 December 1989 on the possible adverse effects of sea-level rise on islands and coastal areas, particularly low-lying coastal areas and the pertinent provisions of General Assembly resolution 44/172 of 19 December 1989 on the implementation of the Plan of Action to Combat Desertification,

Recalling further the Vienna Convention for the Protection of the Ozone Layer, 1985, and the Montreal Protocol on Substances that Deplete the Ozone Layer, 1987, as adjusted and amended on 29 June 1990,

Noting the Ministerial Declaration of the Second World Climate Conference adopted on 7 November 1990,

Conscious of the valuable analytical work being conducted by many States on climate change and of the important contributions of the World Meteorological Organization, the United Nations Environment Programme and other organs, organizations and bodies of the United Nations system, as well as other international and intergovernmental bodies, to the exchange of results of scientific research and the coordination of research,

Recognizing that steps required to understand and address climate change will be environmentally, socially and economically most effective if they are based on relevant scientific, technical and economic considerations and continually re-evaluated in the light of new findings in these areas,

Recognizing that various actions to address climate change can be justified economically in their own right and can also help in solving other environmental problems,

Recognizing also the need for developed countries to take immediate action in a flexible manner on the basis of clear priorities, as a first step towards comprehensive response strategies at the global, national and, where agreed, regional levels that take into account all greenhouse gases, with due consideration of their relative contributions to the enhancement of the greenhouse effect,

Recognizing further that low-lying and other small island countries, countries with low-lying coastal, arid and semi-arid areas or areas liable to floods, drought and desertification, and developing countries with fragile mountainous ecosystems are particularly vulnerable to the adverse effects of climate change,

Recognizing the special difficulties of those countries, especially developing countries, whose economies are particularly dependent on fossil fuel production, use and exportation, as a consequence of action taken on limiting greenhouse gas emissions,

Affirming that responses to climate change should be coordinated with social and economic development in an integrated manner with a view to avoiding adverse impacts on the latter, taking into full account the legitimate priority needs of developing countries for the achievement of sustained economic growth and the eradication of poverty,

Recognizing that all countries, especially developing countries, need access to resources required to achieve sustainable social and economic development and that, in order for developing countries to progress towards that goal, their energy consumption will need to grow taking into account the possibilities for achieving greater energy efficiency and for controlling greenhouse gas emissions in general, including through the application of new technologies on terms which make such an application economically and socially beneficial,

Determined to protect the climate system for present and future generations,

Have agreed as follows:

ARTICLE 1
DEFINITIONS

For the purposes of this Convention:

1...."Adverse effects of climate change" means changes in the physical environment or biota resulting from climate change which have significant deleterious effects on the composition, resilience or productivity of natural and managed ecosystems or on the operation of socio-economic systems or on human health and welfare.

2...."Climate change" means a change of climate which is attributed directly or indirectly to human activity that alters the composition of the global atmosphere and which is in addition to natural climate variability observed over comparable time periods.

3...."Climate system" means the totality of the atmosphere, hydrosphere, biosphere and geosphere and their interactions.

4...."Emissions" means the release of greenhouse gases and/or their precursors into the atmosphere over a specified area and period of time.

5...."Greenhouse gases" means those gaseous constituents of the atmosphere, both natural and anthropogenic, that absorb and re-emit infrared radiation.

6...."Regional economic integration organization" means an organization constituted by sovereign States of a given region which has competence in respect of matters governed by this Convention or its protocols and has been duly authorized, in accordance with its internal procedures, to sign, ratify, accept, approve or accede to the instruments concerned.

7...."Reservoir" means a component or components of the climate system where a greenhouse gas or a precursor of a greenhouse gas is stored.

8...."Sink" means any process, activity or mechanism which removes a greenhouse gas, an aerosol or a precursor of a greenhouse gas from the atmosphere.

9...."Source" means any process or activity which releases a greenhouse gas, an aerosol or a precursor of a greenhouse gas into the atmosphere.

ARTICLE 2

OBJECTIVE

The ultimate objective of this Convention and any related legal instruments that the Conference of the Parties may adopt is to achieve, in accordance with the relevant provisions of the Convention, stabilization of greenhouse gas concentrations in the atmosphere at a level that would prevent dangerous anthropogenic interference with the climate system. Such a level should be achieved within a time-frame sufficient to allow ecosystems to adapt naturally to climate change, to ensure that food production is not threatened and to enable economic development to proceed in a sustainable manner.

ARTICLE 3
PRINCIPLES

In their actions to achieve the objective of the Convention and to implement its provisions, the Parties shall be guided, INTER ALIA, by the following:

1....The Parties should protect the climate system for the benefit of present and future generations of humankind, on the basis of equity and in accordance with their common but differentiated responsibilities and respective capabilities. Accordingly, the developed country Parties should take the lead in combating climate change and the adverse effects thereof.

2....The specific needs and special circumstances of developing country Parties, especially those that are particularly vulnerable to the adverse effects of climate change, and of those Parties, especially developing country Parties, that would have to bear a disproportionate or abnormal burden under the Convention, should be given full consideration.

3....The Parties should take precautionary measures to anticipate, prevent or minimize the causes of climate change and mitigate its adverse effects. Where there are threats of serious or irreversible damage, lack of full scientific certainty should not be used as a reason for postponing such measures, taking into account that policies and measures to deal with climate change should be cost-effective so as to ensure global benefits at the lowest possible cost. To achieve this, such policies and measures should take into account different socio-economic contexts, be comprehensive, cover all relevant sources, sinks and reservoirs of greenhouse gases and adaptation, and comprise all economic sectors. Efforts to address climate change may be carried out cooperatively by interested Parties.

4....The Parties have a right to, and should, promote sustainable development. Policies and measures to protect the climate system against human-induced change should be appropriate for the specific conditions of each Party and should be integrated with national development programmes, taking into account that economic development is essential for adopting measures to address climate change.

5....The Parties should cooperate to promote a supportive and open international economic system that would lead to sustainable economic growth and development in all Parties, particularly developing country Parties, thus enabling them better to address the problems of climate change. Measures taken to combat climate change, including unilateral ones, should not constitute a means of arbitrary or unjustifiable discrimination or a disguised restriction on international trade.

ARTICLE 4
COMMITMENTS

1....All Parties, taking into account their common but differentiated responsibilities and their specific national and regional development priorities, objectives and circumstances, shall:

(a)....Develop, periodically update, publish and make available to the Conference of the Parties, in accordance with Article 12, national inventories of anthropogenic emissions by sources and removals by sinks of all greenhouse gases not controlled by the Montreal Protocol, using comparable methodologies to be agreed upon by the Conference of the Parties;

(b)....Formulate, implement, publish and regularly update national and, where appropriate, regional programmes containing measures to mitigate climate change by addressing anthropogenic emissions by sources and removals by sinks of all greenhouse gases not controlled by the Montreal Protocol, and measures to facilitate adequate adaptation to climate change;

(c)....Promote and cooperate in the development, application and diffusion, including transfer, of technologies, practices and processes that control, reduce or prevent anthropogenic emissions of greenhouse gases not controlled by the Montreal Protocol in all relevant sectors, including the energy, transport, industry, agriculture, forestry and waste management sectors;

(d)....Promote sustainable management, and promote and cooperate in the conservation and enhancement, as appropriate, of sinks and reservoirs of all greenhouse gases not controlled by the Montreal Protocol, including biomass, forests and oceans as well as other terrestrial, coastal and marine ecosystems;

(e)....Cooperate in preparing for adaptation to the impacts of climate change; develop and elaborate appropriate and integrated plans for coastal zone management, water resources and agriculture, and for the protection and rehabilitation of areas, particularly in Africa, affected by drought and desertification, as well as floods;

(f)....Take climate change considerations into account, to the extent feasible, in their relevant social, economic and environmental policies and actions, and employ appropriate methods, for example impact assessments, formulated and determined nationally, with a view to minimizing adverse effects on the economy, on public health and on the quality of the environment, of projects or measures undertaken by them to mitigate or adapt to climate change;

(g)....Promote and cooperate in scientific, technological, technical, socio-economic and other research, systematic observation and development of data archives related to the climate system and intended to further the understanding and to reduce or eliminate the remaining uncertainties regarding the causes, effects, magnitude and timing of climate change and the economic and social consequences of various response strategies;

(h)....Promote and cooperate in the full, open and prompt exchange of relevant scientific, technological, technical, socio-economic and legal information related to the climate system and climate change, and to the economic and social consequences of various response strategies;

(i)....Promote and cooperate in education, training and public awareness related to climate change and encourage the widest participation in this process, including that of non- governmental organizations; and

(j)....Communicate to the Conference of the Parties information related to implementation, in accordance with Article 12.

2....The developed country Parties and other Parties included in Annex I commit themselves specifically as provided for in the following:

(a)....Each of these Parties shall adopt nationall policies and take corresponding measures on the mitigation of climate change, by limiting its anthropogenic emissions of greenhouse gases and protecting and enhancing its greenhouse gas sinks and reservoirs. These policies and measures will demonstrate that developed countries are taking the lead in modifying longer-term trends in anthropogenic emissions consistent with the objective of the Convention, recognizing that the return by the end of the present decade to earlier levels of anthropogenic emissions of carbon dioxide and other greenhouse gases not controlled by the Montreal Protocol would contribute to such modification, and taking into account the differences in these Parties' starting points and approaches, economic structures and resource bases, the need to maintain strong and sustainable economic growth, available technologies and other individual circumstances, as well as the need for equitable and appropriate contributions by each of these Parties to the global effort regarding that objective. These Parties may implement such policies and measures jointly with other Parties and may assist other Parties in contributing to the achievement of the objective of the Convention and, in particular, that of this subparagraph;

(b)....In order to promote progress to this end, each of these Parties shall communicate, within six months of the entry into force of the Convention for it and periodically thereafter, and in accordance with Article 12, detailed information on its policies and measures referred to in subparagraph (a) above, as well as on its resulting projected anthropogenic emissions by sources and removals by sinks of greenhouse gases not controlled by the Montreal Protocol for the period referred to in subparagraph (a), with the aim of returning individually or jointly to their 1990 levels these anthropogenic emissions of carbon dioxide and other greenhouse gases not controlled by the Montreal Protocol. This information will be reviewed by the Conference of the Parties, at its first session and periodically thereafter, in accordance with Article 7;

(c)....Calculations of emissions by sources and removals by sinks of greenhouse gases for the purposes of subparagraph (b) above should take into account the best available scientific knowledge, including of the effective capacity of sinks and the respective contributions of such gases to climate change. The Conference of the Parties shall consider and agree on methodologies for these calculations at its first session and review them regularly thereafter;

(d)....The Conference of the Parties shall, at its first session, review the adequacy of subparagraphs (a) and (b) above. Such review shall be carried out in the light of the best available scientific information and assessment on climate change and its impacts, as well as relevant technical, social and economic information. Based on this review, the Conference of the Parties shall take appropriate action, which may include the adoption of amendments to the commitments in subparagraphs (a) and (b) above. The Conference of the Parties, at its first session, shall also take decisions regarding criteria for joint implementation as indicated in subparagraph (a) above. A second review of subparagraphs (a) and (b) shall take place not later than 31 December 1998, and thereafter at regular intervals determined by the Conference of the Parties, until the objective of the Convention is met;

(e)....Each of these Parties shall :

i)....Coordinate as appropriate with other such Parties, relevant economic and administrative instruments developed to achieve the objective of the Convention; and

(ii)....Identify and periodically review its own policies and practices which encourage activities that lead to greater levels of anthropogenic emissions of greenhouse gases not controlled by the Montreal Protocol than would otherwise occur;

(f)....The Conference of the Parties shall review, not later than 31 December 1998, available information with a view to taking decisions regarding such amendments to the lists in Annexes I and II as may be appropriate, with the approval of the Party concerned;

(g)....Any Party not included in Annex I may, in its instrument of ratification, acceptance, approval or accession, or at any time thereafter, notify the Depositary that it intends to be bound by subparagraphs (a) and (b) above. The Depositary shall inform the other signatories and Parties of any such notification.

3....The developed country Parties and other developed Parties included in Annex II shall provide new and additional financial resources to meet the agreed full costs incurred by developing country Parties in complying with their obligations under Article 12, paragraph 1. They shall also provide such financial resources, including for the transfer of technology, needed by the developing country Parties to meet the agreed full incremental costs of implementing measures that are covered by paragraph 1 of this Article and that are agreed between a developing country Party and the international entity or entities referred to in Article 11, in accordance with that Article. The implementation of these commitments shall take into account the need for adequacy and predictability in the flow of funds and the importance of appropriate burden sharing among the developed country Parties.

4....The developed country Parties and other developed Parties included in Annex II shall also assist the developing country Parties that are particularly vulnerable to the adverse effects of climate change in meeting costs of adaptation to those adverse effects.

5....The developed country Parties and other developed Parties included in Annex II shall take all practicable steps to promote, facilitate and finance, as appropriate, the transfer of, or access to, environmentally sound technologies and know-how to other Parties, particularly developing country Parties, to enable them to implement the provisions of the Convention. In this process, the developed country Parties shall support the development and enhancement of endogenous capacities and technologies of developing country Parties. Other Parties and organizations in a position to do so may also assist in facilitating the transfer of such technologies.

6....In the implementation of their commitments under paragraph 2 above, a certain degree of flexibility shall be allowed by the Conference of the Parties to the Parties included in Annex I undergoing the process of transition to a market economy, in order to enhance the ability of these Parties to address climate change, including with regard to the historical level of anthropogenic emissions of greenhouse gases not controlled by the Montreal Protocol chosen as a reference.

7....The extent to which developing country Parties will effectively implement their commitments under the Convention will depend on the effective implementation by developed country Parties of their commitments under the Convention related to financial resources and transfer of technology and will take fully into account that economic and social development and poverty eradication are the first and overriding priorities of the developing country Parties.

8....In the implementation of the commitments in this Article, the Parties shall give full consideration to what actions are necessary under the Convention, including actions related to funding, insurance and the transfer of technology, to meet the specific needs and concerns of developing country Parties arising from the adverse effects of climate change and/or the impact of the implementation of response measures, especially on:

(a)....Small island countries;

(b)....Countries with low-lying coastal areas;

(c)....Countries with arid and semi-arid areas, forested areas and areas liable to forest decay;

(d)....Countries with areas prone to natural disasters;

(e)....Countries with areas liable to drought and desertification;

(f)....Countries with areas of high urban atmospheric pollution;

(g)....Countries with areas with fragile ecosystems, including mountainous ecosystems;

(h)....Countries whose economies are highly dependent on income generated from the production, processing and export, and/or on consumption of fossil fuels and associated energy-intensive products; and

(i)....Land-locked and transit countries.

Further, the Conference of the Parties may take actions, as appropriate, with respect to this paragraph.

9.....The Parties shall take full account of the specific needs and special situations of the least developed countries in their actions with regard to funding and transfer of technology.

10....The Parties shall, in accordance with Article 10, take into consideration in the implementation of the commitments of the Convention the situation of Parties, particularly developing country Parties, with economies that are vulnerable to the adverse effects of the implementation of measures to respond to climate change. This applies notably to Parties with economies that are highly dependent on income generated from the production, processing and export, and/or consumption of fossil fuels and associated energy-intensive products and/or the use of fossil fuels for which such Parties have serious difficulties in switching to alternatives.

ARTICLE 5
RESEARCH AND SYSTEMATIC OBSERVATION

In carrying out their commitments under Article 4, paragraph 1(g), the Parties shall:

(a)....Support and further develop, as appropriate, international and intergovernmental programmes and networks or organizations aimed at defining, conducting, assessing and financing research, data collection and systematic observation, taking into account the need to minimize duplication of effort;

(b)....Support international and intergovernmental efforts to strengthen systematic observation and national scientific and technical research capacities and capabilities, particularly in developing countries, and to promote access to, and the exchange of, data and analyses thereof obtained from areas beyond national jurisdiction; and

(c)....Take into account the particular concerns and needs of developing countries and cooperate in improving their endogenous capacities and capabilities to participate in the efforts referred to in subparagraphs (a) and (b) above.

ARTICLE 6
EDUCATION, TRAINING AND PUBLIC AWARENESS

In carrying out their commitments under Article 4, paragraph 1(i), the Parties shall:

(a)....Promote and facilitate at the national and, as appropriate, subregional and regional levels, and in accordance with national laws and regulations, and within their respective capacities:

(i)....The development and implementation of educational and public awareness programmes on climate change and its effects;

(ii)....Public access to information on climate change and its effects;

(iii)....Public participation in addressing climate change and its effects and developing adequate responses; and

(iv)....Training of scientific, technical and managerial personnel.

(b)....Cooperate in and promote, at the international level, and, where appropriate, using existing bodies:

(i)....The development and exchange of educational and public awareness material on climate change and its effects; and

(ii)....The development and implementation of education and training programmes, including the strengthening of national institutions and the exchange or secondment of personnel to train experts in this field, in particular for developing countries.

ARTICLE 7

CONFERENCE OF THE PARTIES

1....A Conference of the Parties is hereby established.

2....The Conference of the Parties, as the supreme body of this Convention, shall keep under regular review the implementation of the Convention and any related legal instruments that the Conference of the Parties may adopt, and shall make, within its mandate, the decisions necessary to promote the effective implementation of the Convention. To this end, it shall:

(a)....Periodically examine the obligations of the Parties and the institutional arrangements under the Convention, in the light of the objective of the Convention, the experience gained in its implementation and the evolution of scientific and technological knowledge;

(b)....Promote and facilitate the exchange of information on measures adopted by the Parties to address climate change and its effects, taking into account the differing circumstances, responsibilities and capabilities of the Parties and their respective commitments under the Convention;

(c)....Facilitate, at the request of two or more Parties, the coordination of measures adopted by them to address climate change and its effects, taking into account the differing circumstances, responsibilities and capabilities of the Parties and their respective commitments under the Convention;

(d)....Promote and guide, in accordance with the objective and provisions of the Convention, the development and periodic refinement of comparable methodologies, to be agreed on by the Conference of the Parties, inter alia, for preparing inventories of greenhouse gas emissions by sources and removals by sinks, and for evaluating the effectiveness of measures to limit the emissions and enhance the removals of these gases;

(e)....Assess, on the basis of all information made available to it in accordance with the provisions of the Convention, the implementation of the Convention by the Parties, the overall effects of the measures taken pursuant to the Convention, in particular environmental, economic and social effects as well as their cumulative impacts and the extent to which progress towards the objective of the Convention is being achieved;

(f)....Consider and adopt regular reports on the implementation of the Convention and ensure their publication;

(g)....Make recommendations on any matters necessary for the implementation of the Convention;

(h)....Seek to mobilize financial resources in accordance with Article 4, paragraphs 3, 4 and 5, and Article 11;

(i)....Establish such subsidiary bodies as are deemed necessary for the implementation of the Convention;

(j)....Review reports submitted by its subsidiary bodies and provide guidance to them;

(k)....Agree upon and adopt, by consensus, rules of procedure and financial rules for itself and for any subsidiary bodies;

(l)....Seek and utilize, where appropriate, the services and cooperation of, and information provided by, competent international organizations and intergovernmental and non-governmental bodies; and

(m)....Exercise such other functions as are required for the achievement of the objective of the Convention as well as all other functions assigned to it under the Convention.

3....The Conference of the Parties shall, at its first session, adopt its own rules of procedure as well as those of the subsidiary bodies established by the Convention, which shall include decision-making procedures for matters not already covered by decision- making procedures stipulated in the Convention. Such procedures may include specified majorities required for the adoption of particular decisions.

4....The first session of the Conference of the Parties shall be convened by the interim secretariat referred to in Article 21 and shall take place not later than one year after the date of entry into force of the Convention. Thereafter, ordinary sessions of the Conference of the Parties shall be held every year unless otherwise decided by the Conference of the Parties.

5....Extraordinary sessions of the Conference of the Parties shall be held at such other times as may be deemed necessary by the Conference, or at the written request of any Party, provided that, within six months of the request being communicated to the Parties by the secretariat, it is supported by at least one third of the Parties.

6....The United Nations, its specialized agencies and the International Atomic Energy Agency, as well as any State member thereof or observers thereto not Party to the Convention, may be represented at sessions of the Conference of the Parties as observers. Any body or agency, whether national or international, governmental or non- governmental, which is qualified in matters covered by the Convention, and which has informed the secretariat of its wish to be represented at a session of the Conference of the Parties as an observer, may be so admitted unless at least one third of the Parties present object. The admission and participation of observers shall be subject to the rules of procedure adopted by the Conference of the Parties.

ARTICLE 8
SECRETARIAT

1....A secretariat is hereby established.

2....The functions of the secretariat shall be:

(a)....To make arrangements for sessions of the Conference of the Parties and its subsidiary bodies established under the Convention and to provide them with services as required;

(b)....To compile and transmit reports submitted to it;

(c)....To facilitate assistance to the Parties, particularly developing country Parties, on request, in the compilation and communication of information required in accordance with the provisions of the Convention;

(d)....To prepare reports on its activities and present them to the Conference of the Parties;

(e)....To ensure the necessary coordination with the secretariats of other relevant international bodies;

(f)....To enter, under the overall guidance of the Conference of the Parties, into such administrative and contractual arrangements as may be required for the effective discharge of its functions; and

(g)....To perform the other secretariat functions specified in the Convention and in any of its protocols and such other functions as may be determined by the Conference of the Parties.

3....The Conference of the Parties, at its first session, shall designate a permanent secretariat and make arrangements for its functioning.

ARTICLE 9
SUBSIDIARY BODY FOR SCIENTIFIC AND TECHNOLOGICAL ADVICE

1....A subsidiary body for scientific and technological advice is hereby established to provide the Conference of the Parties and, as appropriate, its other subsidiary bodies with timely information and advice on scientific and technological matters relating to the Convention. This body shall be open to participation by all Parties and shall be multidisciplinary. It shall comprise government representatives competent in the relevant field of expertise. It shall report regularly to the Conference of the Parties on all aspects of its work.

2.....Under the guidance of the Conference of the Parties, and drawing upon existing competent international bodies, this body shall:

(a)....Provide assessments of the state of scientific knowledge relating to climate change and its effects;

(b)....Prepare scientific assessments on the effects of measures taken in the implementation of the Convention;

(c)....Identify innovative, efficient and state-of-the-art technologies and know-how and advise on the ways and means of promoting development and/or transferring such technologies;

(d)....Provide advice on scientific programmes, international cooperation in research and development related to climate change, as well as on ways and means of supporting endogenous capacity-building in developing countries; and

(e)....Respond to scientific, technological and methodological questions that the Conference of the Parties and its subsidiary bodies may put to the body.

3....The functions and terms of reference of this body may be further elaborated by the Conference of the Parties.

ARTICLE 10

SUBSIDIARY BODY FOR IMPLEMENTATION

1....A subsidiary body for implementation is hereby established to assist the Conference of the Parties in the assessment and review of the effective implementation of the Convention. This body shall be open to participation by all Parties and comprise government representatives who are experts on matters related to climate change. It shall report regularly to the Conference of the Parties on all aspects of its work.

2....Under the guidance of the Conference of the Parties, this body shall:

(a)....Consider the information communicated in accordance with Article 12, paragraph 1, to assess the overall aggregated effect of the steps taken by the Parties in the light of the latest scientific assessments concerning climate change;

(b)....Consider the information communicated in accordance with Article 12, paragraph 2, in order to assist the Conference of the Parties in carrying out the reviews required by Article 4, paragraph 2(d); and

(c)....Assist the Conference of the Parties, as appropriate, in the preparation and implementation of its decisions.

ARTICLE 11

FINANCIAL MECHANISM

1....A mechanism for the provision of financial resources on a grant or concessional basis, including for the transfer of technology, is hereby defined. It shall function under the guidance of and be accountable to the Conference of the Parties, which shall decide on its policies, programme priorities and eligibility criteria related to this Convention. Its operation shall be entrusted to one or more existing international entities.

2....The financial mechanism shall have an equitable and balanced representation of all Parties within a transparent system of governance.

3....The Conference of the Parties and the entity or entities entrusted with the operation of the financial mechanism shall agree upon arrangements to give effect to the above paragraphs, which shall include the following:

(a)....Modalities to ensure that the funded projects to address climate change are in conformity with the policies, programme priorities and eligibility criteria established by the Conference of the Parties;

(b)....Modalities by which a particular funding decision may be reconsidered in light of these policies, programme priorities and eligibility criteria;

(c)....Provision by the entity or entities of regular reports to the Conference of the Parties on its funding operations, which is consistent with the requirement for accountability set out in paragraph 1 above; and (d)....Determination in a predictable and identifiable manner of the amount of funding necessary and available for the implementation of this Convention and the conditions under which that amount shall be periodically reviewed.

4....The Conference of the Parties shall make arrangements to implement the above- mentioned provisions at its first session, reviewing and taking into account the interim arrangements referred to in Article 21, paragraph 3, and shall decide whether these interim arrangements shall be maintained. Within four years thereafter, the Conference of the Parties shall review the financial mechanism and take appropriate measures.

5....The developed country Parties may also provide and developing country Parties avail themselves of, financial resources related to the implementation of the Convention through bilateral, regional and other multilateral channels.

ARTICLE 12

COMMUNICATION OF INFORMATION RELATED TO IMPLEMENTATION

1....In accordance with Article 4, paragraph 1, each Party shall communicate to the Conference of the Parties, through the secretariat, the following elements of information:

(a)....A national inventory of anthropogenic emissions by sources and removals by sinks of all greenhouse gases not controlled by the Montreal Protocol, to the extent its capacities permit, using comparable methodologies to be promoted and agreed upon by the Conference of the Parties;

(b)....A general description of steps taken or envisaged by the Party to implement the Convention; and

(c)....Any other information that the Party considers relevant to the achievement of the objective of the Convention and suitable for inclusion in its communication, including, if feasible, material relevant for calculations of global emission trends.

2....Each developed country Party and each other Party included in Annex I shall incorporate in its communication the following elements of information:

(a)....A detailed description of the policies and measures that it has adopted to implement its commitment under Article 4, paragraphs 2(a) and 2(b); and

(b)....A specific estimate of the effects that the policies and measures referred to in subparagraph (a) immediately above will have on anthropogenic emissions by its sources and removals by its sinks of greenhouse gases during the period referred to in Article 4, paragraph 2(a).

3....In addition, each developed country Party and each other developed Party included in Annex II shall incorporate details of measures taken in accordance with Article 4, paragraphs 3, 4 and 5.

4....Developing country Parties may, on a voluntary basis, propose projects for financing, including specific technologies, materials, equipment, techniques or practices that would be needed to implement such projects, along with, if possible, an estimate of all incremental costs, of the reductions of emissions and increments of removals of greenhouse gases, as well as an estimate of the consequent benefits.

5....Each developed country Party and each other Party included in Annex I shall make its initial communication within six months of the entry into force of the Convention for that Party. Each Party not so listed shall make its initial communication within three years of the entry into force of the Convention for that Party, or of the availability of financial resources in accordance with Article 4, paragraph 3. Parties that are least developed countries may make their initial communication at their discretion. The frequency of subsequent communications by all Parties shall be determined by the Conference of the Parties, taking into account the differentiated timetable set by this paragraph.

6....Information communicated by Parties under this Article shall be transmitted by the secretariat as soon as possible to the Conference of the Parties and to any subsidiary bodies concerned. If necessary, the procedures for the communication of information may be further considered by the Conference of the Parties.

7....From its first session, the Conference of the Parties shall arrange for the provision to developing country Parties of technical and financial support, on request, in compiling and communicating information under this Article, as well as in identifying the technical and financial needs associated with proposed projects and response measures under Article 4. Such support may be provided by other Parties, by competent international organizations and by the secretariat, as appropriate.

8....Any group of Parties may, subject to guidelines adopted by the Conference of the Parties, and to prior notification to the Conference of the Parties, make a joint communication in fulfilment of their obligations under this Article, provided that such a communication includes information on the fulfilment by each of these Parties of its individual obligations under the Convention.

9....Information received by the secretariat that is designated by a Party as confidential, in accordance with criteria to be established by the Conference of the Parties, shall be aggregated by the secretariat to protect its confidentiality before being made available to any of the bodies involved in the communication and review of information.

10....Subject to paragraph 9 above, and without prejudice to the ability of any Party to make public its communication at any time, the secretariat shall make communications by Parties under this Article publicly available at the time they are submitted to the Conference of the Parties.

ARTICLE 13
RESOLUTION OF QUESTIONS REGARDING IMPLEMENTATION

The Conference of the Parties shall, at its first session, consider the establishment of a multilateral consultative process, available to Parties on their request, for the resolution of questions regarding the implementation of the Convention.

ARTICLE 14
SETTLEMENT OF DISPUTES

1....In the event of a dispute between any two or more Parties concerning the interpretation or application of the Convention, the Parties concerned shall seek a settlement of the dispute through negotiation or any other peaceful means of their own choice.

2....When ratifying, accepting, approving or acceding to the Convention, or at any time thereafter, a Party which is not a regional economic integration organization may declare in a written instrument submitted to the Depositary that, in respect of any dispute concerning the interpretation or application of the Convention, it recognizes as compulsory ipso facto and without special agreement, in relation to any Party accepting the same obligation:

(a)....Submission of the dispute to the International Court of Justice, and/or

(b)....Arbitration in accordance with procedures to be adopted by the Conference of the Parties as soon as practicable, in an annex on arbitration.

A Party which is a regional economic integration organization may make a declaration with like effect in relation to arbitration in accordance with the procedures referred to in subparagraph (b) above.

3....A declaration made under paragraph 2 above shall remain in force until it expires in accordance with its terms or until three months after written notice of its revocation has been deposited with the Depositary.

4....A new declaration, a notice of revocation or the expiry of a declaration shall not in any way affect proceedings pending before the International Court of Justice or the arbitral tribunal, unless the parties to the dispute otherwise agree.

5....Subject to the operation of paragraph 2 above, if after twelve months following notification by one Party to another that a dispute exists between them, the Parties concerned have not been able to settle their dispute through the means mentioned in paragraph 1 above, the dispute shall be submitted, at the request of any of the parties to the dispute, to conciliation.

6....A conciliation commission shall be created upon the request of one of the parties to the dispute. The commission shall be composed of an equal number of members appointed by each party concerned and a chairman chosen jointly by the members appointed by each party. The commission shall render a recommendatory award, which the parties shall consider in good faith.

7....Additional procedures relating to conciliation shall be adopted by the Conference of the Parties, as soon as practicable, in an annex on conciliation.

8....The provisions of this Article shall apply to any related legal instrument which the Conference of the Parties may adopt, unless the instrument provides otherwise.

ARTICLE 15

AMENDMENTS TO THE CONVENTION

1....Any Party may propose amendments to the Convention.

2....Amendments to the Convention shall be adopted at an ordinary session of the Conference of the Parties. The text of any proposed amendment to the Convention shall be communicated to the Parties by the secretariat at least six months before the meeting at which it is proposed for adoption. The secretariat shall also communicate proposed amendments to the signatories to the Convention and, for information, to the Depositary.

3....The Parties shall make every effort to reach agreement on any proposed amendment to the Convention by consensus. If all efforts at consensus have been exhausted, and no agreement reached, the amendment shall as a last resort be adopted by a three-fourths majority vote of the Parties present and voting at the meeting. The adopted amendment shall be communicated by the secretariat to the Depositary, who shall circulate it to all Parties for their acceptance.

4....Instruments of acceptance in respect of an amendment shall be deposited with the Depositary. An amendment adopted in accordance with paragraph 3 above shall enter into force for those Parties having accepted it on the ninetieth day after the date of receipt by the Depositary of an instrument of acceptance by at least three fourths of the Parties to the Convention.

5....The amendment shall enter into force for any other Party on the ninetieth day after the date on which that Party deposits with the Depositary its instrument of acceptance of the said amendment.

6....For the purposes of this Article, "Parties present and voting" means Parties present and casting an affirmative or negative vote.

ARTICLE 16

ADOPTION AND AMENDMENT OF ANNEXES TO THE CONVENTION

1....Annexes to the Convention shall form an integral part thereof and, unless otherwise expressly provided, a reference to the Convention constitutes at the same time a reference to any annexes thereto. Without prejudice to the provisions of Article 14, paragraphs 2(b) and 7, such annexes shall be restricted to lists, forms and any other material of a descriptive nature that is of a scientific, technical, procedural or administrative character.

2....Annexes to the Convention shall be proposed and adopted in accordance with the procedure set forth in Article 15, paragraphs 2, 3 and 4.

3....An annex that has been adopted in accordance with paragraph 2 above shall enter into force for all Parties to the Convention six months after the date of the communication by the Depositary to such Parties of the adoption of the annex, except for those Parties that have notified the Depositary, in writing, within that period of their non-acceptance of the annex. The annex shall enter into force for Parties which withdraw their notification of non-acceptance on the ninetieth day after the date on which withdrawal of such notification has been received by the Depositary.

4....The proposal, adoption and entry into force of amendments to annexes to the Convention shall be subject to the same procedure as that for the proposal, adoption and entry into force of annexes to the Convention in accordance with paragraphs 2 and 3 above.

5....If the adoption of an annex or an amendment to an annex involves an amendment to the Convention, that annex or amendment to an annex shall not enter into force until such time as the amendment to the Convention enters into force.

ARTICLE 17
PROTOCOLS

1....The Conference of the Parties may, at any ordinary session, adopt protocols to the Convention.

2....The text of any proposed protocol shall be communicated to the Parties by the secretariat at least six months before such a session.

3....The requirements for the entry into force of any protocol shall be established by that instrument.

4....Only Parties to the Convention may be Parties to a protocol.

5....Decisions under any protocol shall be taken only by the Parties to the protocol concerned.

ARTICLE 18
RIGHT TO VOTE

1....Each Party to the Convention shall have one vote, except as provided for in paragraph 2 below.

2....Regional economic integration organizations, in matters within their competence, shall exercise their right to vote with a number of votes equal to the number of their member States that are Parties to the Convention. Such an organization shall not exercise its right to vote if any of its member States exercises its right, and vice versa.

ARTICLE 19
DEPOSITARY

The Secretary-General of the United Nations shall be the Depositary of the Convention and of protocols adopted in accordance with Article 17.

ARTICLE 20
SIGNATURE

This Convention shall be open for signature by States Members of the United Nations or of any of its specialized agencies or that are Parties to the Statute of the International Court of Justice and by regional economic integration organizations at Rio de Janeiro, during the United Nations Conference on Environment and Development, and thereafter at United Nations Headquarters in New York from 20 June 1992 to 19 June 1993.

ARTICLE 21
INTERIM ARRANGEMENTS

...The secretariat functions referred to in Article 8 will be carried out on an interim basis by the secretariat established by the General Assembly of the United

Nations in its resolution 45/212 of 21 December 1990, until the completion of the first session of the Conference of the Parties.

2....The head of the interim secretariat referred to in paragraph 1 above will cooperate closely with the Intergovernmental Panel on Climate Change to ensure that the Panel can respond to the need for objective scientific and technical advice. Other relevant scientific bodies could also be consulted.

3....The Global Environment Facility of the United Nations Development Programme, the United Nations Environment Programme and the International Bank for Reconstruction and Development shall be the international entity entrusted with the operation of the financial mechanism referred to in Article 11 on an interim basis. In this connection, the Global Environment Facility should be appropriately restructured and its membership made universal to enable it to fulfil the requirements of Article 11.

ARTICLE 22

RATIFICATION, ACCEPTANCE, APPROVAL OR ACCESSION

1....The Convention shall be subject to ratification, acceptance, approval or accession by States and by regional economic integration organizations. It shall be open for accession from the day after the date on which the Convention is closed for signature. Instruments of ratification, acceptance, approval or accession shall be deposited with the Depositary.

2....Any regional economic integration organization which becomes a Party to the Convention without any of its member States being a Party shall be bound by all the obligations under the Convention. In the case of such organizations, one or more of whose member States is a Party to the Convention, the organization and its member States shall decide on their respective responsibilities for the performance of their obligations under the Convention. In such cases, the organization and the member States shall not be entitled to exercise rights under the Convention concurrently.

3....In their instruments of ratification, acceptance, approval or accession, regional economic integration organizations shall declare the extent of their competence with respect to the matters governed by the Convention. These organizations shall also inform the Depositary, who shall in turn inform the Parties, of any substantial modification in the extent of their competence.

ARTICLE 23

ENTRY INTO FORCE

1....The Convention shall enter into force on the ninetieth day after the date of deposit of the fiftieth instrument of ratification, acceptance, approval or accession.

2....For each State or regional economic integration organization that ratifies, accepts or approves the Convention or accedes thereto after the deposit of the fiftieth instrument of ratification, acceptance, approval or accession, the Convention shall enter into force on the ninetieth day after the date of deposit by such State or regional economic integration organization of its instrument of ratification, acceptance, approval or accession.

3....For the purposes of paragraphs 1 and 2 above, any instrument deposited by a regional economic integration organization shall not be counted as additional to those deposited by States members of the organization.

ARTICLE 24
RESERVATIONS

No reservations may be made to the Convention.

ARTICLE 25
WITHDRAWAL

1....At any time after three years from the date on which the Convention has entered into force for a Party, that Party may withdraw from the Convention by giving written notification to the Depositary.

2....Any such withdrawal shall take effect upon expiry of one year from the date of receipt by the Depositary of the notification of withdrawal, or on such later date as may be specified in the notification of withdrawal.

3....Any Party that withdraws from the Convention shall be considered as also having withdrawn from any protocol to which it is a Party.

ARTICLE 26

AUTHENTIC TEXTS

The original of this Convention, of which the Arabic, Chinese, English, French, Russian and Spanish texts are equally authentic, shall be deposited with the Secretary- General of the United Nations.

IN WITNESS WHEREOF the undersigned, being duly authorized to that effect, have signed this Convention.

DONE at New York this ninth day of May one thousand nine hundred and ninety- two.

ANNEX I AND ANNEX II COUNTRIES

Annex I

Australia

Austria

Belarus a/

Belgium

Bulgaria a/

Canada

Czechoslovakia a/

Denmark

European Economic Community

Estonia a/

Finland

France

Germany

Greece

Hungary a/

Iceland

Ireland

Italy

Japan

Latvia a/

Lithuania a/

Luxembourg

Netherlands

New Zealand

Norway

Poland a/

Portugal

Romania a/

Russian Federation a/

Spain

Sweden

Switzerland

Turkey

Ukraine a/

United Kingdom of Great Britain and Northern Ireland

United States of America

a/ Countries that are undergoing the process of transition to a market economy.

Annex II

Australia

Austria

Belgium

Canada

Denmark

European Economic Community

Finland

France

Germany

Greece

Iceland

Ireland

Italy

Japan

Luxembourg

Netherlands

New Zealand

Norway

Portugal

Spain

Sweden

Switzerland

Turkey

United Kingdom of Great Britain and Northern Ireland

United States of America

Quelle: `www.unfccc.de/resource/conv/conv.html`

Anhang 2

Kyoto Protocol to the United Nations Framework Convention on Climate Change

The Parties to this Protocol,

Being Parties to the United Nations Framework Convention on Climate Change, hereinafter referred to as "the Convention",

In pursuit of the ultimate objective of the Convention as stated in its Article 2,

Recalling the provisions of the Convention,

Being guided by Article 3 of the Convention,

Pursuant to the Berlin Mandate adopted by decision 1/CP.1 of the Conference of the Parties to the Convention at its first session, Have agreed as follows:

Article 1

For the purposes of this Protocol, the definitions contained in Article 1 of the Convention shall apply. In addition:

1. "Conference of the Parties" means the Conference of the Parties to the Convention.

2. "Convention" means the United Nations Framework Convention on Climate Change, adopted in New York on 9 May 1992.

3. "Intergovernmental Panel on Climate Change" means the Intergovernmental Panel on Climate Change established in 1988 jointly by the World Meteorological Organization and the United Nations Environment Programme.

4. "Montreal Protocol" means the Montreal Protocol on Substances that Deplete the Ozone Layer, adopted in Montreal on 16 September 1987 and as subsequently adjusted and amended.

5. "Parties present and voting" means Parties present and casting an affirmative or negative vote.

6. "Party" means, unless the context otherwise indicates, a Party to this Protocol.

7. "Party included in Annex I" means a Party included in Annex I to the Convention, as may be amended, or a Party which has made a notification under Article 4, paragraph 2(g), of the Convention.

Article 2

1. Each Party included in Annex I, in achieving its quantified emission limitation and reduction commitments under Article 3, in order to promote sustainable development, shall:

(a) Implement and/or further elaborate policies and measures in accordance with its national circumstances, such as:

(i) Enhancement of energy efficiency in relevant sectors of the national economy;

(ii) Protection and enhancement of sinks and reservoirs of greenhouse gases not controlled by the Montreal Protocol, taking into account ist commitments under relevant international environmental agreements; promotion of sustainable forest management practices, afforestation and reforestation;

(iii) Promotion of sustainable forms of agriculture in light of climate change considerations;

(iv) Research on, and promotion, development and increased use of, new and renewable forms of energy, of carbon dioxide sequestration technologies and of advanced and innovative environmentally sound technologies;

(v) Progressive reduction or phasing out of market imperfections, fiscal incentives, tax and duty exemptions and subsidies in all greenhouse gas emitting sectors that run counter to the objective of the Convention and application of market instruments;

(vi) Encouragement of appropriate reforms in relevant sectors aimed at promoting policies and measures which limit or reduce emissions of greenhouse gases not controlled by the Montreal Protocol;

(vii) Measures to limit and/or reduce emissions of greenhouse gases not controlled by the Montreal Protocol in the transport sector;

(viii) Limitation and/or reduction of methane emissions through recovery and use in waste management, as well as in the production, transport and distribution of energy;

(b) Cooperate with other such Parties to enhance the individual and combined effectiveness of their policies and measures adopted under this Article, pursuant to Article 4, paragraph 2(e)(i), of the Convention. To this end, these Parties shall take steps to share their experience and exchange information on such policies and measures, including developing ways of improving their comparability, transparency and effectiveness. The Conference of Parties serving as the meeting of the Parties to this Protocol shall, at its first session or as soon as practicable thereafter, consider ways to facilitate such cooperation, taking into account all relevant information.

2. The Parties included in Annex I shall pursue limitation or reduction of emissions of greenhouse gases not controlled by the Montreal Protocol from aviation and marine bunker fuels, working through the International Civil Aviation Organization and the International Maritime Organization, respectively.

3. The Parties included in Annex I shall strive to implement policies and measures under this Article in such a way as to minimize adverse effects, including the adverse effects of climate change, effects on international trade, and social, environmental and economic impacts on other Parties, especially developing country Parties and in particular thoseidentified in Article 4, paragraphs 8 and 9, of the Convention, taking into account Article 3 of the Convention. The Conference of the Parties serving as the meeting of the Parties to this Protocol may take further action, as appropriate, to promote the implementation of the provisions of this paragraph.

4. The Conference of the Parties serving as the meeting of the Parties to this Protocol, if it decides that it would be beneficial to coordinate any of the policies and measures in paragraph 1(a) above, taking into account different national circumstances and potential effects, shall consider ways and means to elaborate the coordination of such policies and measures.

Article 3

1. The Parties included in Annex I shall, individually or jointly, ensure that their aggregate anthropogenic carbon dioxide equivalent emissions of the greenhouse gases listed in Annex A do not exceed their assigned amounts, calculated pursuant to their quantified emission limitation and reduction commitments inscribed in Annex B and in accordance with the provisions of this Article, with a view to reducing their overall emissions of such gases by at least 5 per cent below 1990 levels in the commitment period 2008 to 2012.

2. Each Party included in Annex I shall, by 2005, have made demonstrable progress in achieving its commitments under this Protocol.

3. The net changes in greenhouse gas emissions by sources and removals by sinks resulting from direct human-induced land-use change and forestry activities, limited to afforestation, reforestation and deforestation since 1990, measured as verifiable changes in carbon stocks in each commitment period, shall be used to meet the commitments under this Article of each Party included in Annex I. The greenhouse gas emissions by sources and removals by sinks associated with those activities shall be reported in a transparent and verifiable manner and reviewed in accordance with Articles 7 and 8.

4. Prior to the first session of the Conference of the Parties serving as the meeting of the Parties to this Protocol, each Party included in Annex I

shall provide, for consideration by the Subsidiary Body for Scientific and Technological Advice, data to establish its level of carbon stocks in 1990 and to enable an estimate to be made of its changes in carbon stocks in subsequent years. The Conference of the Parties serving as the meeting of the Parties to this Protocol shall, at its first session or as soon as practicable thereafter, decide upon modalities, rules and guidelines as to how, and which, additional human-induced activities related to changes in greenhouse gas emissions by sources and removals by sinks in the agricultural soils and the land-use change and forestry categories shall be added to, or subtracted from, the assigned amounts for Parties included in Annex I, taking into account uncertainties, transparency in reporting, verifiability, the methodological work of the Intergovernmental Panel on Climate Change, the advice provided by the Subsidiary Body for Scientific and Technological Advice in accordance with Article 5 and the decisions of the Conference of the Parties. Such a decision shall apply in the second and subsequent commitment periods. A Party may choose to apply such a decision on these additional human-induced activities for ist first commitment period, provided that these activities have taken place since 1990.

5. The Parties included in Annex I undergoing the process of transition to a market economy whose base year or period was established pursuant to decision 9/CP.2 of the Conference of the Parties at its second session shall use that base year or period for the implementation of their commitments under this Article. Any other Party included in Annex I undergoing the process of transition to a market economy which has not yet submitted ist first national communication under Article 12 of the

Convention may also notify the Conference of the Parties serving as the meeting of the Parties to this Protocol that it intends to use an historical base year or period other than 1990 for the implementation of ist commitments under this Article. The Conference of the Parties serving as the meeting of the Parties to this Protocol shall decide on the acceptance of such notification.

6. Taking into account Article 4, paragraph 6, of the Convention, in the implementation of their commitments under this Protocol other than those under this Article, a certain degree of flexibility shall be allowed by the Conference of the Parties serving as the meeting of the Parties to this Protocol to the Parties included in Annex I undergoing the process of transition to a market economy.

7. In the first quantified emission limitation and reduction commitment period, from 2008 to 2012, the assigned amount for each Party included in Annex I shall be equal to the percentage inscribed for it in Annex B of its aggregate anthropogenic carbon dioxide equivalent emissions of the greenhouse gases listed in Annex A in 1990, or the base year or period determined in accordance with paragraph 5 above, multiplied by five. Those Parties included in Annex I for whom land-use change and forestry constituted a net source of greenhouse gas emissions in 1990 shall include in their 1990 emissions base year or period the aggregate anthropogenic carbon dioxide equivalent emissions by sources minus removals by sinks in 1990 from land-use change for the purposes of calculating their assigned amount.

8. Any Party included in Annex I may use 1995 as its base year for hydrofluorocarbons, perfluorocarbons and sulphur hexafluoride, for the purposes of the calculation referred to in paragraph 7 above.

9. Commitments for subsequent periods for Parties included in Annex I shall be established in amendments to Annex B to this Protocol, which shall be adopted in accordance with the provisions of Article 21, paragraph 7. The Conference of the Parties serving as the meeting of the Parties to this Protocol shall initiate the consideration of such commitments at least seven years before the end of the first commitment period referred to in paragraph 1 above.

10. Any emission reduction units, or any part of an assigned amount, which a Party acquires from another Party in accordance with the provisions of Article 6 or of Article 17 shall be added to the assigned amount for the acquiring Party.

11. Any emission reduction units, or any part of an assigned amount, which a Party transfers to another Party in accordance with the provisions of Article 6 or of Article 17 shall be subtracted from the assigned amount for the transferring Party.

12. Any certified emission reductions which a Party acquires from another Party in accordance with the provisions of Article 12 shall be added to the assigned amount for the acquiring Party.

13. If the emissions of a Party included in Annex I in a commitment period are less than its assigned amount under this Article, this difference shall, on request of that Party, be adde d to the assigned amount for that Party for subsequent commitment periods.

14. Each Party included in Annex I shall strive to implement the commitments mentioned in paragraph 1 above in such a way as to minimize adverse social, environmental and economic impacts on developing country Parties, particularly those identified in Article 4, paragraphs 8 and 9, of the Convention. In line with relevant decisions of the Conference of the Parties on the implementation of those paragraphs, the Conference of the Parties serving as the meeting of the Parties to this Protocol shall, at its first session, consider what actions are necessary to minimize the adverse effects of climate change and/or the impacts of response measures on Parties referred to in those paragraphs. Among the issues to be considered shall be the establishment of funding, insurance and transfer of technology.

Article 4

1. Any Parties included in Annex I that have reached an agreement to fulfil their commitments under Article 3 jointly, shall be deemed to have met those commitments provided that their total combined aggregate anthropogenic carbon dioxide equivalent emis-sions of the greenhouse gases listed in Annex A do not exceed their assigned amounts calculated pursuant to their quantified emission limitation and reduction

commitments inscribed in Annex B and in accordance with the provisions of Article 3. The respective emission level allocated to each of the Parties to the agreement shall be set out in that agreement.

2. The Parties to any such agreement shall notify the secretariat of the terms of the agreement on the date of deposit of their instruments of ratification, acceptance or approval of this Protocol, or accession thereto. The secretariat shall in turn inform the Parties and signatories to the Convention of the terms of the agreement.

3. Any such agreement shall remain in operation for the duration of the commitment period specified in Article 3, paragraph 7.

4. If Parties acting jointly do so in the framework of, and together with, a regional economic integration organization, any alteration in the composition of the organization after adoption of this Protocol shall not affect existing commitments under this Protocol. Any alteration in the composition of the organization shall only apply for the purposes of those commitments under Article 3 that are adopted subsequent to that alteration.

5. In the event of failure by the Parties to such an agreement to achieve their total combined level of emission reductions, each Party to that agreement shall be responsible for its own level of emissions set out in the agreement.

6. If Parties acting jointly do so in the framework of, and together with, a regional economic integration organization which is itself a Party to this Protocol, each member State of that regional economic integration organization individually, and together with the regional economic integration organization acting in accordance with Article 24, shall, in the event of failure to achieve the total combined level of emission reductions, be responsible for its level of emissions as notified in accordance with this Article.

Article 5

1. Each Party included in Annex I shall have in place, no later than one year prior to the start of the first commitment period, a national system for the estimation of anthropogenic emissions by sources and removals by sinks of all greenhouse gases not controlled by the Montreal Protocol. Guidelines for such national systems, which shall incorporate the methodologies specified in paragraph 2 below, shall be decided upon by the Conference of the Parties serving as the meeting of the Parties to this Protocol at its first session.

2. Methodologies for estimating anthropogenic emissions by sources and removals by sinks of all greenhouse gases not controlled by the Montreal Protocol shall be those accepted by the Intergovernmental Panel on Climate Change and agreed upon by the Conference of the Parties at its third session. Where such methodologies are not used, appropriate adjustments shall be applied according to methodologies agreed upon by

the Conference of the Parties serving as the meeting of the Parties to this Protocol at its first session. Based on the work of, *inter alia,* the Intergovernmental Panel on Climate Change and advice provided by the Subsidiary Body for Scientific and Technological Advice, the Conference of the Parties serving as the meeting of the Parties to this Protocol shall regularly review and, as appropriate, revise such methodologies and adjustments, taking fully into account any relevant decisions by the Conference of the Parties. Any revision to methodologies or adjustments shall be used only for the purposes of ascertaining compliance with commitments under Article 3 in respect of any commitment period adopted subsequent to that revision.

3. The global warming potentials used to calculate the carbon dioxide equivalence of anthropogenic emissions by sources and removals by sinks of greenhouse gases listed in Annex A shall be those accepted by the Intergovernmental Panel on Climate Change and
agreed upon by the Conference of the Parties at its third session. Based on the work of, *inter alia,* the Intergovernmental Panel on Climate Change and advice provided by the Subsidiary Body for Scientific and Technological Advice, the Conference of the Parties serving as the meeting of the Parties to this Protocol shall regularly review and, as appropriate, revise the global warming potential of each such greenhouse gas, taking fully into account any relevant decisions by the Conference of the Parties. Any revision to a global warming potential shall apply only to commitments under Article 3 in respect of any commitment period adopted subsequent to that revision.

Article 6

1. For the purpose of meeting its commitments under Article 3, any Party included in Annex I may transfer to, or acquire from, any other such Party emission reduction units resulting from projects aimed at reducing anthropogenic emissions by sources or enhancing anthropogenic removals by sinks of greenhouse gases in any sector of the economy, provided that:

(a) Any such project has the approval of the Parties involved;

(b) Any such project provides a reduction in emissions by sources, or an enhancement of removals by sinks, that is additional to any that would otherwise occur;

(c) It does not acquire any emission reduction units if it is not in compliance with its obligations under Articles 5 and 7; and

(d) The acquisition of emission reduction units shall be supplemental to domestic actions for the purposes of meeting commitments under Article 3.

2. The Conference of the Parties serving as the meeting of the Parties to this Protocol may, at its first session or as soon as practicable thereafter, further elaborate guidelines for the implementation of this Article, including for verification and reporting.

3. A Party included in Annex I may authorize legal entities to participate, under ist responsibility, in actions leading to the generation, transfer or acquisition under this Article of emission reduction units.

4. If a question of implementation by a Party included in Annex I of the requirements referred to in this Article is identified in accordance with the relevant provisions of Article 8, transfers and acquisitions of emission reduction units may continue to be made after the question has been identified, provided that any such units may not be used by a Party to meet its commitments under Article 3 until any issue of compliance is resolved.

Article 7

1. Each Party included in Annex I shall incorporate in its annual inventory of anthropogenic emissions by sources and removals by sinks of greenhouse gases not controlled by the Montreal Protocol, submitted in accordance with the relevant decisions of the Conference of the Parties, the necessary supplementary information for the purposes of ensuring compliance with Article 3, to be determined in accordance with paragraph 4 below.

2. Each Party included in Annex I shall incorporate in its national communication, submitted under Article 12 of the Convention, the supplementary information necessary to demonstrate compliance with

its commitments under this Protocol, to be determined in accordance with paragraph 4 below.

3. Each Party included in Annex I shall submit the information required under paragraph 1 above annually, beginning with the first inventory due under the Convention for the first year of the commitment period after this Protocol has entered into force for that Party. Each such Party shall submit the information required under paragraph 2 above as part of the first national communication due under the Convention after this Protocol has entered into force for it and after the adoption of guidelines as provided for in paragraph 4 below. The frequency of subsequent submission of information required under this Article shall bedetermined by the Conference of the Parties serving as the meeting of the Parties to this Protocol, taking into account any timetable for the submission of national communications decided upon by the Conference of the Parties.

4. The Conference of the Parties serving as the meeting of the Parties to this Protocol shall adopt at its first session, and review periodically thereafter, guidelines for the preparation of the information required under this Article, taking into account guidelines for the preparation of national communications by Parties included in Annex I adopted by the Conference of the Parties. The Conference of the Parties serving as the meeting of the Parties to this Protocol shall also, prior to the first commitment period, decide upon modalities for the accounting of assigned amounts.

Article 8

1. The information submitted under Article 7 by each Party included in Annex I shall be reviewed by expert review teams pursuant to the relevant decisions of the Conference of the Parties and in accordance with guidelines adopted for this purpose by the Conference of the Parties serving as the meeting of the Parties to this Protocol under paragraph 4 below. The information submitted under Article 7, paragraph 1, by each Party included in Annex I shall be reviewed as part of the annual compilation and accounting of emissions inventories and assigned amounts. Additionally, the information submitted under Article 7, paragraph 2, by each Party included in Annex I shall be reviewed as part of the review of communications.

2. Expert review teams shall be coordinated by the secretariat and shall be composed of experts selected from those nominated by Parties to the Convention and, as appropriate, by intergovernmental organizations, in accordance with guidance provided for this purpose by the Conference of the Parties.

3. The review process shall provide a thorough and comprehensive technical assessment of all aspects of the implementation by a Party of this Protocol. The expert review teams shall prepare a report to the Conference of the Parties serving as the meeting of the Parties to this Protocol, assessing the implementation of the commitments of the Party and identifying any potential problems in, and factors influencing, the fulfilment of commitments. Such reports shall be circulated by the

secretariat to all Parties to the Convention. The secretariat shall list those questions of implementation indicated in such reports for further consideration by the Conference of the Parties serving as the meeting of the Parties to this Protocol.

4. The Conference of the Parties serving as the meeting of the Parties to this Protocol shall adopt at its first session, and review periodically thereafter, guidelines for the review of implementation of this Protocol by expert review teams taking into account the relevant decisions of the Conference of the Parties.

5. The Conference of the Parties serving as the meeting of the Parties to this Protocol shall, with the assistance of the Subsidiary Body for Implementation and, as appropriate, the Subsidiary Body for Scientific and Technological Advice, consider:

(a) The information submitted by Parties under Article 7 and the reports of the expert reviews thereon conducted under this Article; and

(b) Those questions of implementation listed by the secretariat under paragraph 3 above, as well as any questions raised by Parties.

6. Pursuant to its consideration of the information referred to in paragraph 5 above, the Conference of the Parties serving as the meeting of the Parties to this Protocol shall take decisions on any matter required for the implementation of this Protocol.

Article 9

1. The Conference of the Parties serving as the meeting of the Parties to this Protocol shall periodically review this Protocol in the light of the best available scientific information and assessments on climate change and its impacts, as well as relevant technical, social and economic information. Such reviews shall be coordinated with pertinent reviews under the Convention, in particular those required by Article 4, paragraph 2(d), and Article 7, paragraph 2(a), of the Convention. Based on these reviews, the Conference of the Parties serving as the meeting of the Parties to this Protocol shall take appropriate action.

2. The first review shall take place at the second session of the Conference of the Partiesserving as the meeting of the Parties to this Protocol. Further reviews shall take place at regular intervals and in a timely manner.

Article 10

All Parties, taking into account their common but differentiated responsibilities and their specific national and regional development priorities, objectives and circumstances, without introducing any new commitments for Parties not included in Annex I, but reaffirming existing commitments under Article 4, paragraph 1, of the Convention, and continuing to advance the implementation of these commitments in order to achieve sustainable development, taking into account Article 4, paragraphs 3, 5 and 7, of the Convention, shall:

(a) Formulate, where relevant and to the extent possible, cost-effective national and, where appropriate, regional programmes to improve the quality of local emission factors, activity data and/or models which reflect the socio-economic conditions of each Party for the preparation and periodic updating of national inventories of anthropogenic emissions by sources and removals by sinks of all greenhouse gases not controlled by the Montreal Protocol, using comparable methodologies to be agreed upon by the Conference of the Parties, and consistent with the guidelines for the preparation of national communications adopted by the Conference of the Parties;

(b) Formulate, implement, publish and regularly update national and, where appropriate, regional programmes containing measures to mitigate climate change and measures to facilitate adequate adaptation to climate change:

(i) Such programmes would, *inter alia*, concern the energy, transport and industry sectors as well as agriculture, forestry and waste management. Furthermore, adaptation technologies and methods for improving spatial planning would improve adaptation to climate change; and

(ii) Parties included in Annex I shall submit information on action under this Protocol, including national programmes, in accordance with Article 7; and other Parties shall seek to include in their national communications, as appropriate, information on programmes which contain measures that the Party believes contribute to addressing climate change and its adverse impacts, including the abatement of increases in greenhouse gas emissions, and enhancement of and removals by sinks, capacity building and adaptation measures;

(c) Cooperate in the promotion of effective modalities for the development, application and diffusion of, and take all practicable steps to promote, facilitate and finance, as appropriate, the transfer of, or access to, environmentally sound technologies, know-how, practices and processes pertinent to climate change, in particular to developing countries, including the formulation of policies and programmes for the effective transfer of environmentally sound technologies that are publicly owned or in the public domain and the creation of an enabling environment for the private sector, to promote and enhance the transfer of, and access to, environmentally sound technologies;

(d) Cooperate in scientific and technical research and promote the maintenance and the development of systematic observation systems and development of data archives to reduce uncertainties related to the climate system, the adverse impacts of climate change and the economic and social consequences of various response strategies, and promote the development and strengthening of endogenous capacities and capabilities to participate in international and intergovernmental efforts, programmes and networks on research and systematic observation, taking into account Article 5 of the Convention;

(e) Cooperate in and promote at the international level, and, where appropriate, using existing bodies, the development and implementation of education and training programmes, including the strengthening of national capacity building, in particular human and institutional capacities and the exchange or secondment of personnel to train experts in this field, in particular for developing countries, and facilitate at the national level public awareness of, and public access to information on, climate change. Suitable modalities should be developed to implement these activities through the relevant bodies of the Convention, taking into account Article 6 of the Convention;

(f) Include in their national communications information on programmes and activities undertaken pursuant to this Article in accordance with relevant decisions of the Conference of the Parties; and

(g) Give full consideration, in implementing the commitments under this Article, to Article 4, paragraph 8, of the Convention.

Article 11

1. In the implementation of Article 10, Parties shall take into account the provisions of Article 4, paragraphs 4, 5, 7, 8 and 9, of the Convention.

2. In the context of the implementation of Article 4, paragraph 1, of the Convention, in accordance with the provisions of Article 4, paragraph 3, and Article 11 of the Convention, and through the entity or entities

entrusted with the operation of the financial mechanism of the Convention, the developed country Parties and other developed Parties included in Annex II to the Convention shall:

(a) Provide new and additional financial resources to meet the agreed full costs incurred by developing country Parties in advancing the implementation of existing commitments under Article 4, paragraph 1(a), of the Convention that are covered in Article 10, subparagraph (a); and

(b) Also provide such financial resources, including for the transfer of technology, needed by the developing country Parties to meet the agreed full incremental costs of advancing the implementation of existing commitments under Article 4, paragraph 1, of the Convention that are covered by Article 10 and that are agreed between a developing country Party and the international entity or entities referred to in Article 11 of the Convention, in accordance with that Article. The implementation of these existing commitments shall take into account the need for adequacy and predictability in the flow of funds and the importance of appropriate burden sharing among developed country Parties. The guidance to the entity or entities entrusted with the operation of the financial mechanism of the Convention in relevant decisions of the Conference of the Parties, including those agreed before the adoption of this Protocol, shall apply *mutatis mutandis* to the provisions of this paragraph.

3. The developed country Parties and other developed Parties in Annex II to the Convention may also provide, and developing country Parties avail themselves of, financial resources for the implementation of Article 10, through bilateral, regional and other multilateral channels.

Article 12

1. A clean development mechanism is hereby defined.

2. The purpose of the clean development mechanism shall be to assist Parties not included in Annex I in achieving sustainable development and in contributing to the ultimate objective of the Convention, and to assist Parties included in Annex I in achieving compliance with their quantified emission limitation and reduction commitments under Article 3.

3. Under the clean development mechanism:

(a) Parties not included in Annex I will benefit from project activities resulting in certified emission reductions; and

(b) Parties included in Annex I may use the certified emission reductions accruing from such project activities to contribute to compliance with part of their quantified emission limitation and reduction commitments under Article 3, as determined by the Conference of the Parties serving as the meeting of the Parties to this Protocol.

4. The clean development mechanism shall be subject to the authority and guidance of the Conference of the Parties serving as the meeting of the Parties to this Protocol and be supervised by an executive board of the clean development mechanism.

5. Emission reductions resulting from each project activity shall be certified by operational entities to be designated by the Conference of the Parties serving as the meeting of the Parties to this Protocol, on the basis of:

(a) Voluntary participation approved by each Party involved;

(b) Real, measurable, and long-term benefits related to the mitigation of climate change; and

(c) Reductions in emissions that are additional to any that would occur in the absence of the certified project activity.

6. The clean development mechanism shall assist in arranging funding of certified project activities as necessary.

7. The Conference of the Parties serving as the meeting of the Parties to this Protocol shall, at its first session, elaborate modalities and procedures with the objective of ensuring transparency, efficiency and accountability through independent auditing and verification of project activities.

8. The Conference of the Parties serving as the meeting of the Parties to this Protocol shall ensure that a share of the proceeds from certified project activities is used to cover administrative expenses as well as to assist developing country Parties that are particularly vulnerable to the adverse effects of climate change to meet the costs of adaptation.

9. Participation under the clean development mechanism, including in activities mentioned in paragraph 3(a) above and in the acquisition of certified emission reductions, may involve private and/or public entities, and is to be subject to whatever guidance may be provided by the executive board of the clean development mechanism.

10. Certified emission reductions obtained during the period from the year 2000 up to the beginning of the first commitment period can be used to assist in achieving compliance in the first commitment period.

Article 13

1. The Conference of the Parties, the supreme body of the Convention, shall serve as the meeting of the Parties to this Protocol.

2. Parties to the Convention that are not Parties to this Protocol may participate as observers in the proceedings of any session of the Conference of the Parties serving as the meeting of the Parties to this Protocol. When the Conference of the Parties serves as the meeting of the

Parties to this Protocol, decisions under this Protocol shall be taken only by those that are Parties to this Protocol.

3. When the Conference of the Parties serves as the meeting of the Parties to this Protocol, any member of the Bureau of the Conference of the Parties representing a Party to the Convention but, at that time, not a Party to this Protocol, shall be replaced by an additional member to be elected by and from amongst the Parties to this Protocol.

4. The Conference of the Parties serving as the meeting of the Parties to this Protocol shall keep under regular review the implementation of this Protocol and shall make, within ist mandate, the decisions necessary to promote its effective implementation. It shall perform the functions assigned to it by this Protocol and shall:

(a) Assess, on the basis of all information made available to it in accordance with the provisions of this Protocol, the implementation of this Protocol by the Parties, the overall effects of the measures taken pursuant to this Protocol, in particular environmental, economic and social effects as well as their cumulative impacts and the extent to which progress towards the objective of the Convention is being achieved;

(b) Periodically examine the obligations of the Parties under this Protocol, giving due consideration to any reviews required by Article 4, paragraph 2(d), and Article 7, paragraph 2, of the Convention, in the light of the objective of the Convention, the experience gained in its implementation and the evolution of scientific and technological knowledge, and in this respect consider and adopt regular reports on the implementation of this Protocol;

(c) Promote and facilitate the exchange of information on measures adopted by the Parties to address climate change and its effects, taking into account the differing circumstances, responsibilities and capabilities of the Parties and their respective ommitments under this Protocol;

(d) Facilitate, at the request of two or more Parties, the coordination of measures adopted by them to address climate change and its effects, taking into account the differing circumstances, responsibilities and capabilities of the Parties and their respective commitments under this Protocol;

(e) Promote and guide, in accordance with the objective of the Convention and the provisions of this Protocol, and taking fully into account the relevant decisions by the Conference of the Parties, the development and periodic refinement of comparable methodologies for the effective implementation of this Protocol, to be agreed on by the Conference of the Parties serving as the meeting of the Parties to this Protocol;

(f) Make recommendations on any matters necessary for the implementation of this Protocol;

(g) Seek to mobilize additional financial resources in accordance with Article 11, paragraph 2;

(h) Establish such subsidiary bodies as are deemed necessary for the implementation of this Protocol;

(i) Seek and utilize, where appropriate, the services and cooperation of, and information provided by, competent international organizations and intergovernmental and non-governmental bodies; and

(j) Exercise such other functions as may be required for the implementation of this Protocol, and consider any assignment resulting from a decision by the Conference of the Parties.

5. The rules of procedure of the Conference of the Parties and financial procedures applied under the Convention shall be applied *mutatis mutandis* under this Protocol, except as may be otherwise decided by consensus by the Conference of the Parties serving as the meeting of the Parties to this Protocol.

6. The first session of the Conference of the Parties serving as the meeting of the Parties to this Protocol shall be convened by the secretariat in conjunction with the first session of the Conference of the Parties that is scheduled after the date of the entry into force of this Protocol. Subsequent ordinary sessions of the Conference of the Parties serving as the meeting of the Parties to this Protocol shall be held every year and in conjunction with ordinary sessions of the Conference of the Parties, unless otherwise decided by the Conference of the Parties serving as the meeting of the Parties to this Protocol.

7. Extraordinary sessions of the Conference of the Parties serving as the meeting of the Parties to this Protocol shall be held at such other times as may be deemed necessary by the Conference of the Parties serving as the meeting of the Parties to this Protocol, or at the written request of any Party, provided that, within six months of the request being communicated to the Parties by the secretariat, it is supported by at least one third of the Parties.

8. The United Nations, its specialized agencies and the International Atomic Energy Agency, as well as any State member thereof or observers thereto not party to the Convention, may be represented at sessions of the Conference of the Parties serving as the meeting of the Parties to this Protocol as observers. Any body or agency, whether national or international, governmental or non-governmental, which is qualified in matters covered by this Protocol and which has informed the secretariat of its wish to be represented at a session of the Conference of the Parties serving as the meeting of the Parties to this Protocol as an observer, may be so admitted unless at least one third of the Parties present object. The admission and participation of observers shall be subject to the rules of procedure, as referred to in paragraph 5 above.

Article 14

1. The secretariat established by Article 8 of the Convention shall serve as the secretariat of this Protocol.

2. Article 8, paragraph 2, of the Convention on the functions of the secretariat, and Article 8, paragraph 3, of the Convention on arrangements made for the functioning of the secretariat, shall apply *mutatis mutandis* to this Protocol. The secretariat shall, in addition, exercise the functions assigned to it under this Protocol.

Article 15

1. The Subsidiary Body for Scientific and Technological Advice and the Subsidiary Body for Implementation established by Articles 9 and 10 of the Convention shall serve as, respectively, the Subsidiary Body for Scientific and Technological Advice and the Subsidiary Body for Implementation of this Protocol. The provisions relating to the functioning of these two bodies under the Convention shall apply *mutatis mutandis* to this Protocol. Sessions of the meetings of the Subsidiary Body for Scientific and Technological Advice and the Subsidiary Body for Implementation of this Protocol shall be held in conjunction with the meetings of, respectively, the Subsidiary Body for Scientific and Technological Advice and the Subsidiary Body for Implementation of the Convention.

2. Parties to the Convention that are not Parties to this Protocol may participate as observers in the proceedings of any session of the subsidiary bodies. When the subsidiary bodies serve as the subsidiary bodies of this Protocol, decisions under this Protocol shall be taken only by those that are Parties to this Protocol.

3. When the subsidiary bodies established by Articles 9 and 10 of the Convention exercise their functions with regard to matters concerning this Protocol, any member of the Bureaux of those subsidiary bodies representing a Party to the Convention but, at that time, not a party to this Protocol, shall be replaced by an additional member to be elected by and from amongst the Parties to this Protocol.

Article 16

The Conference of the Parties serving as the meeting of the Parties to this Protocol shall, as soon as practicable, consider the application to this Protocol of, and modify as appropriate, the multilateral consultative process referred to in Article 13 of the Convention, in the light of any relevant decisions that may be taken by the Conference of the Parties. Any multilateral consultative process that may be applied to this Protocol shall operate without prejudice to the procedures and mechanisms established in accordance with Article 18.

Article 17

The Conference of the Parties shall define the relevant principles, modalities, rules and guidelines, in particular for verification, reporting and accountability for emissions trading. The Parties included in Annex B may participate in emissions trading for the purposes of fulfilling their commitments under Article 3. Any such trading shall be supplemental to domestic actions for the purpose of meeting quantified emission limitation and reduction commitments under that Article.

Article 18

The Conference of the Parties serving as the meeting of the Parties to this Protocol shall, at its first session, approve appropriate and effective procedures and mechanisms to determine and to address cases of non-compliance with the provisions of this Protocol, including through the development of an indicative list of consequences, taking into account the cause, type, degree and frequency of non-compliance. Any procedures and mechanisms under this Article entailing binding consequences shall be adopted by means of an amendment to this Protocol.

Article 19

The provisions of Article 14 of the Convention on settlement of disputes shall apply *mutatis mutandis* to this Protocol.

Article 20

1. Any Party may propose amendments to this Protocol.

2. Amendments to this Protocol shall be adopted at an ordinary session of the Conference of the Parties serving as the meeting of the Parties to this Protocol. The text of any proposed amendment to this Protocol shall be communicated to the Parties by the secretariat at least six months before the meeting at which it is proposed for adoption. The secretariat shall also communicate the text of any proposed amendments to the Parties and signatories to the Convention and, for information, to the Depositary.

3. The Parties shall make every effort to reach agreement on any proposed amendment to this Protocol by consensus. If all efforts at consensus have been exhausted, and no agreement reached, the amendment shall as a last resort be adopted by a three-fourths majority vote of the Parties present and voting at the meeting. The adopted amendment shall be communicated by the secretariat to the Depositary, who shall circulate it to all Parties for their acceptance.

4. Instruments of acceptance in respect of an amendment shall be deposited with the Depositary. An amendment adopted in accordance with paragraph 3 above shall enter into force for those Parties having accepted it on the ninetieth day after the date of receipt by the Depositary of an instrument of acceptance by at least three fourths of the Parties to this Protocol.

5. The amendment shall enter into force for any other Party on the ninetieth day after the date on which that Party deposits with the Depositary its instrument of acceptance of the said amendment.

Article 21

1. Annexes to this Protocol shall form an integral part thereof and, unless otherwise expressly provided, a reference to this Protocol constitutes at the same time a reference to any annexes thereto. Any annexes adopted after the entry into force of this Protocol shall be restricted to lists, forms and any other material of a descriptive nature that is of a scientific, technical, procedural or administrative character.

2. Any Party may make proposals for an annex to this Protocol and may propose amendments to annexes to this Protocol.

3. Annexes to this Protocol and amendments to annexes to this Protocol shall be adopted at an ordinary session of the Conference of the Parties serving as the meeting of the Parties to this Protocol. The text of any proposed annex or amendment to an annex shall be communicated to the Parties by the secretariat at least six months before the meeting at which it is proposed for adoption. The secretariat shall also communicate the text of any proposed annex or amendment to an annex to the Parties and signatories to the Convention and, for information, to the Depositary.

4. The Parties shall make every effort to reach agreement on any proposed annex or amendment to an annex by consensus. If all efforts at consensus have been exhausted, and no agreement reached, the annex or amendment to an annex shall as a last resort be adopted by a three-fourths majority vote of the Parties present and voting at the meeting. The adopted annex or amendment to an annex shall be communicated

by the secretariat to the Depositary, who shall circulate it to all Parties for their acceptance.

5. An annex, or amendment to an annex other than Annex A or B, that has been adopted in accordance with paragraphs 3 and 4 above shall enter into force for all Parties to this Protocol six months after the date of the communication by the Depositary to such Parties of the adoption of the annex or adoption of the amendment to the annex, except for those Parties that have notified the Depositary, in writing, within that period of their non-acceptance of the annex or amendment to the annex. The annex or amendment to an annex shall enter into force for Parties which withdraw their notification of non-acceptance on the ninetieth day after the date on which withdrawal of such notification has been received by the Depositary.

6. If the adoption of an annex or an amendment to an annex involves an amendment to this Protocol, that annex or amendment to an annex shall not enter into force until such time as the amendment to this Protocol enters into force.

7. Amendments to Annexes A and B to this Protocol shall be adopted and enter into force in accordance with the procedure set out in Article 20, provided that any amendment to Annex B shall be adopted only with the written consent of the Party concerned.

Article 22

1. Each Party shall have one vote, except as provided for in paragraph 2 below.

2. Regional economic integration organizations, in matters within their competence, shall exercise their right to vote with a number of votes equal to the number of their member States that are Parties to this Protocol. Such an organization shall not exercise its right to vote if any of its member States exercises its right, and vice versa.

Article 23

The Secretary-General of the United Nations shall be the Depositary of this Protocol.

Article 24

1. This Protocol shall be open for signature and subject to ratification, acceptance or approval by States and regional economic integration organizations which are Parties to the Convention. It shall be open for signature at United Nations Headquarters in New York from 16 March 1998 to 15 March 1999. This Protocol shall be open for accession from the day after the date on which it is closed for signature. Instruments of

ratification, acceptance, approval or accession shall be deposited with the Depositary.

2. Any regional economic integration organization which becomes a Party to this Protocol without any of its member States being a Party shall be bound by all the obligations under this Protocol. In the case of such organizations, one or more of whose member States is a Party to this Protocol, the organization and its member States shall decide on their respective responsibilities for the performance of their obligations under this Protocol. In such cases, the organization and the member States shall not be entitled to exercise rights under this Protocol concurrently.

3. In their instruments of ratification, acceptance, approval or accession, regional economic integration organizations shall declare the extent of their competence with respect to the matters governed by this Protocol. These organizations shall also inform the Depositary, who shall in turn inform the Parties, of any substantial modification in the extent of their competence.

Article 25

1. This Protocol shall enter into force on the ninetieth day after the date on which not less than 55 Parties to the Convention, incorporating Parties included in Annex I which accounted in total for at least 55 per cent of the total carbon dioxide emissions for 1990 of the Parties included

in Annex I, have deposited their instruments of ratification, acceptance, approval or accession.

2. For the purposes of this Article, "the total carbon dioxide emissions for 1990 of the Parties included in Annex I" means the amount communicated on or before the date of adoption of this Protocol by the Parties included in Annex I in their first national communications submitted in accordance with Article 12 of the Convention.

3. For each State or regional economic integration organization that ratifies, accepts or approves this Protocol or accedes thereto after the conditions set out in paragraph 1 above for entry into force have been fulfilled, this Protocol shall enter into force on the ninetieth day following the date of deposit of its instrument of ratification, acceptance, approval or accession.

4. For the purposes of this Article, any instrument deposited by a regional economic integration organization shall not be counted as additional to those deposited by States members of the organization.

Article 26

No reservations may be made to this Protocol.

Article 27

1. At any time after three years from the date on which this Protocol has entered into force for a Party, that Party may withdraw from this Protocol by giving written notification to the Depositary.

2. Any such withdrawal shall take effect upon expiry of one year from the date of receipt by the Depositary of the notification of withdrawal, or on such later date as may be specified in the notification of withdrawal.

3. Any Party that withdraws from the Convention shall be considered as also having withdrawn from this Protocol.

Article 28

The original of this Protocol, of which the Arabic, Chinese, English, French, Russian and Spanish texts are equally authentic, shall be deposited with the Secretary-General of the United Nations.

DONE at Kyoto this eleventh day of December one thousand nine hundred and ninety-seven.

IN WITNESS WHEREOF the undersigned, being duly authorized to that effect, have affixed their signatures to this Protocol on the dates indicated.

Annex A

Greenhouse gases

Carbon dioxide (CO) 2

Methane (CH) 4

Nitrous oxide (N O) 2

Hydrofluorocarbons (HFCs)

Perfluorocarbons (PFCs)

Sulphur hexafluoride (SF) 6

Sectors/source categories

- Energy
  - Fuel combustion
    - Energy industries
    - Manufacturing industries and construction
    - Transport
    - Other sectors
    - Other
  - Fugitive emissions from fuels
    - Solid fuels
    - Oil and natural gas
    - Other

- Industrial processes
  - Mineral products
  - Chemical industry

Metal production

Other production

Production of halocarbons and sulphur hexafluoride

Consumption of halocarbons and sulphur hexafluoride

Other

Solvent and other product use

Agriculture

Enteric fermentation

Manure management

Rice cultivation

Agricultural soils

Prescribed burning of savannas

Field burning of agricultural residues

Other

Waste

Solid waste disposal on land

Wastewater handling

Waste incineration

Other

Annex B

Party	**Quantified emission limitation orreduction**
commitment	
	(percentage of base year or period)
Australia	108
Austria	92
Belgium	92
Bulgaria*	92
Canada	94
Croatia*	95
Czech Republic*	92
Denmark	92
Estonia*	92
European Community	92
Finland	92
France	92
Germany	92
Greece	92
Hungary*	94
Iceland	110
Ireland	92
Italy	92
Japan	94
Latvia*	92
Liechtenstein	92
Lithuania*	92

(Table continued)

Party commitment	Quantified emission limitation orreduction (percentage of base year or period)
Luxembourg	92
Monaco	92
Netherlands	92
New Zealand	100
Norway	101
Poland*	94
Portugal	92
Romania*	92
Russian Federation*	100
Slovakia*	92
Slovenia*	92
Spain	92
Sweden	92
Switzerland	92
Ukraine*	100
United Kingdom of Great Britain and Northern Ireland	92
United States of America	93

* Countries that are undergoing the process of transition to a market economy.

Quelle: `www.unfccc.de/resources/docs/convkp/kpeng.html`

Anhang 3

Mitglieder der OECD:
Australien
Belgien
Dänemark
Deutschland
Finnland
Frankreich
Griechenland
Irland
Island
Italien
Japan
Kanada
Luxemburg
Neuseeland
Niederlande
Norwegen
Österreich
Portugal
Schweden
Schweiz
Spanien
Türkei
Vereinigtes Königreich Großbritannien und Nordirland
Vereinigte Staaten von Amerika

als Organisationen:
Europäische Union (EU)
Internationale Energieagentur (IEA)

Anhang 4

Stand der Ratifizierung der Klimarahmenkonvention bis zum 29.09.99
(kursiv = Annahme)

AOSIS-Staaten	**Zeitpunkt der Ratifizierung**
Amerikanisch Jungferninseln**	nicht ratifiziert
Amerikanisch Samoa**	nicht ratifiziert
Antigua und Barbuda	02.02.93
Bahamas	29.03.94
Barbados	23.03.94
Belize	31.10.94
Cook Inseln*	20.04.93
Dominica	*21.01.93*
Fidschi	25.02.93
Grenada	11.08.94
Guam**	nicht ratifiziert
Guinea-Bissau	nicht ratifiziert
Guyana	29.08.94
Kap Verde	29.03.95
Kiribati*	07.02.95
Komoren	31.10.94
Kuba	05.01.94
Malediven	09.11.92
Malta	17.03.94
Marshall Inseln	08.10.92
Mauritius	04.09.92
Mikronesien	18.11.93
Nauru	11.11.93
Niederländisch Antillen**	nicht ratifiziert
*Niue***	*28.02.96*
Papua Neuguinea	16.03.93
Samoa	29.11.94
Seychellen	22.09.92
Singapur	29.05.97
Salomonen	28.12.94
St. Kitts und Nevis	07.01.93
St. Lucia	14.06.93
St. Vincent und die Grenandinen	*02.12.96*
Suriname	14.10.97
Tonga	*20.07.98*

(Fortsetzung)

AOSIS-Staaten	Zeitpunkt der Ratifizierung
Trinidad und Tobago	24.06.94
Tuvalu*	26.10.93
Vanuatu	25.03.93
Zypern	15.10.97

*: nicht Mitglied der UNO

**: nicht Mitglied der UNO und bei den AOSIS-Staaten Beobachterstatus

EU-Staaten	Zeitpunkt der Ratifizierung
Belgien	16.01.96
Dänemark	21.12.93
Deutschland	09.12.93
Europäische Union	**21.12.93**
Finnland*	03.05.94
Frankreich	25.03.94
Griechenland	04.08.94
Großbritannien und Nordirland	08.12.93
Irland	20.04.94
Italien	15.04.94
Luxemburg	09.05.94
Niederlande	20.12.93
Österreich*	28.02.94
Portugal	21.12.93
Schweden*	23.06.93
Spanien	21.12.93

*: zum Zeitpunkt ihrer Ratifizierung noch kein EU-Mitglied

OECD-Staaten*	Zeitpunkt der Ratifizierung
Australien	30.12.92
Island	16.06.93
Japan	28.05.93
Kanada	04.12.92
Mexiko**	11.03.93
Neuseeland	16.09.93
Norwegen	09.07.93
Schweiz	10.12.93
Türkei	nicht ratifiziert
USA	15.10.92

*: außer heutige EU-Staaten

**: zum Zeitpunkt der Ratifizierung noch kein OECD-Mitglied

Annex 1-Staaten*	**Zeitpunkt der Ratifizierung**
Bulgarien	12.05.95
Estland	27.07.94
Kroatien	08.04.96
Lettland	23.03.95
Liechtenstein	22.06.94
Litauen	24.03.95
Monaco	24.11.92
Polen	28.07.94
Rumänien	08.06.94
Russische Föderation	28.12.94
Slowakei	25.08.94
Slowenien	01.12.95
Tschechische Republik	07.10.93
Ukraine	13.01.97
Ungarn	24.02.94
Weißrußland	nicht ratifiziert

*: außer OECD-Staaten

OPEC-Staaten	**Zeitpunkt der Ratifizierung**
Algerien	09.06.93
Ecuador	23.02.93
Gabun	21.01.98
Indonesien	23.08.94
Irak	nicht ratifiziert
Iran	18.07.96
Katar	*18.04.96*
Kuwait	*28.12.94*
Libyen	14.06.99
Nigeria	29.08.94
Saudi-Arabien	*28.12.94*
Venezuela	28.12.94
Vereinigte Arabische Emirate	*29.12.95*

Übrige Staaten[1]

Westeuropa	
Andorra	nicht ratifiziert
San Marino	28.10.94
Vatikanstadt	nicht ratifiziert

Osteuropa, einschließlich GUS-Staaten	
Albanien	*03.10.94*
Armenien	14.05.93
Aserbaidschan	16.05.95
Bosnien-Herzegowina	nicht ratifiziert
Georgien	*29.07.94*
Jugoslawien	03.09.97
Kasachstan	17.05.95
Kirgistan	nicht ratifiziert
Makedonien	*28.01.98*
Moldau	09.01.95
Tadschikistan	*07.01.98*
Turkmenistan	*05.01.95*
Usbekistan	*20.06.93*

Asien	
Afghanistan	nicht ratifiziert
Bahrain	28.12.94
Bangladesch	15.04.94
Bhutan	25.08.95
Brunei Darussalam	nicht ratifiziert
China, Republik	nicht ratifiziert
China, Volksrepublik	05.01.93
Indien	01.11.93
Israel	04.06.96
Jemen	21.02.96
Jordanien	12.11.93
Kambodscha	*18.12.95*
Korea, Demokratische Volksrepublik	05.12.94
Korea, Republik	14.12.93
Laotische Demokratische Volksrepublik	*04.01.95*
Libanon	15.12.94
Mongolei	30.09.93

(Fortsetzung)

Asien	**Zeitpunkt der Ratifizierung**
Myanmar	25.11.94
Nepal	02.05.94
Oman	08.02.95
Pakistan	01.06.94
Sri Lanka	23.11.93
Syrien	*04.01.96*
Thailand	28.12.94
Vietnam	16.11.94
Afrika	
Ägypten	05.12.94
Äthopien	05.04.94
Angola	nicht ratifiziert
Benin	30.06.94
Botsuana	27.01.94
Burkina Faso	02.09.93
Burundi	06.01.97
Dschibuti	27.08.95
Elfenbeinküste	29.11.94
Eritrea	*24.04.95*
Gambia	10.06.94
Ghana	06.09.95
Guinea	07.05.93
Guinea Bissau	27.10.95
Kamerun	19.10.94
Kenia	30.08.94
Kongo	14.10.96
Lesotho	07.02.95
Liberia	nicht ratifiziert
Madagaskar	02.06.99
Malawi	21.04.94
Mali	28.12.94
Marokko	28.12.95
Mauritanien	20.01.94
Mosambik	25.08.95
Namibia	16.05.95
Niger	25.07.95
Ruanda	18.08.98
Sahara	nicht ratifiziert
Sambia	28.05.93

(Fortsetzung)

Afrika	**Zeitpunkt der Ratifizierung**
Sao Tome und Principe	29.09.99
Senegal	17.10.94
Seschellen	nicht ratifiziert
Sierra Leone	22.06.95
Simbabwe	03.11.92
Somalia	nicht ratifiziert
Sudan	19.11.93
Südafrika	29.08.97
Swasiland	07.10.96
Tansania	17.04.96
Togo	08.03.95
Tschad	07.06.94
Tunesien	15.07.93
Uganda	08.09.93
Zaire	09.01.95
Zentralafrikanische Republik	10.03.95

Amerika	
Argentinien	11.03.94
Bolivien	03.10.94
Brasilien	28.02.94
Chile	22.12.94
Costa Rica	26.08.94
Domenikanische Republik	07.10.98
El Salvador	04.12.95
Guatemala	15.12.95
Haiti	25.09.96
Honduras	19.10.95
Jamaica	06.01.95
Kolumbien	22.03.95
Nicaragua	31.10.95
Panama	23.05.95
Paraguay	24.02.94
Peru	07.06.93
Uruguay	18.08.94

Ozeanien	
Malaysia	13.07.94
Nördliche Marianen	nicht ratifiziert
Philippinien	02.08.94
Westsamoa	nicht ratifiziert

Legende: [1] Die Staaten, die nicht ratifiziert haben, stellen nur eine Auswahl dar.

Quelle: http://www.unfcc.de/resource/convkp.html (Stand: 29.10.1999)

Anhang 5

Stand der Zeichnung bzw. Ratifizierung des Kioto-Protokolls bis zum 12.10.99

AOSIS-Staaten	**Zeitpunkt der Zeichnung**	**Zeitpunkt der Ratifizierung bzw. Annahme**
Amerikanisch Jungferninseln**		
Amerikanisch Samoa**		
Antigua und Barbuda	16.03.98	03.11.98
Bahamas	-	09.04.99
Barbados		
Belize		
Cook Inseln*	16.09.98	
Dominica		
Fidschi	17.09.98	17.09.98
Grenada		
Guam**		
Guinea-Bissau		
Guyana		
Kap Verde		
Kiribati*		
Komoren		
Kuba	15.03.99	
Malediven	16.03.98	30.12.98
Malta	17.04.98	
Marshall Inseln	17.03.98	
Mauritius		
Mikronesien	17.03.98	21.06.99
Nauru*		
Niederländisch Antillen**		
Niue**	08.12.98	06.05.99
Papua Neuguinea	02.03.99	
Samoa	16.03.98	
Seychellen	20.03.98	
Singapur		
Solomonen	29.09.98	
St. Kitts und Nevis		
St. Lucia	16.03.98	
St. Vincent und die Grenandinen	19.03.98	

(Fortsetzung)

AOSIS-Staaten	**Zeitpunkt der Zeichnung**	**Zeitpunkt der Ratifizierung bzw. Annahme**
Suriname		
Tonga		
Trinidad und Tobago	07.01.99	28.01.99
Tuvalu*	16.11.98	16.11.98
Vanuatu		
Zypern	-	16.07.99

*: nicht Mitglied der UNO

**: nicht Mitglied der UNO und bei den AOSIS-Staaten Beobachterstatus

EU-Staaten	**Zeitpunkt der Zeichnung**	**Zeitpunkt der Ratifizierung bzw. Annahme**
Belgien	29.04.98	
Dänemark	29.04.98	
Deutschland	29.04.98	
Europäische Union	**29.04.98**	
Finnland	29.04.98	
Frankreich	29.04.98	
Griechenland	29.04.98	
Großbritannien und Nordirland	29.04.98	
Irland	29.04.98	
Italien	29.04.98	
Luxemburg	29.04.98	
Niederlande	29.04.98	
Österreich	29.04.98	
Portugal	29.04.98	
Schweden	29.04.98	
Spanien	29.04.98	

OECD-Staaten*	**Zeitpunkt der Zeichnung**	**Zeitpunkt der Ratifizierung bzw. Annahme**
Australien	29.04.98	
Island		
Japan	28.04.98	
Kanada	29.04.98	
Mexiko	09.06.98	
Neuseeland	22.05.98	
Norwegen	29.04.98	
Schweiz	16.03.98	
Türkei		
USA	12.11.98	

*: außer EU-Staaten

**: zum Zeitpunkt der Ratifizierung noch kein OECD-Mitglied

Annex 1-Staaten*	**Zeitpunkt der Zeichnung**	**Zeitpunkt der Ratifizierung bzw. Annahme**
Bulgarien	18.09.98	
Estland	03.12.98	
Kroatien	11.03.99	
Lettland	14.12.98	
Liechtenstein	29.06.98	
Litauen	21.09.98	
Monaco	29.04.98	
Polen	15.07.98	
Rumänien	05.01.99	
Russische Föderation	11.03.99	
Slowakei	26.02.99	
Slowenien	21.10.98	
Tschechische Republik	23.11.98	
Ukraine	15.03.99	
Ungarn		
Weißrußland		

*: außer OECD-Staaten

OPEC-Staaten	**Zeitpunkt der Zeichnung**	**Zeitpunkt der Ratifizierung bzw. Annahme**
Algerien		
Ecuador	15.01.99	
Gabun		
Indonesien	13.07.98	
Irak		
Iran		
Katar		
Kuwait		
Libyen		
Nigeria	23.10.98	
Saudi-Arabien		
Venezuela		
Vereinigte Arabische Emirate		

Übrige Staaten[1]

Westeuropa	**Zeitpunkt der Zeichnung**	**Zeitpunkt der Ratifizierung bzw. Annahme**
Andorra		
San Marino		
Vatikanstadt		

(Fortsetzung)

Osteuropa, einschließlich GUS-Staaten	**Zeitpunkt der Zeichnung**	**Zeitpunkt der Ratifizierung bzw. Annahme**
Albanien		
Armenien		
Aserbaidschan		
Bosnien-Herzegowina		
Georgien	-	16.06.99
Jugoslawien		
Kasachstan	12.03.99	
Kirgistan		
Makedonien		
Moldau		
Tadschikistan		
Turkmenistan	28.09.98	
Usbekistan	20.11.98	12.10.99

(Fortsetzung)

Asien	Zeitpunkt der Zeichnung	Zeitpunkt der Ratifizierung bzw. Annahme
Afghanistan		
Bahrain		
Bangladesch		
Bhutan		
Brunei Darussalam		
China, Republik		
China, Volksrepublik	29.05.98	
Indien		
Israel	16.12.98	
Jemen		
Jordanien		
Kambodscha		
Korea, Demokratische Volksrepublik		
Korea, Republik	25.09.98	
Laotische Demokratische Volksrepublik		
Libanon		
Mongolei		
Myanmar		
Nepal		
Oman		
Pakistan		
Sri Lanka		
Syrien		
Thailand	02.02.99	
Vietnam	03.12.98	

(Fortsetzung)

Afrika	Zeitpunkt der Zeichnung	Zeitpunkt der Ratifizierung bzw. Annahme
Ägypten	15.03.99	
Äthopien		
Angola		
Benin		
Botsuana		
Burkina Faso		
Burundi		
Elfenbeinküste		
Eritrea		
Gambia		
Ghana		
Guinea		
Guinea Bissau		
Kamerun		
Kenia		
Kongo		
Lesotho		
Liberia		
Madagaskar		
Malawi		
Mali	27.01.99	
Marokko		
Mauritanien		
Mosambik		
Namibia		
Niger	23.10.98	
Ruanda		
Sahara		
Sambia	05.08.98	
Sao Tome und Principe		
Senegal		
Seschellen		
Sierra Leone		
Simbabwe		
Somalia		
Sudan		
Südafrika		

(Fortsetzung)

Afrika	Zeitpunkt der Zeichnung	Zeitpunkt der Ratifizierung bzw. Annahme
Swasiland		
Tansania		
Tschad		
Tunesien		
Uganda		
Zaire		
Zentralafrikanische Republik		

Amerika	Zeitpunkt der Zeichnung	Zeitpunkt der Ratifizierung bzw. Annahme
Argentinien	16.03.98	
Bolivien	09.07.98	
Brasilien	29.04.98	
Chile	17.06.98	
Costa Rica	27.04.98	
Domenikanische Republik		
El Salvador	08.06.98	30.11.98
Guatemala	10.07.98	05.11.99
Haiti		
Honduras	25.02.99	
Jamaica	-	28.06.99
Kolumbien		
Nicaragua	07.07.98	
Panama	08.06.98	05.03.99
Paraguay	25.08.98	27.08.99
Peru	13.11.98	
Uruguay	29.07.98	

Ozeanien	Zeitpunkt der Zeichnung	Zeitpunkt der Ratifizierung bzw. Annahme
Malaysia	12.03.99	
Nördliche Marianen		
Philippinien	15.04.98	
Westsamoa		

Legende: [1] Die Staaten, die nicht ratifiziert haben, stellen nur eine Auswahl dar.
Quelle: http://www.unfcc.de/resource/convkp.html (Stand: 29.10.1999)

Anhang 6

Stand der Activites Implemented Jointly bis zum 12.10.1999

Projektart	**Projekttitel**	**Teilnehmer**	**Lebensdauer**	**THG-Emissionsreduktion**[1]
Afforestation	PROFAFOR	Niederlande, Ecuador	n.a.	n.a.
Afforestation	RUSAFOR: Saratov Afforestation Project	Rußland, USA	60	292.728
Agriculture	Community Silvicultur in the Sierra Norte of Oacaca	Mexico, USA	30	3.065.333
Agriculture	Project Salicornia: Halophyte Cultivation in Sonora	Mexico, USA	60	3.255
Energy Efficiency	Adavere District Heating	Estonia, Sweden	10	2.000

Stand der Activites Implemented Jointly bis zum 12.10.1999 (Fortsetzung)

Projektart	Projekttitel	Teilnehmer	Lebensdauer	THG-Emissionsreduktion[1]
Energy Efficiency	Air Conditioner Energy Conservation Program for the Solomon Islands	Australia, Solomon Island	10	13.850
Energy Efficiency	Aluksne District Heating	Latvia, Sweden	10	30.850
Energy Efficiency	Balvi District Heating	Latvia, Sweden	10	40.000
Energy Efficiency	Boiler Replacement and Cogen in Adazi and Cielvarde	Latvia, Netherlands	15	51.000
Energy Efficiency	Boiler Replacement and Cogen in Adazi and Cielvarde	Latvia, Netherlands	15	51.000

Stand der Activites Implemented Jointly bis zum 12.10.1999 (Fortsetzung)

Projektart	Projekttitel	Teilnehmer	Lebensdauer	THG-Emissionsreduktion[1]
Energy Efficiency	Boiler Replacement and Cogen in Adazi and Cielvarde	Latvia, Netherlands	15	51.000
Energy Efficiency	Boiler Replacement and Cogen in Adazi and Cielvarde	Latvia, Netherlands	15	51.000
Energy Efficiency	Burkina Faso Sustainable Energy Management	Burkina Faso, Norway	6	1.450.000
Energy Efficiency	CO_2 Recovery in a Brewery in Zagreb	Croatia, Belgium	15	50.250
Energy Efficiency	COGAS/ ANELEC	Bolivia, Netherlands	n.a.	n.a.
Energy Efficiency	District network rehalbilitation in Talsi	Latrvia, Sweden	15	4.640

Stand der Activites Implemented Jointly bis zum 12.10.1999 (Fortsetzung)

Projektart	Projekttitel	Teilnehmer	Lebensdauer	THG-Emissionsreduktion[1]
Energy Efficiency	Emission Reduction at Power Plants in Romania	Netherlands, Romania	5	1.093.000
Energy Efficiency	Energy Efficiency in Mustamae (Estib)	Estonia, Sweden	20	17.070
Energy Efficiency	Energy Efficiency in Drinking Water Supply	Romania, Netherlands	n.a.	n.a.
Energy Efficiency	Energy Efficiency Improvement by Hungarian Municipalities and Utilities	Hungary, Netherlands	20	240.000
Energy Efficiency	Energy Saving Project in Saldus III	Latvia, Sweden	15	1.980

Stand der Activites Implemented Jointly bis zum 12.10.1999 (Fortsetzung)

Projektart	**Projekttitel**	**Teilnehmer**	**Lebensdauer**	**THG-Emissionsreduktion**[1]
Energy Efficiency	High Efficiency Lightning (ILUMEX)	Mexico, Norway	4.5	85.801[2]
Engery Efficiency	Horticulture Project in Tyumen	Russian Federation, Netherlands	n.a.	n.a.
Energy Efficiency	Improvement of District Heating in Bulgaria (Pleven)	Bulgaria, Netherlands	n.a.	n.a.
Energy Efficiency	Installation of a Coke Dry-Quenching Facility	China, Japan	20	n.a.
Energy Efficiency	Integrated Agriculture Demand-side Management	India, Norway	20	1.494.600

Stand der Activites Implemented Jointly bis zum 12.10.1999 (Fortsetzung)

Projektart	Projekttitel	Teilnehmer	Lebensdauer	THG-Emissionsreduktion[1]
Energy Efficiency	Introduction of High Efficiency Illumination in the Residential Sector	Honduras, Netherlands	n.a.	n.a.
Energy Efficiency	Järvakandi District Heating	Estonia, Sweden	10	3.900
Energy Efficiency	Jelgava District Heating	Latvia, Sweden	10	4.120
Energy Efficiency	Jelgava Energy Efficiency	Latvia, Sweden	10	800
Energy Efficiency	Liepa Boiler Conservation	Latvia, Sweden	15	62.900

Stand der Activites Implemented Jointly bis zum 12.10.1999 (Fortsetzung)

Projektart	Projekttitel	Teilnehmer	Lebensdauer	THG-Emissionsreduktion[1]
Energy Efficiency	Modelling and Optimization of Grid Operation of the Gas Transportation System „Ushgorod Corridor“ of Wolgotransgas (Gazprom)	Germany, Russian Federation	2	225.000
Energy Efficiency	Modernization of Cement Factory in Cizkovice	Czech Republic, France	5	168.000
Energy Efficiency	Mustamäe – Mustamäe Tee, Ehitajate Tee, Sütiste Tee Energy Efficiency (cooperative housess)	Estonia, Sweden	15	2.712

Stand der Activites Implemented Jointly bis zum 12.10.1999 (Fortsetzung)

Projektart	Projekttitel	Teilnehmer	Lebensdauer	THG-Emissionsreduktion[1]
Energy Efficiency	Mustamäe – Vilde Tee Energy Efficiency	Estonia, Sweden	10	3.000
Energy Efficiency	New Boiler Plant in Ignalina	Lithunia, Sweden	25	115.820
Energy Efficiency	New Boiler Plant in Limbazi	Latvia Sweden	25	142.100
Energy Efficiency	Orissare District Heating	Estonia, Sweden	10	8.500
Energy Efficiency	Redisgn of the Energy Process at Bacstej Kft	Hungary, Netherlands	n.a.	n.a.

Stand der Activites Implemented Jointly bis zum 12.10.1999 (Fortsetzung)

Projektart	Projekttitel	Teilnehmer	Lebensdauer	THG-Emissionsreduktion[1]
Energy Efficiency	Reduction of Atmosperic Pollution through Modernisation of the Energy System in the Town of Byzcyna	Netherlands, Poland	15	60.600
Energy Efficiency	Saldus District Heating	Latvia, Sweden	10	3.350
Energy Efficiency	Saldus Energy Efficiency	Latvia, Sweden	10	2.100
Energy Efficiency	Staciunai District Heating	Lithunia, Sweden	10	3.300
Energy Efficiency	Sustainable Heat and Power for Public Networks in Poland	Netherlands, Poland	15	76.765

Stand der Activites Implemented Jointly bis zum 12.10.1999 (Fortsetzung)

Projektart	Projekttitel	Teilnehmer	Lebensdauer	THG-Emissionsreduktion[1]
Energy Efficiency	Swiss Thermal Energy Project in Buzan and Pascani, Romania (STEP)	Romania, Switzerland	15	138.600
Energy Efficiency	System Project in Kuressare	Estonia, Sweden	25	291.250
Energy Efficiency	System Project in Türi (2)	Estonia, Sweden	15	97.357
Energy Efficiency	Model Project on Effective Utilization of Energy in Re-heating Furnace in Steel	Japan, Thailand	10	34.100
Energy Efficiency	Türi District Heating	Estonia, Sweden	10	9.100
Energy Efficiency	Valga District Heating	Estonia, Sweden	10	7.000
Energy Efficiency	Valga District Heating Renovation	Estonia, Sweden	25	20.885

Stand der Activites Implemented Jointly bis zum 12.10.1999 (Fortsetzung)

Projektart	**Projekttitel**	**Teilnehmer**	**Lebensdauer**	**THG-Emissionsreduktion**[1]
Energy Efficiency	Vändra District Heating	Estonia, Sweden	10	2.200
Energy Efficiency	Vöru District Heating	Estonia, Sweden	10	40.000
Energy Efficiency	Zeleograd District Heating System Improvements	Russian Federation, USA	30	1.575.040
Forest preservation	Bilsa Biological Reserve	Ecuador, USA	30	1.170.108
Forest preservation	ECOLAND: Piedras Blancas National Parkddddd	Costa Rica, USA	16	1.342.733
Forest preservation	Forest Rehabilitation in Krkonose and Sumava National Parks	Czech Republic, Netherlands	15	9.834.120

Stand der Activites Implemented Jointly bis zum 12.10.1999 (Fortsetzung)

Projektart	Projekttitel	Teilnehmer	Lebensdauer	THG-Emissionsreduktion[1]
Forest preservation	Reduced Impact Logging for Carbon Sequestration in East Kalimantan	Indonesia, USA	40	134.379
Forest preservation	Rio Bravo Carbon Sequestration Pilot Project	Belize, USA	40	6.023.992
Forest preservation	Territorial and Financial Consolidation of Costa Rican National Parks and Biological Reserves[3]	Costa Rica, USA	25	57.467.271
Forest reforestation	Commercial Reforestation in The Chiriqui province	Panama, USA	25	57.640

Stand der Activites Implemented Jointly bis zum 12.10.1999 (Fortsetzung)

Projektart	Projekttitel	Teilnehmer	Lebensdauer	THG-Emissionsreduktion[1]
Forest reforestation	Kliniki Forestry Projects	Costa Rica, USA	46	7.216.000
Forest reforestation	Reforestation and Forest Conservation	Costa Rica, Norway	25	230.842
Forest reforestation	Reforestations in Vologda	Russian Federation, USA	60	858.000
Forest reforestation	Scolel T.: Carbon Sequestration and Sustainable Forest Management in Chiapas	Mexico, USA	30	1.210.000
Fuel Switching	City of Decin: Fuel Switching to District Heating	Czech Republic, USA	27	607.150
Fuel Switching	Coal to Gas Conversion	Poland, Norwaysd	17	2.992.442

Stand der Activites Implemented Jointly bis zum 12.10.1999 (Fortsetzung)

Projektart	Projekttitel	Teilnehmer	Lebensdauer	THG-Emissionsreduktion[1]
Fuel Switching	District Heating Tikhvin	Russian Federation, Netherlands	n.a.	n.a.
Fuel Switching	Energy Saving in the Slovakian Diary Industry	Netherlands, Slovakia	1.5	n.a.
Fuel Switching	RABA/IKAR US Compressed Natural Gas Engine Bus Project	Hungary, Netherlands	20	148.000[4]
Fuel Switching	Replacement of Brown Coal-fired Boilers by a Biomass-fired Boiler	Netherlands, Slowakia	1.5	7.400
Fuel Switching	Rural Electrification in the San Ramon Area	Bolivia, Netherlands	n.a.	n.a.

Stand der Activites Implemented Jointly bis zum 12.10.1999 (Fortsetzung)

Projektart	Projekttitel	Teilnehmer	Lebensdauer	THG-Emissionsreduktion[1]
Fugitve gas capture	Improvement of the Waste Water Imfrastructure at Targo Mures	Romania, Netherlands	n.a.	n.a.
Fugitive gas capture	Methane Emisssion Reduction at Wastewater Treatment Plant in Coffee Mills	Costa Rica, Netherlands	10	122.415
Fugitive gas capture	RUSAGAS: Fugitive Gas Capture Project	Russian Federation, USA	28	30.955.750
Fugitive gas capture	Sanitary Landfilling with Energy Recovery in the Moscow Region	Russian Federation, Netherlands	10	255.268

Stand der Activites Implemented Jointly bis zum 12.10.1999 (Fortsetzung)

Projektart	Projekttitel	Teilnehmer	Lebensdauer	THG-Emissionsreduktion[1]
Renewable energy	Aeroenergia S.A. Wind Facility	Costa Rica, USA	20	36.294
Renewable energy	Aluksne Boiler Conservation	Latvia, Sweden	10	254.000
Renewable energy	APS/CFE Renewable Energy Mini-grid Project	Mexico, USA	30	7.415
Renewable energy	Baisogale Boiler Conservation	Lithunia, Sweden	10	109.000
Renewable energy	Balvi Boiler Conservation	Latvia, Sweden	10	132.000
Renewable energy	Bio-Gen Bionmass Power Generation Projekt, Phase I	Honduras, USA	21	2.373.940

Stand der Activites Implemented Jointly bis zum 12.10.1999 (Fortsetzung)

Projektart	Projekttitel	Teilnehmer	Lebensdauer	THG-Emissionsreduktion[1]
Renewable energy	Bio-Gen Bionmass Power Generation Projekt, Phase II	Honduras, USA	21	2.373.940
Renewable energy	Birzai Boiler Conversion	Lithunia, Sweden	15	169.500
Renewable energy	Brocenia Boiler Conversion	Latvia, Sweden	10	86.000
Renewable energy	Daugavgriva Boiler Conversion	Latvia, Sweden	15	195.000
Renewable energy	Dona Julia Hydroelectric Project	Costa Rica, USA	15	210.566
Renewable energy	El Hoyo-Monte Galan Geothermal Project	Nicaragua, USA	38	14.119.469

Stand der Activites Implemented Jointly bis zum 12.10.1999 (Fortsetzung)

Projektart	Projekttitel	Teilnehmer	Lebensdauer	THG-Emissionsreduktion[1]
Renewable energy	Fuel Switch From Fossil Fuels to Bio-Energy AIJ Pilot Project	Slovakia, Norway	30	51.000
Renewable energy	Grid Connected Photovoltaic Project	Fiji, Australia	1	13
Renewable energy	Haabneme Boiler Conversion	Estonia, Sweden	10	124.000
Renewable energy	Janmuiza Boiler Conversion	Latvia, Sweden	10	38.000
Renewable energy	Jekabplis Boiler Conversion	Latvia, Sweden	10	24.000
Renewable energy	Jurmala Boiler Conversion	Latvia, Sweden	10	94.000
Renewable energy	Kazlu Ruda Boiler Conversion	Lithunia, Sweden	10	44.000

Stand der Activites Implemented Jointly bis zum 12.10.1999 (Fortsetzung)

Projektart	Projekttitel	Teilnehmer	Lebensdauer	THG-Emissionsreduktion[1]
Renewable energy	Kilung-Chuu Micro Hydel,. Bhutan	Bhutan, Netherlands	4	25
Renewable energy	Narva Jöesuu Boiler Conservation	Estonia, Sweden	10	8.100
Renewable energy	Paldiski Boiler Conservation	Estonia, Sweden	10	81.000
Renewable energy	Plantas Eolicas S.A. Wind Facility	Costa Rica, USA	22	379.173
Renewable energy	Rauna Boiler Conversion	Latvia, Sweden	10	24.000
Renewable energy	Renewable Training/ Demonstatratio n Project	Australia, Indonesia	20	1.300
Renewable energy	SELCO – Sri Lanka Rural Electrification	Sri Lanka, USA	29	5.684.448
Renewable energy	Slampe Boiler Conversion	Latvia, Sweden	10	39.000

Stand der Activites Implemented Jointly bis zum 12.10.1999 (Fortsetzung)

Projektart	Projekttitel	Teilnehmer	Lebensdauer	THG-Emissionsreduktion[1]
Renewable energy	Solar-based Rural Electrification in Honduras	Honduras, USA	24	34.398
Renewable energy	Sventupe Boiler Conversion and Energy Efficiency	Lithunia, Sweden	10	36.500
Renewable energy	Tartu-Aardla Boiler Conversion	Estonia, Sweden	15	122.300
Renewable energy	Tierras Morenas Windfarm Project	Costa Rica, USA	13	57.203
Renewable energy	Ugale Boiler Conversion	Latvia, Sweden	10	44.000
Renewable energy	Valga Boiler Conversion	Estonia, Sweden	10	64.000
Renewable energy	Valka Boiler Conversion	Latvia. Sweden	10	30.000
Renewable energy	Varena Boiler Conversion	Lithunia, Sweden	10	195.000

Stand der Activites Implemented Jointly bis zum 12.10.1999 (Fortsetzung)

Projektart	Projekttitel	Teilnehmer	Lebensdauer	THG-Emissionsreduktion[1]
Renewable energy	Vienbye Boiler Conversion	Lithunia, Sweden	10	140.000
Renewable energy	Viesite Boiler Conversion	Latvia, Sweden	10	24.000
Renewable energy	Viljandi Boiler Conversion	Estonia, Sweden	15	147.000
Renewable energy	Vöru Boiler Conversion	Estonia, Sweden	10	114.000
Renewable energy	Wind Power Plant	Germany, Latvia	10	13.500
Renewable energy	Ziegzdriai Boiler Conversion and Energy Efficiency	Lithunia, Sweden	10	22.000

Legende:

[1] Geschätzte reduzierte oder gespeicherte THG-Emissionen während der Lebenszeit des Projektes (in t CO_2-Äquivalente)

[2] Die AIJ-Komponente dieses Projektes beträgt nur 11.8% der 727,130 t CO^2-Äquivalenten, die durch dieses Projekt reduziert werden.

[3] Das Projekt beinhaltet die zwei ehemaligen Projekte „CARFIX: Sustainable Foerst Management" und „BIODIVERSIFIX".

n.a. not available

Quelle: http://www.unfccc.de/program/aij/aijproj.html (Stand: 25.Juni 1999)

Anhang 7

Treibhausgasemissionen von Annex 1-Staaten in Tonnen CO_2-Äquivalente im Jahr 1990

Staat	CO_2	CH_4	N_2O	Gesamt
Australien	275.344	112.236	23.216	410.796
Belgien	116.090	13.314	9.539	138.943
Bulgarien	84.405	29.820	9.207	123.432
Dänemark	52.277	8.841	10.540	71.658
Deutschland	1.014.501	116.990	69.626	1.201.117
Estland	37.397	2.209	713	40.719
Finnland	59.200	7.520	5.766	72.486
Frankreich	395.506	63.489	94.581	553.576
Griechenland	85.349	9.179	9.269	103.797
Irland	30.719	17.038	9.105	56.861
Island	2.147	294	130	2.571
Italien	432.607	49.319	50.964	532.890
Japan	1.124.532	32.400	18.090	1.175.022
Kanada	461.520	73.500	55.800	590.550
Kroatien	n.a.	n.a.	n.a.	n.a.
Lettland	24.771	3.913	6.984	35.669
Liechtenstein	208	21	31	260
Litauen	39.535	7.937	4.077	51.548
Luxemburg	12.750	502	197	13.448
Monaco	108	1	1	111
Niederlande	161.360	27.138	19.809	208.307
Neuseeland	25.241	35.145	11.503	71.889
Norwegen	35.202	6.657	5.270	47.129
Österreich	62.042	9.655	2.030	73.727
Polen	380.697	58.821	19.530	459.048
Portugal	47.123	16.979	4.340	68.442
Rumänien	172.510	41.500	15.096	229.105
Russische Föderation	2.372.300	556.500	69.967	2.998.767
Schweden	55.443	5.964	8.060	69.467
Schweiz	45.070	5.114	3.565	53.749
Slowakei	60.032	8.589	3.875	72.496
Slowenien	13.935	3.701	1.576	19.212
Spanien	226.423	45.806	29.203	301.431
Tschechei	165.490	16.349	7.998	189.837
Türkei	n.a	n.a.	n.a.	n.a.
Ukraine	703.792	197.448	17.980	919.220

Treibhausgasemissionen von Annex 1-Staaten in Tonnen CO_2-Äquivalente im Jahr 1990 (Fortsetzung)

Ungarn	71.673	11.437	3.519	86.628
USA	4.928.900	622.860	351.230	5.902.990
Vereinigtes Königreich	584.171	76.371	66.100	726.642
Weißrußland	n.a.	n.a.	n.a.	n.a.
Gesamt	**14.360.499**	**2.294.555**	**1.018.486**	**17.673.540**

Quelle: 194.95.39.33/

LITERATURVERZEICHNIS

Adam, D. (1993),
Planung und Entscheidung - Modelle-Ziele-Methoden. Wiesbaden.

Amano, A. (1995),
Macroeconomic costs and other side-effects of reducing CO_2 emissions. in: Kaya Y. / Yokobori, K. (Hrsg.): Environment, energy, and economy: Strategies for sustainibility. Tokyo.

Arndt, H.W. (1995),
Rechtsfragen einer deutschen CO_2-/Energiesteuer entwickelt am Beispiel des DIW-Vorschlages. Frankfurt am Main.

Arnold, V. (1992),
Theorie der Kollektivgüter. München.

Arts, K. / Peters, P. / Schrijver, N. / van Slujis, P. (1994),
Legal and Institutional Aspects. in: Kuik, O. / Peters, P. Schrijvers, N. (Hrsg.): Joint Implementation to Curb Climate Change - Legal and Economics Aspects. Dordrecht. S. 2 - 69.

Aschinger, G. (1985),
Das Coase-Theorem. Das Wirtschaftsstudium 2. S. 97 - 103.

Avenhaus, R. (1992),
Monitoring the Emissions of Pollutants by Means of the Inspector Leadership Method. in: Pethig, R. (Hrsg.): Conflicts and cooperation in managing environmental resources. Berlin. S. 241 - 269.

Barrett, S. (1992),
International Environmental Agreements as Games. in: Pethig, R. (Hrsg.): Conflicts and cooperation in managing environmental resources. Berlin. S. 11 - 36.

BDI (Hrsg.) (1996),
Aktualisierte Erklärung der deutschen Wirtschaft zur Klimavorsorge. Köln.

Becker, G.S. (1982),
Der ökonomische Ansatz zur Erklärung menschlichen Verhaltens. Tübingen.

Bengtsson, L. (1997),
Modelling and Prediction of the Climate System. in: Alexander von Humboldt Stiftung Mitteilungen 69 Nr. 69 S. 3 -14.

Benz, A. (1991),
Umverteilung durch Verhandlungen? - Kooperative Staatspraxis bei Verteilungskonflikten. in: Staatswissenschaft und Staatspraxis 2 Nr. 1 S. 46 - 75.

Berck, P. (1981),
Optimal Management of Renewable Resources With Growing Demand and Stock Externalities Journal of Environmental Economics and Management 8. S. 105 - 117.

Blank, J.E. (1994),
Marktstrukturen und Strategien auf dem Weltölmarkt - Spieltheoretische Betrachtungen. Münster.

Blank, J.E. / Ströbele, W. (1995),
Ressourcenökonomische Implikationen des CO_2-Problems. Wirtschaftswissenschaftliches Studium 6. S. 283 - 289.

Blankart, C.B. (1991),
Öffentliche Finanzen in der Demokratie - Eine Einführung in die Finanzwissenschaft. München.

BMU (Hrsg.) (1996),
Gemeinsam umgesetzte Aktivitäten zur globalen Klimavorsorge - („Activities Implemented Jointly“ - AIJ). Bonn.

Böckem, A. (1998),
Die Bedeutung der EU-Institutionen in der Klimapolitik. - Eine Public Choice-Analyse. Diskussionspapier 66 des HWWA-Instituts für Wirtschaftsforschung- Hamburg. Hamburg.

Bohne, E. (1982),
Privatisierung des Staates - Absprachen zwischen Industrie und Regierung in der Umweltpolitik. Jahrbuch für Rechtssoziologie und Rechtstheorie 8. S. 266 - 281.

Bohne, E. (1984),
Informales Verwaltungs- und Regierungshandeln als Instrument des Instrumentes. VerwaltungsArchiv. S. 343 - 373.

Borione, D. / Ripert, J. (1994),
Exercising Common but Differentiated Responsibility. in: Mintzer, I.M. / Leonard, J.A. (Hrsg.): Negotiating Climate Change - The Inside Story of the Rio Convention. Cambridge. S. 77 - 96.

Borsch, P. / Wagner, H.J. (1992),
Energie- und Umweltbelastung. Berlin.

Breitsprecher, R. / Terell, P. / Schnorr, V. / Morris, W.V.A. (Hrsg.) (1993),
Pons - Globalwörterbuch - Englisch-Deutsch. Stuttgart.

Brümmerhoff, D. (1987),
Finanzwissenschaft. München.

Bundesanstalt für Geowissenschaften und Rohstoffe (1995),
Reserven, Ressourcen und Verfügbarkeit von Energierohstoffen 1995. Stuttgart.

Bundesministerium für Wirtschaft (Hrsg.) (1995),
Energie Daten '95 - Nationale und internationale Entwicklung. Dillingen.

Burniaux, J.M. / Nicoletti, G. / Oliveira-Martins, J. (1992),
The Costs of Reducing CO_2 Emissions: Evidence from GREEN. OECD Economic Department Working Paper Nr. 115. Paris.

Cansier, D. (1993),
Umweltökonomie. Stuttgart.

Clark, C. W. (1976),
Mathematical Bioeconomics. The Optimal Management of Renewable Resources. New York.

Clausen, H. / Wacker, H. (1988),
Endogene Rücknahmepolitik in einem dualen Entsorgungssystem. Jahrbücher für Nationalökonomie und Statistik 217. S. 202 - 307.

Clausen, J. / Brokmann, F. / Schellenberger, O. (1995),
Selbstverpflichtungsabkommen im Umweltschutz - Working Paper des IÖW 36/95. Wien.

Cline, W.R (1992),
The Economics of Global Warming. Washington.

Coase, R. (1960),
The Problem of Social Cost. Journal of Law and Economics 1. S. 1 - 21.

Dales, J.H. (1968),
Pollution, Property, and Prices. Toronto.

DIW (1994),
Ökosteuer - Sackgasse oder Königsweg? - Ein Gutachten des Deutschen Instituts für Wirtschaftsforschung im Auftrag von Greenpeace e.V. Deutschland (Hrsg.). Hamburg.

DIW Wochenbericht (1995),
Klimaschutz nach der ersten UN-Vertragsstaatenkonferenz in Berlin, Nr. 20/21. S. 369 - 374.

Dockner, E. (1984),
Stabilitätsuntersuchungen in nichtlinearen Kontrollmodellen mit zwei Zuständen. Institut für Ökonometrie & Operations Research, Technische Universität Wien, mimeo.

Dubash, A.K. (1994),
Commoditizing Carbon: Social and Environmental Implications of Trading Carbon Emissions Entitilements. Unveröffentliches Manuskript.

Düngen, H. / Schmitt, D. (1993),
Klimapolitik - Chancen für internationale Kompensationslösungen. Wirtschafts-dienst 7 S. 649 - 654.

Endres, A. (1977),
Die Coase-Kontroverse. Zeitschrift für die gesamte Staatswissenschaft 4. S. 637 - 651.

Endres, A. (1985),
Umwelt- und Ressourcenökonomie. Darmstadt.

Ewe, T. (1995),
Unverhoffte Karriere. in: Bild der Wisseschaft Nr. 5 S. 82 - 87.

Feess, E. (1995),
Umweltökomnomie und Umweltpolitik. München: Verlag Franz Vahlen.

Feichtinger, G. / Hartl, R. F. (1986),
Optimale Kontrolle ökonomischer Prozesse. Technische Universität Wien, mimeo.

Forster, B. A. (1972),
A Note on the Optimal Controll of Pollution. Journal of Economic Theory 5. S. 537 - 539.

Forster, B.A. (1975),
Optimal Pollution Control with a Nonconstant Exponential Rate of Decay. Journal of Environmental Economics and Management 2. S. 1 -6.

FÖS / Görres, A. /Ehringhaus, H. / Weizsäcker, E.U. v. (1994),
Der Weg zur ökologischen Steuerreform - Das Memorandum des Fördervereins ökologischer Steuerreform. München.

Franke, G. (1995),
Finanzmarkttheorie. in: Berthold, N. (Hrsg.): Allgemeine Wirtschaftstheorie. München. S. 53 - 74.

Fritsch, M. / Wein, T. / Ewers, H.J. (1993),
Markversagen und Wirtschaftspolitik. Berlin.

Froböse, R. (1995),
Krause Konzepte. in: Bild der Wissenschaft Nr. 5 S. 92 - 93.

Gelbspan, R. (1997),
Der Klima-GAU - Erdöl, Macht und Politik. München.

Gerwin, R. (1980),
Die Welt-Energie-Perspektive - Analyse bis zum Jahr 2030 nach dem IIASA-Forschungsbericht - vorgelegt von der Max-Planck-Gesellschaft. Stuttgart.

Ghanem, S. (1997),
Climate change and measures to combat it: the question of compensation. OPEC bulletin 11 S. 4 - 5.

Goh, B.S. (1980),
Management and Analysis of Biological Populations. Amsterdam.

Graf v. d. Schulenburg, J. M. (1995),
Versicherungsökonomik. in: Berthold, N. (Hrsg.): Allgemeine Wirtschaftstheorie. München.

Graßl, H. (1995),
Die Klimadebatte - Bestätigung, aber erhöhte Komplexität. Energiewirtschaftliche Tagesfragen 45 S. 40 - 44.

Hanish, T. / Pachauri, R.K. / Schmitt, D. / Vellinga, P. (1992),
The Climate Convention: Criteria and Guidelines for Joint Implementation. Cicero: Policy Note 1992:2 der University of Oslo. Oslo.

Hanley, N. / Shogren, J.F. / White, B. (1997),
Environmental Economics in Theory and Practice. Houndsmills.

Hansjürgens, B. (1994a),
Ökonomische Aspekte des Kooperationsprinzips in der Umweltpolitik. in: Zimmermann, B. / Hansjürgens, B. (Hrsg.): Prinzipien der Umweltpolitik in ökonomischer Sicht. Bonn. S. 68 - 107.

Hansjürgens, B. (1994b),
Erfolgsbedingungen für Kooperationslösungen in der Umweltpolitik. Wirtschaftsdienst 1. S. 35 - 42.

Hansjürgens, B. / Fromm, O. (1994),
Erfolgsbedingungen für Zertifikatelösungen in der Umweltpolitik - am Beispiel der Novelle des US-Clean Air Act von 1990. Zeitschrift für Umweltpolitik 4 S. 473 - 505.

Hartkopf, G. / Bohne, E. (1983),
Umweltpolitik 1 - Grundlagen, Analysen und Perspektiven. Opladen.

Hartman, R. (1976),
The Harvesting Decision When a Standing Forest Has Value. Economic Inquiry 14. S. 52 - 59.

Hartwick, J.M. / Olewiler, N.D. (1998),
The Economics of Natural Resource Use. Reading.

Heister, J. / Klepper, G. / Krämer, H.R. / Michaelis, P. / Mohr, E. / Neu, A.D. / Schmidt, R. / Weichert, R. (1990),
Umweltpolitik mit handelbaren Emissionsrechten - Möglichkeiten zur Verringerung der Kohlendioxid- und Stickoxidemissionen. Tübingen.

Heister, J. / Stähler, F. (1995),
Globale Umweltpolitik und Joint Implementation: Eine ökonomische Analyse für die Volksrepublik China. Zeitschrift für Umweltpolitik 2. S. 205 - 230.

Henrichs, R. (1997),
Joint Implementation als neues Konzept in der Umweltpolitik. in: Feser, M. / Hauff, M.: Neuere Entwicklungen in der Umweltökonomie und -politik. Regensburg. S. 322 - 343.

Henrichs, R./ Kuckshinrichs, W. (1994),
Analyse von Langfrist-Energiemodellen unter besonderer Berücksichtigung von Kohlenstoffemissionen. Forschungszentrum Jülich: Interner Bericht KFA-STE-IB-1/94. Jülich.

Herold, A. (1995),
Joint Implementation im Klimaschutz - Analyse der ersten Projekte. In: Robin Wood (Hrsg.): Diskussionen. Bremen.

Hilbert, J. / Voelzkow, H. (1984),
Umweltschutz durch Wirtschaftsverbände? - Das Problem verbandlicher Verpflichtungsfähigkeit am Beispiel umweltschsutzinduzierter Selbstbeschränkungsabkommen. in: Glagow, M. (Hrsg.): Gesellschaftssteuerung zwischen Korporatismus und Subsidiarität. Bielefeld. S. 141 - 155.

Hodler, M. / Ritter, L. (1987),
Corporate Monitoring: Ein Frühwarn- und Chancenerkennungssystem. IO Management 12. S. 566 - 569.

Holler, M.J. / Illing, G. (1991),
Einführung in die Spieltheorie. Berlin.

IEA Statistics (1994),
Energy Statistics of OECD Countries 1991 - 1992. Paris.

IPCC (1996a),
Climate Change 1995 - The Science of Climate Change - Contribution of Working Group I to the Second Assessment Report of the Intergovernmental Panel on Climate Change. Cambridge.

IPCC (1996b),
Climate Change 1995 - Impacts, Adaptions and Mitigation of Climate Change: Scientific-Technical Analyses - Contribution of Working Group II to the Second Assessment Report of the Intergovernmental Panel on Climate Change. Cambridge.

IPCC (1996c),
Climate Change 1995 - Economic and Social Dimensions of Climate Change - Contribution of Working Group III to the Second Assessment Report of the Intergovernmental Panel on Climate Change. Cambridge.

Jakubowski, P. (1999),
Demokratische Umweltpolitik - Eine institutionenökonomische Analyse umweltpolitischer Zielfindung. Frankfurt am Main.

Jakubowski, P. / Tegner, H. / Kotte, S. (1997),
Strategien umweltpolitischer Zielsetzung - Eine ökonomische Perspektive. Münster.

Jones, T. (1993),
Operational Criteria for Joint Implementation. OECD Economic Departement Working Paper Nr. 88. Paris.

Kahn, J.R. (1995),
The Economic Approach to Environmental and Natural Ressources. Orlando.

Keppler, J. (1996),
Externe Kosten der globalen Energieversorgung - internationale Entwicklungen. Energiewirtschaftliche Tagesfragen 46 Nr. 1/2, S. 49 - 57.

Kirchgässner, G. (1996),
Ökologische Steuerreform: Utopie oder realistische Alternative? Diskussionspapier Nr. 9621 Universität St. Gallen, Volkswirtschaftliche Abteilung. St. Gallen.

Klemmer, P. (1994),
Brauchen wir eine ökologische Steuerreform?. Zeitschrift für angewandte Umweltforschung 3. S. 301 - 305.

Klocke, U. (1995),
Klimaschutz durch ökonomische Instrumente - Finanzverfassungsrechtliche, europarechtliche und ökonomische Aspekte einer CO_2-Abgabe. Baden-Baden.

Kohlhaas, M. / Praetorius, B. (1994),
Selbstverpflichtungen der Industrie zur CO_2-Reduktion: Möglichkeiten der wettbewerbskonformen Ausgestaltung unter Berücksichtigung der geplanten CO_2-/Energiesteuer und Wärmenutzungsverordnung. In: DIW (Hrsg.): DIW-Sonderheft 152. Berlin.

Koschel, H. / Weinreich, S. (1995),
Ökologische Steuerreform auf dem Prüfstand - Ist die Zeit reif zum Handeln? in: Hohmeyer, O. (Hrsg.): Ökologische Steuerreform. Baden-Baden S. 9 - 38..

Koustaal, P. / Nentjes, A. (1995),
Tradable Carbon Permits in Europe: Feasibility and Comparison with Taxes. Journal of Common Market Studies 2. S. 219 - 233.

Krebs, C. / Reiche, D.T. (1996),
Der mühsame Weg zu einer „Ökologischen Steuerreform" - Ein Beitrag zur Systematisierung der Debatte. Frankfurt am Main.

Kreuzberg, P. (1993),
Zur ökonomischen Rationalität „freiwilliger Kooperationslösungen" für das Klimaproblem. Zeitschrift für Energiewirtschaft 4 S. 304 - 309.

Kuik, O. / Peters, P. / Schrijver, N. (1994),
Joint Implementation to Curb Climate Change - Legal and Economic Aspects. Dordrecht.

Lange, M.A. (1997),
Ozeane und Polargebiet als Klimatologische Steuerungsfaktoren. in: Barz, W. / Brinkmann, B. / Furger, F. (Hrsg.): Globale Umweltveränderungen - Symposium am 17. und 18. Juni 1996 in Münster. Landsberg. S. 21 - 35.

Leggett, J. (1991),
Der Treibhauseffekt. in: Leggett, J. (Hrsg.), Global Warming: Die Wärmekatastrophe und wie wir sie verhindern können. München. S. 33-73.

Linde, R. (1988),
Einführung in die Mikroökonomie. Stuttgart.

Loske, R. (1996),
Klimapolitik - Im Spannungsfeld von Kurzzeitinteressen und Langzeiterfordernissen. Marburg.

Lotka, A.J. (1925),
Elements of Physical Biology. Baltimore.

Luce, R. / Raiffa, H. (1957),
Games and Decisions. New York.

Manne, A.S. (1993),
Global 2100: Alternative Scenario for Reducing Carbon Emissions. in: OECD Documents, The Costs of Cutting Carbon Emissions - Results from Global Models. Paris. S. 55 - 65.

Maynatz, R. / Scharpf, F.W. (1995),
Steuerung und Selbstorganisation in staatsnahen Sektoren. in: Maynatz, R. (Hrsg.): Gesellschaftliche Selbstregelung und politische Steuerung. Frankfurt. S. 9 - 38.

Merkel, A. (1996a),
Internationale Klimaprotokollverhandlungen im Vorfeld der 2. Vertragsstaatenkonferenz 1996. Elektrizitätswirtschaft 95 Nr. 12 S. 754.

Merkel, A. (1996b),
Zu den Ergebnissen der 2. Vertragsstaatenkonferenz der Klimarahmenkonvention. Umwelt 9 S. 269 - 270.

Merkus, H. (1992),
The Framework Convention on Climate Change: Some Thoughts on Joint Implementation. Diskussionspapier Nr. 11 der Climate Change Division des Umweltministerium der Niederlande. Den Haag.

Meyer, E.C. / Müller-Siebers, K.W. / Ströbele, W. (1998),
Wachstumstheorie. München.

Michaelis, P. (1997),
Effiziente Klimapolitik im Mehrschadstoffall - Eine theoretische und empirische Analyse. Tübingen.

Michaelowa, A. (1995),
Internationale Kompensationsmöglichkeiten zur CO_2-Reduktion unter Berücksichtigung steuerlicher Anreize und ordnungsrechtlicher Maßnahmen. HWWA-Report Nr. 152. Hamburg.

Michaelowa, A. (1996),
Incentive Aspects of Joint Implementation of Greenhouse Gas Reduction. Mitigation and Adaption Strategies for Global Change. S. 95 - 108.

Musgrave, R.A. / Musgrave, P.B. / Kullmer, L. (1987),
Die öffentlichen Finanzen in Theorie und Praxis - Band I. Tübingen.

Neumann, M. (1982),
Theoretische Volkswirtschaftslehre III - Wachstum, Wettbewerb und Verteilung. München.

Ng, Y.K. (1983),
Welfare Economics - Introduction and Development of Basic Concepts. London.

Nordhaus, W.D. (1994),
Managing the Global Commons - The Economics of Climate Change. Cambridge.

OECD Documents (1993),
The Costs of Cutting Carbon Emissons - Results from Global Models. Paris.

OECD (1995),
Environmental Taxes in OECD Countries. Paris.

Olson, M. (1985),
Die Logik des kollektiven Handelns. Tübingen.

o.V. (1997),
Ratstagung der Europäischen Union (Umwelt). Umwelt 5. S. 185 - 186.

o. V. (1999),
Vierte Vertragsstaatenkonferenz der Klimarahmenkonvention - Die wichtigsten Ergebnisse. Umwelt 1. S. 20 - 22.

Pearce, D. (1995),
Joint Implementation: A general overview. in: Jepma, C.J. (Hrsg.): The Feasibility of Joint Implementation. Dordrecht. S. 15 - 31.

Pigou, A.C. (1920),
The Economics of Welfare. London.

Rabe, W. (1992),
Die Erde im Fieber - Die Folgen von Ozonloch und Treibhauseffekt. Göttingen.

Rawls, J. (1972),
A Theory of Justice. Oxford.

Rengeling, H.W. (1988),
Das Kooperationsprinzip im Umweltschutz. Köln.

Rentz, H. (1995),
Kompensation im Klimaschutz. Berlin.

Robinson, M.H. (1992),
Die Tropenwälder der Welt. in: Harrison-Ford, C. / Trucker, T. / Hilton, V. (Hrsg.): Regenwälder - Die illustrierte Enzyklopädie der Welt. Hamburg.

Sandler, T. / Tschirhart, J.T. (1980),
The Economic Theory of Clubs: An Evaluative Survey. in: Journal of Economic Literature 12. S. 1481 - 1521.

Schaffhausen, F. (1996),
"Joint Implementation" als Element der nationalen und internationalen Aktivitäten zur Klimavorsorge. Elektrizitätswirtschaft 12. S. 733 - 743.

Schmitt, D. / Düngen, H. (1992),
Klimapolitik in der Sackgasse? - Einsatzmöglichkeiten für Kompensationslösungen. Wirtschaftsdienst 5. S. 271 - 276.

Schrijver, N. (1995),
Joint Implementation from an International Law Perspective. In: Jepma, C.J. (Hrsg.): The Feasibility of Joint Implementation. Dordrecht. S. 133 - 141.

Schumann, J. (1987),
Grundzüge der mikroökonomischen Theorie. Berlin.

Schwarze, R. / Zapfel, P. (1998),
Klimaschutzzertifikate ante portas - Eine Analyse der Instrumenten der Internationalen Klimaschutzpolitik nach Kyoto. Diskussionspapier 1998/18 des Fachbereich 14 der Technischen Universität Berlin. Berlin.

Selrod, R. / Ringius, L. / Torvanger, A. (1995),
Joint Implementation - a promising mechanism for all countries?. Cicero: Policy Note 1995:1 der University of Oslo. Oslo.

Shugart, H.H. (1984),
A Theory of Forest Dynamics - The Ecological Implicat
Succession Models. New York.

Siebert, H. (1982),
Nature as a Life Support System - Renewable R
Environmental Disruption. Zeitschrift für Nationalökonomi
142.

Simonis, U.E. (1996),
Internationally Tradeable Emission Certificates - Linking
Protection and Development. Working Paper des Wissen
Berlin für Sozialforschung (WZB), FS II 96-407.

Singer, S.F. (1997),
Unfished business: the scientific case against the Global Clin
OECD bulletin 28 Nr. 5 S. 7 - 16.

Smith (1977),
Control Theory Applied to Natural and Environmental Res
of Environmental Economics and Management 4, S. 1 - 24.

Solow, A.R. (1992),
Is there a Global Warming Problem? in: Dornbusch, R.M./
(Hrsg.), Global Warming. Cambridge. S. 7 - 28.

Spengel, C. / Wünsche, A. (1995),
Umweltschutz durch Abgaben - Eine juristische und
Beurteilung von Umweltabgaben. in: Hohmeyer, O. (Hrsg.
Steuerreform. Baden-Baden. S. 71 - 95.

Steger, U. / Lauterbach, S. / Weihrauch, P. (1992),
Freiwillige Kooperationslösungen im Umweltschutz - Ergebnisse eines Gutachtens und Workshop. in: BDI (Hrsg.): BDI-Drucksache Nr. 249. Köln.

Stobbe, A. (1983),
Volkswirtschaftslehre II - Mikroökonomik. Berlin.

Ströbele, W. (1988),
The Optimal Intertemporal Decision on Industrial Production and Harvesting a Renewable Natural Resource. Journal of Economics 48, S. 375 - 388.

Tahvonen, O. (1991),
On the Dynamics of Renewable Resource Harvesting and Pollution Control. Environmental and Resource Economics 1, S. 97 - 117.

Thieme, H. (1999),
Treibhauseffekt ohne wissenschaftliche Grundlage. Elektrizitätswirtschaft 20. S. 8 - 12.

Tietenberg, T. (1994),
Market-Based Mechanisms for Controlling Pollutions: Lessons from the U.S. in: Sterner, T. (Hrsg.): Economic Policies for Sustainable Development. S. 20 - 45.

Torvanger, A. / Berntsen, T. / Fuglestvedt, J. / Holtsmark, B. / Ringius, L. / Aaheim, A. (1996),
Exploring Distribution of Commitments - A Follow-up to the Berlin Mandate. Cicero: Report Nr. 3 University of Oslo. Oslo.

Trittin, J. (1999),
Energie wird teurer - Arbeit billiger. Umwelt 4. Berlin. S. 145.

Troge, A. (1995),
UN-Klimarahmenkonvention - Der Schutz des Klimas bringt Veränderung für uns alle. MIT-Mittelstandsmagazin 5. S. 12.

Uhlmannsiek, B. (1998),
EU einigt sich über Reduktionslasten: Mühsamer Kompromiß bei Treibhausgasen. Stromthemen - Informationen zu Energie und Umwelt 8. S. 1 - 12.

Van der Burg, T. (1994),
Economic Aspects. In: Kuik, O. / Peters, P. / Schrijver, N. (Hrsg.): Joint Implementation to Curb Climate Change - Legal and Economic Aspects. Dordrecht. S. 72 - 126.

Vellinga, P. / Heintz, R. (1995),
Joint Implementation: a cost-benefit analysis. In: Jepma, C.J. (Hrsg.): The Feasibility of Joint Implementation. Dordrecht. S. 69 - 77.

Vobruba, G. (1992),
Wirtschaftsverbände und Gemeinwohl. in: Mayntz, R. (Hrsg.): Verbände zwischen Mitgliederinterssen und Gemeinwohl. Gütersloh. S. 11 - 35.

Von Baratta (Hrsg.) (1998),
Der Fischer Weltalmanach 1998. Frankfurt.

Vornholz, G. (1993),
Zur Konzeption einer ökologisch tragfähigen Entwicklung - Eine ökonomisch-theoretische Analyse der Bedingungen für die Erhaltung der natürlichen Lebensgrundlagen. Marburg: Metropolis-Verlag.

Voss, G. (1995),
Folgen ökologisch motivierter Energiesteuern. in: Hohmeyer, O. (Hrsg.): Ökologische Steuerreform. Baden-Baden. S. 53 - 70.

Wacker, H. / Blank, J.E. (1998),
Ressourcenökonomik - Band I : Regenerative natürliche Ressourcen. München.

Weimann, J. (1991),
Umweltökonomie - Eine theoretische Einführung. Berlin.

Weizsäcker, E. U. von / Lovins, A. B. / Lovins, L.H. (1995),
Faktor vier: Doppelter Wohlstand - halbierter Naturverbrauch. Der neue Bericht an den Club of Rome. München.

Wicke, L. (1993),
Umweltökonomie - Eine praxisorientierte Einführung. München.

Wilen, J.R. (1985),
Bioeconomics of Renewable Resource Use: in: Kneese, A.V. / Sweeney, J.L. (Hrsg.): Handbook of Natural Resource and Energy Economics, Vol. 1. Amsterdam.

Wirl, F. / Huber, C. / Walker, I.O. (1995),
Joint Implementation: Strategic Reactions and Possible Remedies. Environmental and Ressource Economics. S. 203 - 224.

Wisaksono, W. (1995),
Energy Policies in Some Developing Countries and Joint Implementation in the FCCC. In: Jepma, C.J. (Hrsg.): The Feasibility of Joint Implementation. Dordrecht. S. 189 - 208.

Elektronische Version:

http:// www.bundesregierung.de/05/0523/17/

http://www.unfcc.de/program/aij/aijproj.html

http://www.unfcc.de/resource/convkp.html

http://www.unfcc.de/resource/docs/convkp/kpeng.html

http://194.95.39.33/ (aufrufbar über http://www.unfcc.de/)

Hans-Dietrich Haasis / Wilfried Müller / Gerd Winter (Hrsg.)
unter Mitarbeit von Klaus Feseker / Niels Griem / Carola Spiecker

Produktionsintegrierter Umweltschutz und Eigenverantwortung der Unternehmen

Frankfurt/M., Berlin, Bern, Bruxelles, New York, Wien, 2000.
260 S., zahlr. Abb. u. Tab.
ISBN 3-631-35218-2 · br. DM 68.–*

„Vom additiven zum produktionsintegrierten Umweltschutz" – so ist der seit Ende der achtziger Jahre im industriellen Umweltschutz sich durchsetzende Wandel am besten zu charakterisieren. Die Realisierung produktionsintegrierter Umweltschutzmaßnahmen stellt für die Rechtswissenschaften, die Betriebswirtschaftslehre und die (Arbeits-)Soziologie interessante theoretische und empirische Herausforderungen dar. Denn generell ist mit der Notwendigkeit einer Implementation von Umweltschutzmaßnahmen dieser Qualität eine Erweiterung der rechtlichen, technischen, organisatorischen und betriebswirtschaftlichen Komplexität verbunden. In diesem Sammelband werden hierfür theoretisch begründete Handlungsempfehlungen entwickelt, mit denen auch weiterhin vorhanden Innovationsbarrieren, gerade in kleinen und mittleren Unternehmen, überwunden werden können.

Aus dem Inhalt: Produktionsintegrierter Umweltschutz aus Sicht der Recht: , Wirtschafts- und Sozialwissenschaften · Wirtschaftliche Entscheidungen i produktionsintegrierten Umweltschutz · Inner- und überbetriebliche Handlungsbeziehungen bei umwelttechnischen Innovationen · Förderung oder Behinderung produktionsintegrierten Umweltschutzes durch Umweltrecht?